邵　颋　孙　岩　宋海军　俞　俊　姚梦明　著

民用建筑电气绿色低碳设计与应用

Design and Implementation of
Green and Low-Carbon Electrical
Systems in Civil Buildings

同济大学 出版社
TONGJI UNIVERSITY PRESS
·上海·

图书在版编目(CIP)数据

民用建筑电气绿色低碳设计与应用 / 邵颋等著.
上海：同济大学出版社，2025.1. -- ISBN 978-7
-5765-1303-5

Ⅰ. TU85

中国国家版本馆 CIP 数据核字第 2024MN2276 号

民用建筑电气绿色低碳设计与应用

邵　颋　孙　岩　宋海军　俞　俊　姚梦明　著

责任编辑　朱　勇　　**责任校对**　徐春莲　　**封面设计**　陈益平　　**封底插画**　孙　岩

出版发行　同济大学出版社　　www.tongjipress.com.cn
　　　　　（地址：上海市四平路 1239 号　邮编：200092　电话：021-65985622）

经　　销　全国各地新华书店
排　　版　南京文脉图文设计制作有限公司
印　　刷　常熟市华顺印刷有限公司
开　　本　787mm×1092mm　1/16
印　　张　20.75
字　　数　341 000
版　　次　2025 年 1 月第 1 版
印　　次　2025 年 1 月第 1 次印刷
书　　号　ISBN 978-7-5765-1303-5

定　　价　128.00 元

序

以习近平同志为核心的党中央提出"中国将加强生态文明建设,加快调整优化产业结构、能源结构,倡导绿色低碳的生产生活方式"的绿色发展理念。在"双碳"目标下,我国的能源结构正在发生结构性变化。国家"十四五"规划纲要提出"要加快推动绿色低碳发展,支持绿色技术创新,推进清洁生产,发展环保产业,推进重点行业和重要领域绿色化改造,推动能源清洁低碳安全高效利用"。国家发展和改革委员会提出,要建立电能替代推广机制,通过完善相关标准等措施,加强对电能替代的技术指导,持续提升工业、建筑、交通等重点领域的电气化水平。

目前,我国与发达国家在推动电力供应的绿色低碳转型方面展现出趋同性,进程总体处于电气化中期中级阶段。伴随建筑领域电气化发展水平的快速提升,"十三五"以来我国电气化率累计提高 10.9 个百分点,达 44.1%。随着风光互补发电、电动能源车的发展,建筑电气系统也将向"光储直柔"等方向发展,建筑电气行业将焕发新生。

非常高兴看到《民用建筑电气绿色低碳设计与应用》一书即将出版。绿色建筑涉及工程全寿命期、全专业。随着新一轮城市电气化的发展,建筑电气也将在建筑工程全寿命期中发挥越来越重要的作用。建筑电气专业也由最初强调系统的安全性、可靠性,发展到全面推进安全、可靠、节能、环保和以人为本、与自然和谐共生的绿色发展时期。

华东建筑集团教授级高级工程师邵颋带领专家团队在上海市绿色建筑协会团体标准《民用建筑电气绿色设计与应用规范》T/SHGBC 006—2022 编制工作的基础上,结合其在建筑电气设计领域数十年丰富的从业经验和认识理解,通过总结建设工程中电气绿色设计的实践经验,参考国内外绿色电气领域的先进技术和设计理论,贯彻新时代全寿命期绿色发展理念和可持续发展方针,编著了本书,以期在行业内宣传推广电气绿色设计新理念。本书是建筑电气行业首部系统介绍民用建筑电气绿色低碳设计与应用的书籍,值得行业同仁、大专院校师生阅读与收藏。

中国勘察设计协会副秘书长
2024 年 2 月

前言

　　进入社会经济发展的新时代以来,绿色低碳技术和绿色低碳建筑发展迅猛。特别是以习近平同志为核心的党中央,先后提出的"创新、协调、绿色、开放、共享""共谋绿色生活,共建美丽家园""追求绿色发展繁荣""绿水青山就是金山银山"的绿色发展理念,以及"十四五"规划纲要提出的"碳达峰、碳中和"目标,极大地鼓舞和激发了社会各界在节能低碳、保护环境、可持续发展、提升生活品质等方面的参与热情。由此,工程建设领域的绿色建筑也被赋予新的评价体系。国家标准《绿色建筑评价标准》GB/T 50378—2019 的修订实施,将绿色理念从原先节能、节地、节水、节材和环境保护的"四节一环保"提升到以"以人为本"为核心的安全耐久、健康舒适、生活便利、资源节约、环境宜居五大性能上来,也进一步在全行业引导新技术、新产品的合理应用,促进可持续、高质量发展,更好地服务于建设工程项目的绿色实践。

　　绿色建筑的评价从关注设计向运行实效方向发展,更凸显对绿色生活品质的追求。电气设计面临着设计理念的转变更新,客观上对其提出了更新、更高的要求。重在运行考核的绿色建筑,使电气专业的作用更加明显,绿色建筑运行落地的实施需要电气专业进一步研究绿色设计技术。为此,在上海市绿色建筑协会团体标准《民用建筑电气绿色设计与应用规范》T/SHGBC 006—2022 编制工作的基础上,结合笔者在建筑电气设计领域数十年丰富的从业经验和认识理解,集体编著了本书。借此总结建设工程中电气绿色设计的实践经验,贯彻新时代绿色发展理念和可持续发展方针,在行业内宣传和推广电气绿色设计的新理念。

　　本书的编写团队成员均在绿色建筑的电气工程设计领域深耕多年,有着丰富的设计经验,对新技术有较强的理论、解析和应用能力,并长期致力于绿色低碳新技术在电气行业内的应用和推广。诚然,对电气绿色设计技术的研究还处于探索阶段,对其理论总结尚存在一些不成熟的见解,尽管笔者试图精心构思和安排文章内容,但由于水平所限,若有疏漏之处,恳请广大读者批评指正,多多提出宝贵意见。

　　本书的出版得到了以下行业内品牌企业的大力支持和协助:上海领电智能科技有限

公司、珠海派诺科技股份有限公司、施耐德电气(中国)有限公司、安科瑞电气股份有限公司、上海申捷管业科技有限公司、上海正尔智能科技股份有限公司、远东电缆有限公司、大全集团有限公司、上海胜华电气股份有限公司、常州太平洋电力设备(集团)有限公司、上海智烁电器成套有限公司、上海源控自动化技术有限公司、黎德(上海)电气有限公司、上海佑垣科技有限公司、上海天毅行智能电气有限公司、利思电气(上海)有限公司、上海纳宇电气有限公司、上海市电气工程设计研究会设计师技术交流中心。它们在绿色低碳技术产品的研发及制造方面走在了各自行业的前列,为本书的编写提供了宝贵的技术资料;上海华建工程建设咨询有限公司专家张驰、葛琳提供了案例素材等资料;孟旭彦老师为本书相关资料的收集和整理做了大量工作。在此一并表示由衷的感谢!

本书编委会

2024 年 2 月

目录

上篇 建筑电气绿色低碳设计

下篇　建筑电气绿色低碳运维管理与发展

第1章
绿色低碳建筑导论

党的二十大报告指出：加快发展方式绿色转型，推动经济社会发展绿色化、低碳化是实现高质量发展的关键环节；加快节能降碳先进技术研发和推广应用，倡导绿色消费，推动形成绿色低碳的生产方式和生活方式；积极稳妥推进并实现碳达峰、碳中和是一场广泛而深刻的经济社会系统性变革。

绿色低碳建筑作为一种环保、节能和可持续发展的建筑形式，可以有效解决建筑业的能源消耗与碳排放问题，有助于我国建筑业实现"双碳"目标。绿色低碳概念产生伊始，就得到我国相关部门、机构和学者的重视，并就如何引导、推动和规范我国绿色低碳建筑的发展做了相关研究。随着经济增长、人口规模扩大、生活水平提高和城市化进程的持续推进，我国的绿色低碳建筑正加速发展，绿色低碳建筑从单纯的示范性项目逐渐转变为强制性标准。为实现高质量的生态文明城市建设目标，我国政府部门和研究机构聚焦"绿色"和"低碳"，着重进行关于绿色低碳建筑评价方案制定的研究，以提供全方位的参考依据，用于指导、检验和认证建筑的绿色品质及性能提升，旨在推动生态友好型城市建设，为未来的可持续发展奠定政策基础和学术基础。

在我国绿色低碳建筑发展中，绿色低碳理念的发展与技术的迭代更新，也使业界给予了电气设计与应用更多的重视。要达到绿色低碳评价要求，需采用更高标准的建筑电气设计模式，有效地将新技术、新材料、新结构、新能源与电气设计结合在一起。我国绿色建筑评价标准中与电气设计相关的内容，充分体现了电气绿色低碳设计中"以人为本"追求高质量生活品质的内涵，应通过合理利用能源，采用高效能源设备和系统，合理管理电力负荷，利用控制和自动化技术进行科学运维管理等增加建筑的可持续性和韧性。电气绿色设计的范畴较为广泛，不仅包括在绿色建筑中的电气设计，更着重于从专业角度出发，系统性地探讨如何围绕绿色建筑和低碳建筑理念，更好地从建筑全寿命期的角度来进行电气专业设计。这种设计并非仅仅满足于绿色建筑的星级评价，而是更广泛地贯穿于各类民用建筑的电气专业设计过程中，并更全面地从绿色理念出发，进一步思考和提出绿色低碳设计的要求。

1.1 绿色低碳建筑及评价体系

1.1.1 绿色建筑

1. 绿色建筑概念

21 世纪以来,绿色建筑在我国经过 20 多年的发展,已经形成一套较为完整的理论体系。绿色建筑的建设,从无到有、从沿海城市到中西部地区,如雨后春笋般兴起。绿色建筑的发展和实践,在其设计、评价、施工、运营维护等方面逐步完善,从国家到地方,绿色标准体系逐步建立成熟。毫无疑问,绿色建筑在我国的研究、发展、探索、实践是成功的,成绩有目共睹,已具有较大的国际影响力。

如何定义绿色建筑?《绿色建筑评价标准》GB/T 50378 于 2006 年发布第 1 版后,经过几次修订,术语定义上有了较大变化,内涵也更加丰富。

《绿色建筑评价标准》GB/T 50378 新版术语中,绿色建筑是这样定义的:"在全寿命期内,节约资源、保护环境、减少污染,为人们提供健康、适用、高效的使用空间,最大限度地实现人与自然和谐共生的高质量建筑。"

可见,绿色建筑概念已有较大更新和提升,这与我国生态文明建设和建筑科技快速发展,以及经济社会生活进入新时代的客观需求密不可分。

绿色建筑的建设和使用,从规划设计到施工,再到运行维护及最终拆除,形成了一个全寿命期。绿色建筑的概念,已提升到以"安全耐久、健康舒适、生活便利、资源节约、环境宜居"五大性能作为综合评价原则的质量品质新高度,不能不说是一大进步。

2. 绿色建筑理念形成

绿色建筑理念的提出和成熟,经过了 20 多年的发展历程。21 世纪初,清华大学等一批国内高校的专家学者开始借鉴国外研究成果,提出绿色建筑理念,对当时北京正在筹办的"绿色奥运"起到一定的推动作用。虽然当时绿色建筑理念在国内建筑界鲜为人知,但经过专家们的努力,首版《绿色建筑评价标准》GB/T 50378 于 2006 年 6 月 1 日起正式实施,加上 2008 年北京奥运会的圆满举办,绿色建筑的认知和理念开始深入人心。

我国绿色建筑的建设不断加速、升级和发展,得益于从中央到地方的政策激励,从行业协会到科研院所的评价、研发、设计及社会各方的认同和实践。截至目前,我国已建有绿色评价标识项目数千项,极大地促进了建筑行业绿色发展和城市居住环境的改善,为新时代绿色建筑的品质化发展奠定了坚实基础。我国绿色建筑重大事件历程如图 1-1 所示,上海市历年绿色建筑设计及运行标识项目数量统计如图 1-2 所示。

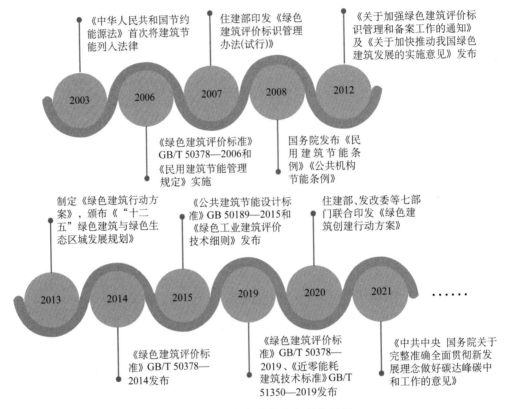

图 1-1 我国绿色建筑重大事件历程

3. 绿色建筑评价体系

20 世纪 90 年代伊始,国际绿色建筑的评价经历了三个发展阶段,即早期——绿色建筑产品及技术的一般评价、介绍与展示;中期——建筑方案环境物理性能的模拟与评价;近期——建筑整体环境表现的综合审定与评价。

国际上的绿色建筑评价体系,主要是由美国、英国、日本、加拿大、德国、法国等发达国家制定的标准。这些标准的认证近年来有着较广泛的市场需求,尤其在国内一线大城市及省会城市。我国《绿色建筑评价标准》GB/T 50378 于 2006 年颁布首版,对于引领国内

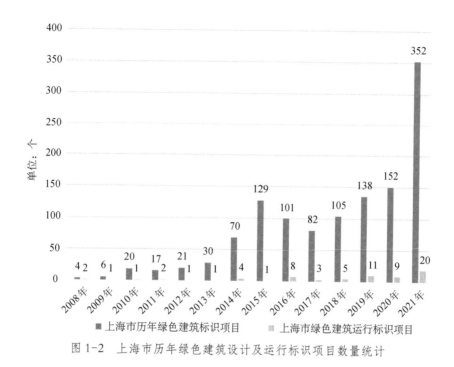

图 1-2　上海市历年绿色建筑设计及运行标识项目数量统计

建筑领域向更健康、宜居、节能、舒适、便利的方向发展,起到了重要作用。

1) 绿色建筑评价构成与特征

绿色建筑评价应遵循因地制宜的原则,结合建筑所在地域的气候、环境、资源、经济和文化等特点,对建筑全寿命期内各类性能指标进行综合评价。

最新版国家标准《绿色建筑评价标准》GB/T 50378 的绿色性能指标由安全耐久、健康舒适、生活便利、资源节约、环境宜居等组成。总体而言,其构成相对简单,前几版标准中的指标体系控制项过多、量化指标过少,最新版中的可操作性已逐步提升。

世界各国制定的绿色建筑评价标准约有 50 个,但不是每一个都获得了广泛应用。根据《2020 中国绿色建筑市场发展研究报告》调研结果,就全球获得认证数量来看,英国 BREEAM、法国 HQE、美国 LEED™ 和中国绿色建筑评价标识排在前四位,其后是澳大利亚 NABERS、美国 GPR、德国 DGNB、日本 CASBEE 等评价体系。

相较而言,各国评价体系的特征各不相同。美国 LEED™ 评价体系是世界上绿色建筑评价标准中最完善、最具影响力的标准,同时,因其具有配套的咨询和认证机构以及专业评估人员,已经被多个国家所采用。加拿大 GB Tool 评价体系标准灵活,在其四级权重体系中,前两级固定,后两级各国、各地区可根据具体情况灵活调控,充分满足了不同用户的差额需求,但该评估标准操作过于复杂,不利于在市场上推广应用。日本CASBEE评价体系虽具有较强的实用性和可操作性,但评价项目繁多,评价工作量大,未能建立诸如加拿大的灵活标准体系,不利于调整和改进,故适用性较差。

2)国外绿色建筑评价体系

(1)美国LEED™

LEED™是自愿采用的性能评估体系标准,主要强调建筑在整体、综合性能方面达到"绿色化"要求。该标准很少设置硬性指标,各指标间可通过相关调整形成互补,以便使用者根据本地区的技术经济条件建造绿色建筑。

LEED™评估体系及其技术框架由五大方面及若干指标构成。主要从可持续建筑场址、水资源利用、建筑节能与大气、资源与材料、室内空气质量等方面对建筑进行综合考察,评判其对环境的影响,并根据各方面指标综合打分。通过评估的建筑,按分数高低分为铂金级、金级、银级和认证级,以反映建筑的绿色水平(图1-3)。

认证级:40~49分　　银级:50~59分　　金级:60~79分　　铂金级:80分以上

图1-3　LEED™认证级别

LEED™评估体系分为五大类,分别为新建建筑设计及施工(LEED BD+C)、既有建筑运营及维护(LEED O+M)、室内装修设计及施工(LEED ID+C)、住宅建筑(LEED HOMES)、社区开发(LEED ND)。其中,LEED BD+C又可细分出新建建筑(LEED NC)、核心与外壳(LEED CS)、学校、零售、数据中心、仓储和配送中心等。

LEED™评估体系对建筑物进行评估是从整合过程、选址与交通、可持续场地、节水、能源与大气、材料与资源、室内环境质量、创新和区域优先等9个方面进行考察的,含有12个先决条件(必须满足),43个得分点,满分为110分。

虽然 LEED™ 为自愿采用的标准,但自其发布以来,已被美国 48 个州和国际上 7 个国家所采用,中国、澳大利亚、日本、西班牙、法国、印度等国均对 LEED™ 进行过深入研究,并在此基础上制定了本国绿色建筑的相关标准。我国现行的《绿色奥运建筑评估体系》《中国生态住宅技术评估手册》和《上海市绿色生态城区评价导则》均在一定程度上借鉴了 LEED™ 评价体系的内容。

（2）美国 WELL

2015 年 3 月,绿色建筑认证协会（Green Building Certification Institute，GBCI）和美国 WELL 建筑研究所（International WELL Building Institute，IWBI）正式将 WELL 建筑标准引入中国,引起了房地产商、建筑学术界和建筑工程界的极大关注。2018 年,WELL V2 作为融合 WELL 用户社区反馈和最新科学研究的更新版本,正式向全球推出。

美国 WELL 建筑标准的适用范围包括新建和既有建筑、新建和既有建筑室内、核心与外壳。此外,WELL 还推出试用标准,其适用建筑范围包括多户住宅、教育、零售、饭店、商业厨房等。

美国 WELL 建筑标准包括空气（Air）、水（Water）、营养（Nourishment）、光（Light）、健身（Fitness）、舒适（Comfort）和精神（Mind）等 7 大类别,其中必须满足的先决条件有 41 个,优选项 61 项,合计 102 个条款。与 LEED™ 标准不同的是,WELL 建筑标准不设置总分数,而是通过判断满足条款的数量来划分等级。按照分数不同,共分为 4 个等级:铜级、银级、金级、铂金级。

（3）英国 BREEAM

BREEAM 标准全称为"建筑研究院环境评估法"（Building Research Establishment Environmental Assessment Method）,通常被称为英国建筑研究院绿色建筑评估体系。始创于 1990 年的 BREEAM 是世界上第一个也是全球使用最广泛的绿色建筑评估方法。该评估体系采取"因地制宜、平衡效益"的核心理念,使其成为全球唯一兼具"国际化"和"本地化"特色的绿色建筑评估体系。它既是一套绿色建筑的评估标准,也为绿色建筑的设计设立了最

佳实践方法,因此成为描述建筑环境性能权威性的国际标准。目前已覆盖 78 个国家,颁发超过 56 万张证书,通过评估的建筑数量超过 220 万个。

BREEAM 按照各地项目的具体情况来定制标准体系,主要有六大类认证体系:新建建筑(BREEAM New Construction)、社区建筑(BREEAM Communities)、运行建筑(BREEAM In-Use)、更新建筑(BREEAM Refurbishment)、生态家园(Eco Homes)和可持续家园(Code for Sustainable Homes)。BREEAM 体系下的绿色建筑评估涉及能耗、管理、健康宜居、水、建筑材料、垃圾、污染、土地使用与生态环境、交通等 9 个方面。

（4）德国 DGNB

德国可持续建筑评价标准——DGNB(Deutsche Gesellschaft für Nachhaltiges Bauen)评价体系是在德国政府的大力支持下,基于德国的高质量建筑工业水准发展起来的。该标准强调从可持续性的 3 个基本维度——生态、经济和社会出发,在强调减少对环境和资源压力的同时,发展适合用户服务导向的指标体系,使"可持续建筑标准"帮助指导规划设计更好的建筑项目,塑造更好的人居环境。它一方面体现了以德国为代表的欧洲高质量设计标准,另一方面致力于构建适合世界不同地区制度、经济、文化和气候特征的认证模式,以利于该标准的推广和国际化进程。

DGNB 评价体系由生态质量、经济质量、社会及功能质量、技术质量、过程质量、场地质量等 6 个方面、共 61 条评价条文构成。DGNB 的适用评价对象较广,基本涵盖了所有的建筑类型,如办公建筑、商业建筑、工业建筑、居住建筑、教育建筑、酒店建筑、城市开发项目等。在评价等级的划分上,DGNB 依据对各条标准的评分,结合评估公式计算出质量认证要求的建筑达标度,按达标度的高低进行等级评定:铜级 50% 以上;银级 65% 以上;金级 80% 以上。

（5）日本 CASBEE

日本"建筑物综合环境性能评价体系"(Comprehensive Assessment System for Building Environmental Efficiency, CASBEE),以各种用途、规模的建筑物作为评价对象,从  "环境效率"定义出发,评价建筑物在限定的环境性能下通过措施降低环境负荷的效果。

CASBEE 将评价体系分为 Q(建筑环境性能和质量)与 LR(建筑环境负荷的减少)。建筑环境性能和质量包括 Q1—室内环境、Q2—服务性能、Q3—室外环境;建筑环境负荷包括 LR1—能源、LR2—资源和材料、LR3—建筑用地外环境。其每个项目都含有若干小项,采用 5 分评价制,满足最低要求评为 1 分,达到一般水平评为 3 分。参评项目最终的 Q 或 LR 得分为各子项得分乘以其对应权重系数的结果之和,得出 SQ 与 SLR。评分结果显示在细目表中,以此可计算出建筑物的环境性能效率,即 Bee 值。

(6) 加拿大 GB Tool

绿色建筑挑战(Green Building Challenge,GBC)是由加拿大自然资源部(Natural Resources Canada)发起并领导,由 19 个国家参与制定的一种评价体系,用以评价建筑的环境性能。GBC 2000 的评估范围包括新建和改建翻新建筑,评估手册共有 4 卷,包括总论、办公建筑、学校建筑和集合住宅。评价标准共分 8 个部分:环境的可持续发展指标、资源消耗、环境负荷、室内空气质量、可维护性、经济性、运行管理和术语表。GBC 2000 采用定性和定量评价依据结合的方法,其评价操作系统称为 GB Tool,同样采用评分制。

GB Tool 的指标体系综合了定性及定量评价方法,实行树状分类形式。在环境性能评价中,包含 4 个标准分类层次,从高到低依次为环境性能问题、环境性能问题分类、环境性能标准及环境性能子标准;由 6 大领域、120 多项指标构成,基本涵盖了建筑环境评价的各方面。GB Tool 采用的评价尺度为相对值而非绝对值,所有评价指标的取值范围均从 −2～5,这些数值可以反映被评价建筑物的"绿色"程度。

(7) 法国 HQE

在法国获得 HQE(Haute Qualité Environnementale)认证的建筑出租率高于一般建筑,目前每年约有 10% 的新建住宅申请 HQE 认证。HQE 认证针对不同类型建筑有不同类型的证书,如住宅建筑 HQE(HQE logement)、医院建筑 HQE(HQE hospital)、第三产业建筑 HQE(HQE Tertiaire)等。HQE 对 14 个目标分超高、高、基本 3 个评价等级:超高效等级(Very High Performance Target),在项目预算可承受范围内,尽可能达到的最高水平等级(类似中国绿标优选项);高效等级(High Performance Target),达到比设计标准要求高一层次的等

级(类似中国绿标一般项);基本等级(Basic Target),达到相关设计标准(如法国 RT 2005)或者常用设计手段等级(类似中国绿标控制项)。HQE 的评价方式为用户根据实际情况,选择 14 个目标中至少 3 个目标达到超高能效等级,至少 4 个目标达到高能效等级,并保证其余目标均达到基本等级,才能获得 HQE 证书。在最终颁发的 HQE 证书中,会标出该项目的 14 个目标各达到的等级,而证书本身没有等级。

上述各国的评价体系内容,对环境、交通、资源、健康、能源、服务、品质等方面均有涉及,尽管侧重点不同、角度不同、评价方式不同,但总体而言,都属于绿色建筑范畴。

3) 中国绿色建筑评价体系

中国绿色建筑评价体系与美国 LEED™ 评价体系类似,主要关注建筑本身的性能,都是按照申报项目获得的分数来划定绿色建筑评价等级。

2006 年,我国颁布了首版《绿色建筑评价标准》GB/T 50378,并于 2014 年和 2019 年两次修订。该标准是一部多目标、多层次的绿色建筑综合评价体系标准,从选址、材料、节能、节水、运行管理等多方面,对建筑进行综合评价,其特点是强调设计过程中的节能控制。中国绿色建筑评价标准以单栋建筑或建筑群为评价对象,适用的建筑类型为居住建筑及公共建筑。标准指标体系由控制项基础分值、安全耐久、健康舒适、生活便利、资源节约、环境宜居、提高与创新加分项等 7 类指标组成。控制项为必须满足项,总得分为加权后得分,满分 110 分。

我国的绿色建筑标识制度主要以《绿色建筑标识管理办法》《绿色建筑评价标准》及《绿色建筑评价技术细则》等为设计和评判依据,经专家和测评机构评审通过后,颁发"绿色建筑评价标识"。"绿色建筑评价标识"分为一星级、二星级和三星级,三星级为最高级别(图 1-4)。

一星级标识

二星级标识

三星级标识

图 1-4　中国绿色建筑标识

中国绿色建筑评价标准星级认证分为"设计标识"和"运行标识","设计标识"有效期 2 年(设计标识目前已取消,由预认证取代),"运行标识"有效期 3 年(完整名称应为"绿色建筑评价标识",《绿色建筑标识管理办法》意见函中未专门提及有效期,上海、深圳有区域规定)。

1.1.2　低碳建筑

1. 低碳建筑概念

低碳建筑,是指在建筑全寿命期内,从规划、设计、施工、运营、拆除、回收利用等各个阶段,通过减少碳源和增加碳汇实现建筑全寿命期碳排放性能优化的建筑。

所谓碳源,指产生二氧化碳之源,是自然界中向大气释放碳的母体,它既来自自然界,也来自人类生产和生活过程。碳汇是指从空气中清除二氧化碳的过程、活动或机制。在划定的建筑物范围内,绿化、植被从空气中吸收并存储的二氧化碳量,为建筑碳汇。减少碳源一般通过碳减排来实现,增加碳汇则主要采用固碳技术。

大量研究表明,全球气候变化主要是由人类活动,特别是工业化过程向大气过量排放温室气体(主要为二氧化碳)造成的,而建筑领域的碳排放增长速度是最快的。低碳建筑的核心,以不牺牲建筑使用功能舒适性等品质指标为前提,应围绕碳源和碳汇等碳指标的增减,在建筑全寿命期内达到碳排放的性能优化。从该意义上而言,低碳建筑也属于绿色建筑,只是绿色建筑与低碳建筑的评价体系不同,侧重点各不相同。低碳建筑的碳性能指标更为具体,而绿色建筑的绿色性能指标涵盖面更宽。

为减少建筑领域碳排放,缓解全球气候变暖,实现人类社会的可持续发展,英国政府于 2003 年发表的能源白皮书《未来能源:创建低碳经济》(*Our Energy Future: Creating A Low Carbon Economy*)中首次提出"低碳建筑",并于 5 年后进一步提高了建筑节碳的目标,提出"零碳建筑"。

2020 年下半年,习近平总书记向全世界庄严承诺,中国将于 2030 年实现碳达峰、2060 年实现碳中和。我国实现碳达峰、碳中和的时间紧、任务重,迫切需要加强顶层设计和统筹谋划。国家发改委已出台建筑交通领域顶层文件,推进各项工作;上海市政府也发布了碳达峰行动方案,争取在 2025 年提前 5 年实现碳达峰目标。因此,未来绿色低碳建筑将会集成低碳、低能耗、智慧等内容，并坚持以可持续发展理念为基础，促进社会公平和人民生活美好。

2. 低碳建筑理念形成

低碳建筑评价包含的主要关键词"碳足迹"（Carbon Footprint）源于加拿大哥伦比亚大学规划系教授马蒂斯·瓦克纳格尔（Mathis Wackernagel）和威廉·莱斯（William Rees）在1996年提出的"生态足迹"理论，主要用于表述一项活动直接和间接产生的温室气体排放量，或者一个产品全寿命期内各阶段产生的温室气体排放量总和，以CO_2eq表示。在建筑行业造成的各种环境负面影响中，由其全寿命期中碳排放造成的温室效应尤为凸显，因而以碳揭露映射环境冲击水平为重要手段的低碳建筑评价亦能有效发挥环保监督和指示作用。

近年来，西方发达国家出现了在本国绿色建筑评价体系框架中不断增补完善低碳评价视域的主流做法。例如：当前英国BREEAM、德国DGNB和美国LEED™标准中直接提及二氧化碳计算的碳揭露指标权重占比已分别增至9.0%、7.4%和6.0%。这一趋势进一步推动了我国绿色低碳建筑评价体系的发展和完善。

为履行参与《联合国气候变化框架公约》和《京都议定书》的承诺，国务院于2007年制定印发了《中国应对气候变化国家方案》（国发〔2007〕17号），提出将控制降低包括建筑业在内的各行业部门温室气体排放量作为应对全球气候变化的重要手段之一。2009年哥本哈根气候大会召开后，"低碳建筑"一词开始在国内被频繁宣传并广泛引起政府和学者的关注。2012年，由联合国可持续发展大会中国筹委会组织编写的《中华人民共和国可持续发展国家报告》，进一步明确了开展低碳建设项目试点示范和完善相关政策机制的意见。其后，我国各级政府职能部门和组织机构相继发布多项与低碳建筑评价相关联的标准或细则（表1-1）。

表1-1 我国低碳建筑评价主要相关标准或细则

层面	发布机构	标准或细则名称	备案编号	年份
全国	住房和城乡建设部、国家市场监督管理总局	《近零能耗建筑技术标准》	GB/T 51350	2019
		《建筑碳排放计算标准》	GB/T 51366	2019
		《建筑节能与可再生能源利用通用规范》	GB 55015	2021

（续表）

层面	发布机构	标准或细则名称	备案编号	年份
全国	住房和城乡建设部、国家发展改革委	《城乡建设领域碳达峰实施方案》	建标〔2022〕53 号	2022
	团体机构	《中国绿色低碳住区减碳技术评估框架体系》	—	2009
		《中国绿色低碳住区技术评估手册》	—	2011
		《低碳住宅与社区应用技术导则》	—	2012
		《建筑碳排放计量标准》	CECS 374	2014
		《超低能耗农宅技术规程》	T/CECS 739	2020
省级	江苏省	《低碳城市评价指标体系》	DB32/T 3490	2018
	广东省	《低碳宜居社区评价标准》	T/GDLC 001	2019
		《建筑碳排放计算导则（试行）》	粤建科〔2021〕235 号	2021
	浙江省	《浙江省建设项目碳排放评价编制指南（试行）》	浙环函〔2021〕179 号	2021
	陕西省	《超低能耗居住建筑节能设计标准》	DBJ61/T 189	2021
	河北省	《被动式超低能耗建筑评价标准》	DB13（J）/T 8323	2021
	新疆维吾尔自治区	《关于进一步加强建筑全寿命周期碳排放管控工作的通知》	新建科函〔2021〕25 号	2021
	重庆市	《低碳建筑评价标准》	DBJ50/T—139	2012
	北京市	《低碳社区评价技术导则》	DB11/T 1371	2016
		《低碳建筑（运行）评价技术导则》	DB11/T 1420	2017
		《超低能耗居住建筑设计标准》	DB11/T 1665	2019
	天津市	《零碳建筑认定和评价指南》	T/TJSES 002	2021
	上海市	《新城绿色低碳试点区建设导则（试行）》	沪建综规〔2022〕119 号	2022
		《上海市碳达峰碳中和标准计量体系建设实施方案》	沪市监计量〔2023〕0053 号	2023
地级市	深圳市	《低碳社区评价指南》	SZDB/Z 310	2018
	广州市	《广州市绿色低碳城区建设技术指引（试行）》	—	2023

"十四五"规划正式实施以来，中央政府明确将"双碳"计划纳入国家战略目标，并由中国建筑科学研究院着手编制国家标准《零碳建筑技术标准》。2022 年 4 月 15 日，由中国城市科学研究会主持的团体标准《低碳建筑评价标准》编制工作也正式启动，预示着低碳建筑评价体系在未来还将得到进一步的政策重视和发展完善。

3．低碳建筑评价体系

在低碳建筑评价体系的相关理论研究方面,鉴于碳足迹评价的数值高低往往与人类活动消耗的能源和资源量呈明确线性相关性,其量化标准普遍采用单位面积碳足迹强度($kgCO_2/m^2$)。中国学者还进一步研究提出"建筑单位造价碳足迹""住区用地的碳容积率"和"建筑利用中的人均碳排放"等概念和计算方法,希望促进其评价标准的多样化、精细化和全面化发展。

在政策实践方面,住建部先后颁发的《近零能耗建筑技术标准》GB/T 51350、《建筑碳排放计算标准》GB/T 51366、《建筑节能与可再生能源利用通用规范》GB 55015 为低碳建筑的评价提供了一系列国家标准。2022 年,国家发改委颁布的《城乡建设领域碳达峰实施方案》中提出,2030 年前,城乡建设领域碳排放达到峰值;城乡建设绿色低碳发展政策体系和体制机制基本建立;建筑节能、垃圾资源化利用等水平大幅提高,能源资源利用效率达到国际先进水平。这些目标和措施有助于促进绿色低碳建筑的发展,推动我国建筑业向着更加环保、节能和可持续的方向发展。

现阶段,由中央政府部门主持制定的低碳建筑专项方案标准在发布数量上还远不及绿色建筑,且现行绿色建筑评价标准能够基本涵盖低碳建筑评价标准中的指标内容。同时,低碳建筑专项方案标准在填补我国建筑专项 LCA(Life Cycle Assessment,生命周期评估)数据库和增强社会影响等方面还有待完善。

从狭义来看,绿色建筑和低碳建筑是两个既相交又不完全重合的概念,其理念侧重点不同,评价体系也不尽相同;从广义来看,二者又都隶属绿色概念之下。现阶段,绿色建筑的外延与内涵更为广泛,故本书中涉及的绿色建筑、绿色设计等相关论述皆包含绿色和低碳双重概念,而不以"绿色低碳"全称赘述,避免表述冗繁。

1.2 电气绿色低碳设计及评价体系

1.2.1 电气绿色低碳设计

建筑工程设计,包含专业设计(如建筑设计、结构设计、暖通设计、给排水设计和电气设计等)和专项设计(如建筑智能化设计、装配式设计、幕墙设计、景观设计、灯光设计、人防设计等)。电气专业作为建筑项目的"神经脉络",在工程设计中起到非常重要的作用。在绿色低碳建筑的工程设计中,电气专业的绿色低碳技术要求也在持续增加和提高中,特别是在注重实际使用效果等考核项目的运行评价中,电气专业的作用越来越重要。

下面从相关国家或上海市地方标准的术语定义来简单介绍以下几个概念。

1. 绿色设计概念

《民用建筑绿色设计规范》JGJ/T 229 中对民用建筑绿色设计的定义:"在民用建筑设计中体现可持续发展的理念,在满足建筑功能的基础上,实现建筑全寿命周期内的资源节约和环境保护,为人们提供健康、适用和高效的使用空间。"

上海市地方标准《公共建筑绿色设计标准》DGJ 08—2143 和《住宅建筑绿色设计标准》DGJ 08—2139 已于 2021 年 6 月 1 日起实施,分别对公共建筑和住宅建筑中的绿色设计进行了类似定义。如:公共建筑绿色设计为"在公共建筑设计中采用可持续发展的技术措施,在满足公共建筑结构安全和使用功能的基础上,实现建筑全寿命周期内的资源节约和环境保护,为人们提供健康、适用和高效的使用空间"。

建筑工程中各专业绿色设计之间的相互关系如图 1-5 所示。

图 1-5 建筑工程各专业绿色设计的相互关系

2. 电气绿色设计概念

电气绿色设计是在保障电气系统安全可靠合理的前提下贯彻绿色设计理念,这是电气设计的基础,也是绿色设计与电气设计在设计初衷上的共同语言。电气绿色设计的概念,在上海市绿色建筑协会团体标准《民用建筑电气绿色设计与应用规范》T/SHGBC 006—2022 中指的是"在建筑全寿命期内,在满足建筑总体规划要求下,电气工程在设计中,最大限度地节约能源及材料、降耗增效、可循环利用、保护环境和减少污染,为人们创造一个安全、健康、舒适、便利、耐久和高效的使用空间提供系统保证"。

中国绿色建筑评价标准中与电气设计相关的内容,不仅包含节约能源角度的能源管理和分项计量系统、用水远传和管网漏损计量系统、照明功率密度限值和分区域控制、建筑设备自动监控系统、电气设备满足国家节能评估值、可再生能源利用等,还关注环境品质角度的一氧化碳浓度监测装置、空气质量监测系统、采光区域照度调节等,以及新增的提升服务品质角度的引导标识系统、电动汽车充电设施、智能化服务系统等内容。这些充分体现了电气绿色设计中"以人为本"追求高质量生活品质的内涵。

电气绿色设计的内涵丰富、范围广泛,不仅涉及绿色建筑中的电气设计,更系统性地从专业本身及建筑工程电气设计的诸多方面关注如何围绕绿色和绿色建筑理念,更好地从建筑全寿命期角度做好电气专业的绿色设计。电气绿色设计在整个绿色设计中起着重要的基础作用,其不仅满足于绿色建筑的星级评价(注:评价标准只是一种评价系统类的标准而非设计标准)中的电气设计,而且包含了各类民用建筑电气专业设计过程,需要更全面地从绿色理念出发考虑如何开展绿色设计工作。

绿色建筑设计是一个多专业相互协作的系统工程,电气绿色设计是绿色建筑设计的一个版块、一个技术分支,作为绿色建筑设计中重要的一环,融入绿色建筑的室外环境、节能与能源利用、室内环境质量和运营管理等多个环节,绿色建筑的实施也是电气设计绿色化的一个过程。

3. 电气绿色设计理念

绿色建筑设计中,必须考虑电气绿色设计的因素;绿色建筑的实施,离不开电气设计绿色化的过程。除了"节能"和"健康","安全"也是绿色建筑的重要因素。生活品质的改善,促使人们对建筑物健康安全的要求不再局限于建筑和结构专业。如生活中大量非线性设备的使用,会导致谐波污染和电磁干扰,不仅增加系统能耗还会引发用电系统发生火灾的风险。涉及人身健康安全的电磁干扰抑制,开始纳入绿色建筑设计的健康和安全理念中。电气绿色设计理念应考虑以下内容:①绿色节能设计,可从系统设计的节能、科学管理的节能、电气产品的节能、能源净化与节能四个层面来理解;②安全和耐久设计,包括电气系统的安全可靠、电磁辐射减少、电气设备与管材的运行安全及耐久性等;③健康舒适和生活便利,包括建筑照明的质量、光环境的安全舒适、建筑照明设计光污染的有效控制、智能化系统监控的便利及智慧运行等;④环境宜居的要求,主要指对建筑内的温湿度环境、声音环境、空气质量、照明环境等的有效控制。

对建筑工程的电气绿色设计的理解包括以下三个方面。

1) 电气绿色设计不仅仅是节能设计

绿色建筑的目的在于以节约能源、有效利用资源的方式,建造低环境负荷情况下安全、健康、高效及舒适的居住空间。从这个角度而言,电气节能设计显然成为绿色建筑相当重要的部分。根据用电负荷容量及其分布、用电设备特点,实现供配电系统合理、经济、有效运行,是电气节能设计的基本要求。选用简单可靠的供配电系统,选择合理的变压器容量、配电级数和干线电缆,采用电容进行无功补偿等,这些具体措施都是电气设计为绿色建筑提供优化解决方案的一部分。

绿色建筑涵盖很多节能技术要求,虽说比较重要,但只是绿色理念的一部分。环境污染的控制、材料可再生、居住空间舒适度、能源计量等方面,均对电气设计提出更高要求。这些要求的落实需要综合考虑,并与其他专业联动协作。例如:地下车库的排风机应与一氧化碳浓度监测装置联动工作的要求,需暖通专业根据空气品质要求提出浓度监测范围,由电气专业落实一氧化碳浓度传感器设置范围,通过楼宇自动控制系统实现联动风机管控;电气产品的材料可再生要求,须在招标技术文件中提出,在材料采购中落实,通过业主的技术管理监督落地。

2) 电气绿色设计要考虑长远社会环境因素

精细化管理使业主在项目实施中都注重严控造价,追求性价比。建筑电气设计师应根据对项目的理解尽量满足业主需求,将前期投资的经济效益放在首位,但不可忽视电气产品对环境的影响,也不可忽视后期运行环境的节能与环保。例如:绿色建筑评价标准要求应用 BIM(Building Information Modeling,建筑信息模型)技术进行物业管理,但绝大多数业主只要求设计方用 BIM 技术梳理管线综合,此时设计师就有责任主动向业主介绍 BIM 更丰富的功能和价值。近年来,人们对健康环境的需求不断提升,如室内空气品质检测和自动调整控制、空气数据记录保存和自动响应、环境指标公示带来的监督效果及无接触的电气自动设备需求,均可通过智能化设备系统得以实现和增值,设计时应合理构想、耐心解释和沟通。

3) 电气绿色设计不是简单的新技术和新产品堆砌

电气绿色设计需要采用一些科技含量高的新产品和新系统,但绝不是简单的堆砌,需要从全寿命期角度来考虑经济效益、社会效益和环境效益,并提出合理可行的解决方案,最终实现建筑效益最大化、最优化的目标。例如：能效 1 级变压器的采用，必然会造成建设成本的提升，但相对于不节能的能效 3 级产品，1 级能效产品所节省的电能和电费，将在变压器寿命期内弥补成本差值，创造长期的运营收益。又如：光导照明可极大节约室内照明电费，但因为受光罩设置的位置需与地面景观结合，导光筒的安装需与结构谨慎配合，使用环境对于白天光照的需求程度不同，电气设计方案应充分考虑和比较，再做决策。

在一个项目中并不是绿色新技术越多越好，需要进行综合考量。电气绿色设计应当秉承技术合理原则，对各种先进技术进行综合分析、探讨，最后再考虑采用合适的措施，同时应用成熟的设计技术来优化方案，对每个设计细节充分推敲完善。例如：变电站深入负荷中心、合理选择线路敷设路径、照明设计的合理性等都是设计师需要掌握的技术要点。然而，由于各种原因，实际设计过程中设计师往往容易忽视这些优化要点。其实这些合理的优化设计也是绿色建筑电气设计中重要的环节，必须引起足够重视。

4. 电气绿色设计适用性

电气绿色设计的最终目的是把绿色理念中与电气专业有关的技术要点和绿色设计思路体现在设计图纸中，采用的电气系统和电气技术得以实现最大限度的碳减排。除了传统设计中做到"安全可靠、经济合理、技术先进、整体美观、维护管理方便"等基本要求外，更需要围绕新的绿色建筑性能指标，重新思考如何做好电气绿色设计，如何加快落实成熟的绿色新技术应用，更好地贯彻新时代国家绿色环保技术经济政策，以满足人民日益增长的美好生活需要。

诚然，在项目建设过程中，设计师的设计理念和新技术的推广应用单靠设计蓝图，未必能够较好地落实到实际项目的应用中去。原因是多方面的，如资金和进度的限制、各方对项目认识与理解的不一致、市场需求的多变等，当然也有设计师提供的设计方案不能满足市场发展的需要等。另一个重要原因是技术要求不能在建设全过程得到落实，设计指标在施工、招标采购中没有得到贯彻，虽然管理体系齐全但设计、施工、业主各谋其政，最终招标采购的产品参数与设计大相径庭，设计出图了却无法负责监管落实到底，直接影响绿色节能效果。截至目前，我国绿色建筑的设计标识类项目较多，但真正能切实体现绿色理念的运行标识类项目只有设计标识类项目的一个零头。很多项目，业主方根本没有足够的信心和底气来申报绿色运行标识，他们清楚许多绿色技术要求需要靠真实的数据来考察和评价,竣工验收后很多项目并不能完全达到图纸所提出的设计要求,以致在绿色节能方面有较多折扣。特别是机电类的系统运行,没有电气控制的配合,很难达到实际的绿色效果。

上述分析揭示了目前绿色建筑发展中的短板——重设计轻运行,浮于表层,实际却很难达到真正的绿色、节能、环保等目标,致使电气绿色设计在项目中的应用受到一些误解和干扰。

5. 电气绿色设计方法

围绕绿色、低碳、低能耗等目标,电气绿色设计的具体方法在本书后续各章节中均有论述,主要概括为以下几方面:

(1)按负荷重心法、最小能量矩法等定量方式选择变电所、配电间的场址。

(2)采取无功补偿、滤波和动态不平衡调整等措施,保证供配电系统网络电能质量的最优化。

(3)建立智能配电系统,运用绿色监测管理系统等数字化手段,对建筑设备运营状态进行实时监测。

(4)充分利用可再生能源等自然资源和电业电费政策条件,搭建"光储直柔"等分布式能源微网系统。

(5)以系统能效为目标设计供配电系统,并选用能效高、绿色环保的电气设备产品。

(6)按较低功率密度指标值进行照明设计,并充分利用自然光,采用智能照明系统。

(7)运用全寿命期 TOC(Total Owning Cost)法设计选型变压器容量和电缆截面规格。

(8)采用建筑设备监控系统、一体化智能监控系统等互联控制方式,应用 BIM 等全阶段设计方式。

本书所述的电气绿色设计,不仅指针对绿色建筑的电气设计,也指一般建筑工程范畴的电气设计。只要是符合绿色设计理念,与电气专业相关的要求和措施,都应该是电气绿色设计的一部分。

因此,为达到电气绿色设计的目标效果,还需建设各方支持及设计各专业的协调配合。电气绿色设计技术的应用,包括成熟电气绿色产品和新技术的推广,无疑会给绿色建筑有效运行提供正向助力,更好地为绿色、节能、低碳作贡献,更好地实现与自然环境和谐相处,增加便利性和舒适度,提升使用者的幸福感和满意度。

1.2.2　电气绿色产品及系统评价体系

1.电气绿色产品评价

电气绿色产品属于生态设计产品的一类,生态设计产品就是绿色设计产品。结合生态设计产品理念,针对具体产品制定的绿色产品评价标准,已在各行业推广实施。目前正式实施的绿色产品评价标准已有上百种,遍及石化、钢铁、有色金属、纺织、建材、机械、轻工、电子等各行业,建筑电气产品的评价标准亦有十几种,包括变压器、塑壳断路器、电动机、铅酸电池、锂离子电池、服务器、以太网交换机、光缆等,涉及产品范围逐年扩大。

绿色设计产品按《环境管理体系　要求及使用指南》GB/T 24001、《生态设计产品评价通则》GB/T 32161 等标准要求,以产品的绿色制造为最终体现,实现供给侧结构性改革,侧重产品全寿命期的绿色化。产品绿色化,是综合分析产品从原材料选用、生产、销售、使用、回收、处理等全寿命期各环节对资源环境造成的影响,做到对能源资源消耗最低、生态环境影响最小、可再生率最大。同时,要求生产企业的污染物排放状况、产品质量性能、节能降耗水平、生产工艺先进性等达到国家及行业标准要求。

绿色产品评价标准,对产品的能源资源、生态环境影响、再生率等提供可参照的定量指标要求,以提高各生产企业的环保意识。

1) 产品评价原则

寿命期思想原则:运用寿命期思想,系统地考虑产品全寿命期中各阶段对环境影响较大的重要环境因素。

定性和定量评价相结合原则:实施绿色设计产品评价应提出定性或定量的评价准则,定量评价可以更加准确地反映产品环境绩效。

2) 产品评价要求

生产企业要求:主要包括生产企业的污染物排放状况,应达到国家或地方污染物排放标准;产品质量性能、节能降耗水平等,应达到国家标准、行业标准;宜采用国家鼓励的先进技术工艺等。

评价指标：由一级指标和二级指标组成。一级指标包括资源属性指标、能源属性指标、环境属性指标和产品属性指标；二级指标应标明所属的寿命期阶段，即产品设计、原材料获取、产品生产、产品使用和废弃后回收处理等阶段。

3）产品评价方法

满足标准中产品评价要求：依照《环境管理 生命周期评价 原则与框架》GB/T 24040 和《环境管理 生命周期评价 要求与指南》GB/T 24044 等要求开展寿命期评价，并提供生态设计评价报告。

电气绿色设计产品：应符合生态设计理念和评价要求，满足《电子电气生态设计产品评价通则》GB/T 34664、《环境意识设计 原则、要求与指导》GB/T 23686 规定。绿色设计的设备选型，在注重电气设备功能的同时，还应有全寿命期概念，关注生产企业的绿色化，把符合绿色评价技术规范的绿色产品作为首选，以绿色产品的市场化促进生产企业的绿色化。

2. 电气系统能效评价

国内涉及具体电气产品能效评价的研究颇多，主要电气产品均有相关的制造标准和市场准入条件，但在电气系统能效评价方面的研究相对较少，相关标准也少。我国现行国家标准均局限在单机设备的能效等级分类，以及不同类型建筑能耗限值的研究和制定上，尚未延伸到电气系统甚至机电系统能效分级的层面。电气系统既有自身专业的独立性，又是机电系统中的基础角色，与其他建筑设备系统的运行有较多关联，其对民用建筑特别是改造类项目中机电设备系统能效提升和低碳降耗意义重大。电气系统的能效评价主要集中在以下几方面。

1）配电系统能效评价

配电系统能效分为低压线路能效和配电干线设计能效两部分。低压线路能效主要评价变电所、配电竖井、配电箱位置的设计合理性；配电干线设计能效主要针对适用功能确定的大型设备机房或用电设备集中区域，对由变电所单独供电的低压干线及配电箱的设计配电容量利用率进行评价。

设计配电容量利用率采用功率比，便于根据设计功率对比打分。实际配电容量利用率采用实际监测的电流比,便于核定额定电流与运行电流数据、检测干线电流。进行民用建筑配电系统设计时,有些设备用电的提资如厨房、室内精装修场所、舞台灯光等,由于实际采购安装时间的滞后,设计阶段往往采用用电容量预留的方式,而在运行维护阶段未作进一步系统优化,造成配电干线的设计及运行能效偏低,"大马拉小车"也是系统效率不经济的现象之一。

2) 绿色照明评价指标体系

绿色照明评价指标体系由照明质量、照明安全、照明节能、照明环保、照明控制和运维管理指标组成。照明安全仅设置为控制项,其他每类指标均设置控制项和评分项,并统一设置加分项。绿色照明分为一星级、二星级和三星级,3 个等级的绿色照明均应满足所有控制项的要求,且每类指标的评分项得分不应低于 40 分。绿色照明评价总得分分别达到 50 分、60 分、80 分时,绿色照明等级分别为一星级、二星级、三星级。具体内容详见《绿色照明检测及评价标准》GB/T 51268。

以照明节能指标 LPD(Lighting Power Density,照明功率密度)为例,作简要说明。

照明系统的节能效果,以低于《建筑照明设计标准》GB/T 50034 中规定的现行值的降低幅度为评分原则。如体育建筑、博览建筑、会展建筑及公共车库等,评分总分值为 35 分,按表 1-2 进行评分。

表 1-2 照明功率密度比现行值的降低幅度评分规则

照明功率密度降低幅度 D_{LPD}	得分	照明功率密度降低幅度 D_{LPD}	得分
$5\% \leqslant D_{LPD} < 10\%$	5	$20\% \leqslant D_{LPD} < 30\%$	25
$10\% \leqslant D_{LPD} < 20\%$	15	$D_{LPD} \geqslant 30\%$	35

建筑室内空间和场所的一般照明功率密度值,是照明节能设计的常用指标。在满足照度、色温、眩光等照明质量指标的基础上,能否达到绿色节能要求,LPD 是最直接的评价照明节能设计能效的重要参数。在新颁布的《民用建筑电气绿色设计与应用规范》T/SHGBC 006 中对照明灯具的能效等级、照明指标和照明控制,以及各种类型民用建筑室内场所 LPD 值都作出了更详细和严格的规定,其节能标准在目标值的评价基础上提出了更高的指标要求,并与绿色建筑等级和能效等级相挂钩,能够有效推进建筑绿色照明的

设计、应用与评价。

3）可再生能源发电系统能效评价

可再生能源系统能效有两个参数指标：可再生能源提供电量比例 R_e 和可再生能源系统全年供电比例 C_r。根据参数指标高低在评价中给予不同分值。对可再生能源提供的电量，评价时可计算设计工况下可再生能源机组（如光伏板）的输出功率与供电系统设计负荷之比；运行后应以可再生能源净贡献量为依据进行评价，即扣除辅助能耗（如必要的输配能耗等），再计算可再生能源的可替代电量。可再生能源发电系统的能效，以实际全年可再生能源发电量相对于设计发电量的比例作为评价指标。具体评分规则见表 1-3、表 1-4。

表 1-3　可再生能源利用评分规则

可再生能源利用类型和指标		得分
可再生能源提供电量比例 R_e	$0.5\% \leqslant R_e < 1.0\%$	2
	$1.0\% \leqslant R_e < 2.0\%$	4
	$2.0\% \leqslant R_e < 3.0\%$	6
	$3.0\% \leqslant R_e < 4.0\%$	8
	$R_e \geqslant 4.0\%$	10

表 1-4　可再生能源发电系统能效评分规则

项目评价	评价内容		得分
可再生能源发电系统	$C_r = \dfrac{系统全年供电量(kW \cdot h)}{系统全年设计发电量(kW \cdot h)}$	$C_r \geqslant 90\%$	3
		$80\% \leqslant C_r < 90\%$	2
		$70\% \leqslant C_r < 80\%$	1

注：表中数据分别引自《绿色建筑评价标准》GB/T 50378 和《公共建筑机电系统能效分级评价标准》T/CECS 643。

上篇 建筑电气绿色低碳设计

电气绿色低碳设计对实现我国可持续发展具有重要的现实意义,能够在提高人们生活质量的同时减少对环境的破坏,提高资源利用率,充分体现"以人为本"追求高品质生活的内涵。其内容不仅包含高效合理的电力系统配置、低碳节约角度的能源管理和分项计量系统、用水远传和管网漏损计量系统、照明功率密度限值和分区域控制、建筑设备自动监控系统、电气设备满足国家节能评估值、可再生能源利用等,还关注环境品质角度的一氧化碳浓度监测装置、空气质量监测系统、采光区域照度调节等,以及新增的提升服务品质角度的引导标识系统、电动汽车充电设施、智能化服务系统等内容。

因此,在进行建筑电气的绿色低碳设计过程中,必须把应用需求放在首位,从技术性、全局性进行优化处置,综合考虑各专业以决定设计的最优方案,促使建筑电气绿色低碳设计成为提高建筑品质和使用价值、降低使用成本、增加建筑经济价值和社会价值以及推动建筑产业向绿色、环保、低碳方向发展的有效方式。

第2章
绿色供配电设计
与电能质量

为了满足现代建筑日益提高的用电负荷以及绿色低碳化运行要求,供配电系统的绿色设计与电能质量的提升,有效提高了建筑设施用电的稳定性、环保性与经济性,可有效降低建筑碳排放,促进绿色低碳化发展,并具备较高的节能潜力与进一步扩展的能力,是实现建筑电气绿色低碳设计的坚实基础。

2.1　用电设备负荷

工科大学教科书中的电力分析、工厂配电、负荷种类等,是基于各类工业行业供电体系发展而来的,其随生产工艺特性具有一定的规律性。而实际民用建筑的电气负荷,使用功能在招商需求未明确的条件下,还不能完全确定,用电特性随用户不同,负荷变化差异较大,且实际用电的使用周期和建筑生命周期不一致。因此,采用传统方式来研究民用建筑的用电特性并不合适。

2.1.1　电气负荷特性分析

建筑本体,是为遮风挡雨而产生。在人类的使用过程和城镇化进程中,城市建筑密度逐渐增加、规模不断增大。随着建筑材料的不断更新发展,使用功能的逐渐细分,以及人类追求美观、舒适、便捷并伴随长时间驻留产生的种种需求等,用电设备的负荷特性衍生出非常多的类型特点。

民用建筑,是供人们居住和进行公共活动的一类建筑总称。按照使用功能类型,民用建筑可分为办公建筑、酒店建筑、商业建筑、会展建筑、观演建筑、教育建筑、交通建筑、医疗建筑、体育建筑等公共建筑和住宅、公寓、宿舍等居住建筑。其中,公共建筑的负荷最难预测,下文分析几种主要公共建筑类型及其电气负荷特点。

1. 办公建筑

办公建筑对于用电设备的使用主要是在工作日,每天统一在上班时开启、下班时关闭,即使考虑加班状况,负荷也不会突破工作时段峰值。一般能效评估时,考虑上班前先期开启冷冻机制冷和加班等因素,评估用电时间常规为 10 h/d。其一天中空调高峰期非常固定,比较容易预测,也较容易根据使用经验进行调整。此外,办公建筑尤其注重物业形态,属于出租型还是自用型,自用型办公楼一定要充分考虑业主物业习惯。

除常规通用的照明、空调、电梯等用电设备外,办公建筑内的办公设备如电脑、打印机、会议系统等是较为频繁使用的用电设备。其用电规律体现在上班时段比较集中、下班时段基本处于节能休眠状态。值得注意的是,电脑设备等均接于插座回路之中,插座回路使用上的灵活、便利及可靠性也是办公建筑用电负荷的一大特点。

2. 酒店建筑

酒店建筑,主要针对出门在外的商务、旅游等人员住宿及进行商务等活动而设,一般可分为经济型酒店、快捷型酒店、精品酒店和星级酒店。经济型酒店一般只满足基本住宿需求,故体量较小,单位面积指标较低。三星级以上酒店,配套大量餐饮、会议、健身等设施,尤其餐饮场所单位面积指标较高,西餐厨房等高耗电业态可高达 $1\ kW/m^2$。但由于通常酒店晚餐高峰期达到最高负荷,平时负荷率较低,所以经营管理水平对能耗影响较大。精品、星级类酒店,更多考虑商务精英高层次商务和度假需求,较多舒适性配置设施的平均利用率不高,造成装机容量很大,负载率却很低,一般综合使用系数远低于30%,设计时必须充分考虑其特性。因此,酒店管理公司本身出于管理方便和维护成本考虑,节约能耗是酒店的一大经营管理要务,其提出的需求往往与绿色建筑要求比较贴合,如灯光智能控制、主要设备的用电及用能计量等,一直是酒店的设计要点。

3. 商业建筑

商业建筑的设计近年随着商业扩张和业态变迁,有着飞速发展。但电气设计理念的更新相对迟缓,同商业模式的快速切换不相适应,也与绿色发展的主旋律背道而驰。目前,商业建筑设计主要存在以下悖论:

(1)奉行最佳商业盈利配置——餐饮比例不高于30%,而实际却是零售门可罗雀,餐饮大排长龙,使得设计之初的用电容量不能完全覆盖招商后的营业容量。

(2)餐饮是汇聚人气的重要业态。疫情后餐饮的倒闭率高,受人追捧的网红店热度也不持久。商业运营需要持续不断的人气加持和经营团队不断地推陈出新,并与商业宣传策划活动密不可分。这就需要灵活、可变的电气配置方案。

(3)开发商、业主往往注重得铺率,但吸引眼球的却是公共空间。只有将充足的空间用于展示性、创造性、互动性活动，才能不断聚集人气。偏重得铺率的理念会造成设计和使用的严重脱节及空间混乱。

由于商业建筑招商的不确定因素较多，受当前潮流影响也极大，故商业建筑是目前一次和二次设计脱节最严重的建筑类型，造成的建材浪费也最为严重，值得设计及相关同行审视、反思。总结以下几点，供设计师参考：

（1）各种商业业态的主要客户需求不同，消费时间存在较为明确的错位。例如：影院、卡拉OK等，往往要营业至深夜或者通宵；餐饮也以早餐或晚餐区分经营重点。各种业态的经营时间不同，为了节能和管理方便，需要把各类电源，尤其是空调电源分开设置，不应贪图方便，轻易合并。

（2）土建阶段，出于投资控制及验收的需要，开发商往往要求设计师把商铺电源设计到位。其实，由于商业不同业态的用电量差异巨大，设计师在规划阶段不可能准确把握业态分布。招商完成后进行精装设计时，除了电源分布需完全重新设计外，还要拆除已敷设的商铺电源，造成二次拆改，浪费极大。

（3）商业从开业、成型到成熟，逐步适应周边商务、环境特点，一般需要几年时间。商铺的更换率极高，开业时装修形成的电源布局需要不断重新整合，期间的物业改造和招商还会带来很多问题，比如拆改会造成大量电缆、桥架的重新敷设问题。

（4）商业业态受社会政策、消费时尚潮流的影响极大。例如：静态管理期间，餐饮、健身等人群聚集的场所经营困难。因此，一般商业通常10年左右需要重新规划、重新调整布局，以适应经济及社会发展。

商业建筑的电气设计看似简单，却非常考验设计师的功底，需要不断更新理念，推陈出新。

4. 会展建筑

会展是近几年发展较快的行业，其特点非常明显。为了适应不同类型的设施布展，高度上大多可视为高大空间；为了布展方便，通道需考虑车辆通行；针对人员大量聚集，展厅分为到达厅（登录厅）和展示厅；为了适应展示设备的功能演示，需设立展沟，沟内配置强弱电、水、气体等管线，采用工业连接器接驳，按需申请使用。有研究发现，会展建筑的以上属性，使其成为改建成多种城市应急功能（诸如医院、灾害收容中心、城市临时应急指挥处置中心等各种临时场所)的最佳建筑类型,远比体育场馆灵活。因此,会展建筑建造时应多做论证,最好能实现功能分区独立。除了对会展需求量极大的超级城市外,大多数城市中会展类场馆的利用率并不高,需要考虑为经常空置的功能段设置独立变压器,利于关断以节约变压器损耗。

会展建筑在没有展会时的利用率极低,而展会期间随着布展的配置不同,用电量高低配置差异极大。为解决该问题,设计之初一定要根据城市特点及布展内容特点,切实了解重负荷布展的可能性和规模,切忌"一刀切"。多展厅的项目,根据建筑布局采用变电所分开布局方案,既减小供电半径,也使未用展馆能切断相关闲置负荷电源,降低系统损耗。会展建筑通常设置较大的广场,室外布展的需求也要充分考虑,很多城市应急功能也会用到室外电源,故设计时要充分预留室外活动电源以适应户外使用。部分城市的展览时间不长,展览建筑平时会以其他功能开放,如运动健身、销售推广等,设计时要考虑这些功能的需求,充分体现绿色会展建筑的多重城市适用性。

5. 观演建筑

观演建筑主要涵盖各类大剧院、歌舞剧院、音乐厅、电视广播台等。建筑具有明显的工艺流程特点,以适应不同形式的表演需求。虽然随着 LED 灯具的使用和舞台机械的更新换代,总体用电量比以前有大幅减少,但舞台用电量仍是主要负荷。一方面,随着网络经济及网络主播的兴起,对环境要求逐步降低;另一方面,随着 8K 视频和 VR 技术的普及,对设备要求显著提高。许多视频录制、通信需要建设数据中心级的机房,且各地对数据中心的 PUE(Power Usage Effectiveness,数据中心消耗的所有能源与 IT 负载消耗的能源的比值)均有要求(一般要求在 1.3 左右),因此,观演建筑的绿色设计须紧贴绿色数据中心要求。观演建筑为满足演出、播出时短暂的高峰用电,具有设备选型要求高、装机容量高、平均使用率低等特点,故设计大型观演建筑时,宜选择较为完善的智能配电系统,便于动态反映负荷状况,预设应急处置程序。在设计变压器装机容量时应适当减配,以减轻运营时变压器长时间低负荷运行的压力。

此外,由于观演建筑大量采用灯光、音响、服务器等设备,为了控制谐波带来的影响,一般会设置较多的滤波装置。大量电容、电抗等非线性器件的使用,会给整个电气系统带来以下不利因素,需要设计师慎重考虑。

（1）谐振。当回路中电容电抗配比正好达到谐振点，就会产生谐振。以前的设备多为工频，工频谐振很容易被发现并排除。但现在大量 IGBT（Insulated Gate Bipolar Transistor，绝缘栅双极型晶体管）设备的应用，把谐振频率推向了高频，高频谐振能量较低，不会引起显性的能量积累，但易造成断路器跳闸。因此，如遇电力电容器寿命异常变短、母排温度异常升高等问题，需要分析线路是否存在谐振。

（2）接地。长期以来，设计中对于接地问题的解决较为简单化，多数设计师停留在工频思维阶段，而高频下的高阻、电磁场分布不均等会带来中性线电压、电流异常。近年来，随着电气火灾监控设备的广泛安装，经常会遇到异常漏电的情况，这往往与这些监控设备的装设有关。

（3）过补偿。播出设备、网络设备工艺回路与数据中心类似，是呈容性的。舞台灯光等大量调光设备，经谐波治理后，也会使功率因数接近于 1。目前，供电部门要求 30% 的电容补偿初装量，当业主使用时，如不调整关闭补偿电容，会造成过补偿现象，使供电电压升高。如果管理不当，还会造成功率因数超前过多，违反供电部门管理规定。

6．教育建筑

随着国内对教育的重视，学校教学设施建设迅速与国际接轨，设施安全和用电安全的要求也随之提高。本着绿色建筑"安全、健康"的原则，教育主管部门改变原有学校建筑分散管理的格局，大力推广智慧校园建设。其中，电化教学和多媒体教学占主流，因其用电设备多，用电量也随之上升。

现代教育建筑在规划阶段就已采用智慧校园建设模式。考虑到教育建筑大多比较分散，统一管理较为困难，而且电化教学的多媒体教室不用时，也会因电子设备电源未关闭处于待机状态而造成不该存在的高耗电情况，这也与教育系统的物业管理投入往往较为缺失相关。电气设计中经常碰到由信息课老师对接设计方解决相关问题的情况。因此，设计不单需要从规范角度考虑问题，更要从维护维修、全寿命期去考虑设计的合理性。

7．交通建筑

交通建筑是为人们出行或货物运输服务的公共建筑，如民用机场航站楼、交通枢纽站、铁路旅客车站、城市轨道交通站、磁悬浮列车站、港口客运站、汽车客运站等，还有由其中 2 种或多种类型组成的交通枢纽建筑，其规模常由最高聚集人数、高峰小时旅客流量或年旅客流量、年货物流量等来确定。在功能分区上,一般划分为付费区(买票后可进入区域)和非付费区(其他区域)。非付费区需要提供餐饮及更多舒适性的休息场所,甚至发展出不输大型商场的繁华商业形态。

为了保障交通功能的正常进行,与调度相关的通信、信号、售检票、安防安检、时钟系统、交通设备电力牵引等设施用电,列车到发显示、站房站厅站台公共区照明、电动扶梯、行李转运等设备用电以及各类消防设备用电被划分为一级或二级重要负荷,占比远高于一般公共建筑中的重要负荷。

从电源选择角度,为了响应高可靠、高安全的需求,双重电源是标准配置,特大型交通建筑还会选择双回路常用、一回路备用的配置,甚至也有三回路常用的配置。即使在供电条件有限的地区,也具备一回路常用、一回路备用的配置,特别重要的保障交通运行安全的设备还会采用柴油发电机和不间断电源(Uninterruptible Power Supply,UPS)作为备用电源。

双重市电电源供电时,如一路市电故障,另一路应保证所有一、二级重要负荷正常运行。一般项目平时变压器的运行负荷率相对较低,等级越高的交通建筑因重要负荷越多其负荷率越低,因此在变压器选型时,应充分考虑低负荷率时的空载损耗因素,选择空载损耗较低的能效 1 级、2 级变压器。

从配电选择角度,交通建筑的单体建筑面积较大,用电负荷分散,易造成供电半径较长,线缆损耗增大。因此,一般在建筑物内分散设置若干变电所,对大容量设备或重要用电区域采用放射式配电,对一般分散负荷采用树干式配电,对小容量负荷采用链式配电。

8. 医疗建筑

医疗建筑内有多种建筑类型,如医技楼、门(急)诊楼、病房楼等。用电负荷最多的医技楼中,很多医用治疗设备和医用电子仪器与人体直接接触,因此,关键设备的供电可靠性、连续性以及对患者接触设备的保护是医疗供配电设计的主要内容。大量的医疗用电设备由于其非线性电路特征,电能质量问题越来越突出,谐波干扰等影响电源可靠性的事故时有发生,必须引起重视。另外,在流行性疫情发生后,特殊区域设备独立运行的可维修性等研究也成为一个重要课题。

1) 医院配电

医院的用电负荷相对比较复杂,除一般民用建筑最基本的照明、动力、空调之外,还包含大量医疗设备。这些设备的工作原理、负荷性质、容量大小等差异很大,配电要求各异,由此构成了现代医院复杂的配电系统。

(1) 供电方式

医院配电系统的基本方式与民用建筑相似,一般采用放射式与树干式相结合的供电方式。大型、重要设备由变电所放射式供电,恢复供电时间要求小于 15 s 的均为双路供电末端自投。除一般民用建筑的冷冻站、水泵房、电梯等保障系统外,真空吸引、X 光机、电脑断层扫描(CT)机、磁共振成像(MRI)机、数字减影血管造影(DSA)机、放射性核素扫描(ECT)机等设备主机,烧伤病房、血透中心、中心手术部的电力及照明,各类医疗设备主机房的空调电源、洗衣房及营养部的动力也分别由变电所低压放射式供电。

(2) 用电负荷

根据国内医院现有情况,大型医院一般环境的用电负荷可分为照明系统、医疗动力(插座)系统、空调系统(新风机、空调机、风机盘管)及应急照明系统等。一般医疗设备均为移动式设备,从插座取电容量较低,多为电子式产品,对电压波动比较敏感。考虑到提高安全可靠性,其与照明分设系统,在大系统电源供电困难时可以保证医疗负荷的正常运行。空调系统用电要求相对较低,单独设置有利于减少干扰。

(3) 配电方式

树干式供电由变电所将各类电源分别引至各竖井,通过母线配电至各层。各竖井内分别设有照明、电力、空调及应急照明配电箱。配电、照明分别放射至各科室的电力、照明配电箱,各科室的计量表设在竖井配电箱内,空调配电箱配电至竖井末端区域内的普通空调机及风机盘管。应急照明配电箱由双路电源供电并自动切换,供各应急照明及防火卷帘门等设备用电。

2) 重要设备及场所配电

(1) 医技与敏感电子设备配电

大型医疗影像设备是医院的重要设备,现代医院此类设备种类多,目前比较常见的有计算机 X 线摄影(CR)机、数字 X 线摄影(DR)机、普通 X 光机、DSA 机、CT 机、ECT 机、MRI 机以及 X 刀、γ 刀、直线加速器等。根据设备不同用途及其工作制区分,除 MRI 机为长期工作制外,其余基本都为短时反复工作制。大型医疗影像设备工作原理各不相同,但都对电源的要求较高。基于上述特性,设计应主要注意以下问题:①一定规模医院内的大型医疗影像设备应由专用变压器供电。球管电流在 400 mA 以上的设备应采用放射式供电;DSA 机、MRI 机、ECT 机、大型介入机等设备的主机电源一般需要双路供电。②有些设备本身需要冷却,其配套的冷水机组等部分电源与主电源同样重要。③主电源进一步分成高压发生器电源、行走机构电源、影像设备电源及插座电源。系统电源一般送至控制室,大型设备还专设电源室配电室。心血管造影机房的高压发生器电源、行走机构电源、影像设备电源采用一般配电方式,其插座电源与胸腔手术室的要求相似。④患者可能接触的用电设备采用 IT 系统及局部等电位接地,电位差小于 50 mV。

现代医院中敏感电子设备日益增多,也就是计算机较多。设计要注意以下问题:①《剩余电流动作保护装置安装和运行》GB/T 13955—2017 第 5.8 条规定,对应用电子元器件较多的电气设备,电源装置故障含有脉动直流分量时,应选用 A 型剩余电流保护器RCD(Residual Current Operated Protective Device)。需要在 1 类和 2 类医疗场所安装剩余电流保护器时,传统 AC 型 RCD 不能对脉动直流剩余电流产生反应,因此应选择 A 型或 B 型,发达国家公共建筑中基本已采用 A 型取代 AC 型。此外,每个医疗设备的插座回路不能接太多 PC 设备或电子设备,避免脉动直流分量问题和正常泄漏电流问题。②选用 RCD 还应采用电磁式,使医院内敏感电子设备具有抗电磁干扰的性能,这对医院设计方选用设备提出了要求。比如在医院的放射放疗诊疗区不允许使用移动电话,以免产生电磁干扰,设计方面不应在这些区域安装移动电话增音装置,并应在相关机房采用屏蔽措施。③医院内敏感电子设备的接地做法一直是有争议的,但无论是 IEC(International Electrotechnical Commission,国际电工委员会)标准还是国家标准的意见都很明确,即应该采用共用接地和等电位接地方式而不是独立接地方式。大量工程实践表明,采用共用接地和等电位接地方式是非常适合的好办法。

(2) 医院手术部、ICU 等场所配电

手术部是医院中供配电要求最高的场所之一,手术室数量从几间至几十间不等,且发展呈上升趋势。其配电设计主要考虑以下两方面:①按 IEC 有关标准,2 类场所在故障情况下断电自动恢复的时间应不超过 0.5 s,即停电时间 $t \leqslant 0.5$ s,实际工程中一般采用 UPS设备来满足此要求。门诊手术室或要求比较低的简单手术室也可不设置 UPS,但手术用无影灯一般配置蓄电池，以便在故障停电情况下确保手术的进行。②UPS站通常独立设置在手术部洁净区域外，因此集中式设置能很好地解决UPS的维护问题而不直接对手术部产生影响；此外，集中设置有利于解决UPS设备空调和通风问题，分布式供电UPS发生故障率高的原因之一就在于不能很好地解决通风散热问题。

ICU、CCU等属于2类场所，其配电设计与手术部类似：①采用医用IT系统配电，一般考虑每床1.5～2 kW（不计洁净空调用电），病床区域应多设插座，原因是为危重患者准备的各种监护及抢救设备较多，有些特别的ICU室用电量大，还应设置医疗塔。②大多数医院的手术部与ICU相距不远，如果采用集中式UPS站应考虑同时为ICU供电，除非医院有管理上的特殊要求，其UPS组可以与手术部分开设置。

9. 体育建筑

社会发展进步，促使人们对体育运动从最初的观看逐步发展为参与。越来越多的健身馆，甚至很多较为专业的体育运动形式出现在街头巷尾，成为人们生活的一部分。现代体育建筑不但需要体现比赛的专业性、转播接驳的方便性，还需满足全民健身的需求。大型体育建筑往往人流集中，位于城市中心位置，代表城市形象，其灯光设计也会成为焦点。不同体育类型对环境要求差异极大，马术等类别的比赛甚至还要考虑动物的生活要求和卫生防疫要求。由于动物无法自主提出要求，其对环境的要求甚至会超过正常的人类居住要求。所以，对于一些不熟悉的项目，必须在设计前做好深入调研，对现有项目进行全面考察。

综上各类型建筑的分析可知，对用电负荷特性的了解，除了用电容量、用电性质等基本数据外，使用时间特征也是必须考虑的因素。表2-1、表2-2所列是各类常用建筑暖通系统的日运行时间以及照明使用时间，供参考（注：数据引自《建筑节能与可再生能源利用通用规范》GB 55015）。

表2-1　空气调节和供暖系统的日运行时间

类别	系统工作时间	
办公建筑	工作日	7:00—18:00
	节假日	—

（续表）

类别	系统工作时间	
旅馆建筑	全年	1:00—24:00
商业建筑	全年	8:00—21:00
医疗建筑（门诊楼）	全年	8:00—21:00
医疗建筑（住院部）	全年	1:00—24:00
学校建筑（教学楼）	工作日	7:00—18:00
	节假日	—
居住建筑	全年	1:00—24:00
工业建筑	全年	1:00—24:00

表2-2 照明使用时间(%)

建筑类别		时段	时间											
			1	2	3	4	5	6	7	8	9	10	11	12
办公建筑、教学楼		工作日	0	0	0	0	0	0	10	50	95	95	95	80
		节假日	0	0	0	0	0	0	0	0	0	0	0	0
旅馆建筑、住院部		全年	10	10	10	10	10	10	30	30	30	30	30	30
商业建筑、门诊楼		全年	10	10	10	10	10	10	10	50	60	60	60	60
居住建筑	卧室	全年	0	0	0	0	0	100	50	0	0	0	0	0
	起居室	全年	0	0	0	0	0	50	100	0	0	0	0	0
	厨房	全年	0	0	0	0	0	100	0	0	0	0	0	0
	卫生间	全年	0	0	0	0	0	50	50	10	10	10	10	10
	辅助厨房	全年	0	0	0	0	0	10	10	10	10	10	10	10
工业建筑		全年	95	95	95	95	95	95	95	95	95	95	95	95

建筑类别		时段	时间											
			13	14	15	16	17	18	19	20	21	22	23	24
办公建筑、教学楼		工作日	80	95	95	95	95	30	30	0	0	0	0	0
		节假日	0	0	0	0	0	0	0	0	0	0	0	0
旅馆建筑、住院部		全年	30	30	50	50	60	90	90	90	90	80	10	10
商业建筑、门诊楼		全年	60	60	60	60	80	90	100	100	100	10	10	10
居住建筑	卧室	全年	0	0	0	0	0	0	0	0	100	100	0	0
	起居室	全年	0	0	0	0	0	100	100	50	0	0	0	0

（续表）

建筑类别		时段	时 间											
			13	14	15	16	17	18	19	20	21	22	23	24
居住建筑	厨房	全年	0	0	0	0	0	100	0	0	0	0	0	0
	卫生间	全年	10	10	10	10	10	10	10	50	50	0	0	0
	辅助厨房	全年	10	10	10	10	10	10	10	10	10	0	0	0
工业建筑		全年	95	95	95	95	95	95	95	95	95	95	95	95

上述各类建筑的用电负荷特点，与绿色建筑评价标准中的安全耐久、健康舒适、生活便利、资源节约和环境宜居的绿色性能紧密关联。用电负荷的可靠安全、建筑设备的节能低碳、照明空间的健康舒适、空调环境的控制方便以及智能数字生活的高效便利等，无不需要电气设计贯穿始终的全寿命期绿色理念的实施，在具体的设计解决方案中也是围绕这些方面进行的。

2.1.2 绿色建筑电气负荷指标

绿色建筑的高品质特性，决定了各类设备的高可靠运行特点。由于设备使用特征以及使用习惯的离散性，电气绿色设计在选择变压器装机容量指标时，既要有效控制总体装机容量指标，避免低载空耗的投资和运行浪费，又要充分考虑末端使用场所的用电便利性。大量的绿色建筑项目设计及实际运行数据证实了容量指标控制的必要性，相关的规范也提出了一些具体控制指标要求，如表2-3所示。

表2-3 各类绿色建筑变压器装置容量指标

建筑类别	用电指标（W/m²）	变压器装置指标（VA/m²）
住宅	40～60	70～80
公寓	60	80
旅馆	80	100
办公（集中空调）	70	100
办公（分体空调）	90	120
商业（零售）	100	120

（续表）

建筑类别	用电指标（W/m²）	变压器装置指标（VA/m²）
商业（餐饮）	250～350	200～350
体育场馆	70	100
剧院	80	120
学校	60～80	80～100
会展（轻展）	50～100	100
会展（中展）	100～200	200
会展（重展）	200～300	300
演播室	250～500	500
汽车库（带充电桩）	40～60	40～60

2.2　负荷中心位置确定

2.2.1　现有规范标准要求

任何一本电气设计的标准规范或设计手册中，负荷中心都是确定变电所所址的基本前提和首要原则。《民用建筑电气设计标准》GB 51348、《35 kV～110 kV 变电站设计规范》GB 50059、《公共建筑绿色设计标准》DGJ 08—2143 等标准中均有相关规定，本书不再重复。定量化的标准要求举例如下：

《民用建筑电气绿色设计与应用规范》T/SHGBC 006—2022 第 4.1.3 条规定："变电所应深入负荷中心，通过计算并综合考虑建筑场所的使用价值和合理布局确定位置，减少电力线路传输损耗。计算方法详见附录 A。"

该标准附录 A 确定了变电所和配电室位置的计算方法，较为详细地介绍了负荷重心法和最小能量矩法两种方法，在国内标准规范中尚属首次，对变电所供配电设计的绿色节能推广意义重大。

上述措施的实现，有利于减少管线敷设量及管路输配能源的损耗，从设计方案上对降碳减耗有直接作用。

负荷中心位置确定对于电气设计十分重要，主要原因在于：①靠近负荷中心，以缩短低一级电压的传输线路距离,可节省线材、设备及电能损耗;②靠近电源侧,可以减少电能来回传输而引起的损耗;③高层和多层民用建筑中的负荷密集,且相对比较均匀,深入负荷中心,使进出线电缆桥架等通道的布局更为合理。

2.2.2 负荷重心法和最小能量矩法

变电所负荷中心的合理设置,对于电能传输过程中减少损耗、提高供配电效率意义重大。另外,还能减少设备配置,减少电缆规格数量,对降低工程造价具有现实意义。然而,目前无论是相关的设计手册还是设计规范标准,对于变电所的设计选址方法均只提出负荷中心的定性概念,未见理论计算上的佐证。如此现状,对于绿色设计和节能计算,特别是不同选址方案的比较选择而言,缺乏足够的数据依据,亟须完善。

鉴于此,国内外陆续开展了电气工程负荷中心定量计算的理论研究。《低压电气装置 第8.1部分 能源效率》IEC 60364—8—1率先提出利用电气系统负荷年能耗的重心作为系统负荷中心的计算方法(简称"重心法"),尔后《建筑电气系统能效评价标准》提出系统最小能量矩法(简称"能量矩法")。上述两种方法都能计算出系统的负荷中心及系统的平均负荷距离等参数。当平均负荷距离过大时,设计师应划小供电范围、调整变电所设置位置。

1. 负荷重心法

该方法是通过计算出系统负荷年能耗的重心,作为系统的负荷中心。通过负荷中心计算,能够明确设备位置,尽可能地减少电能传输导体的长度和截面积,避免为满足电压降低的要求而增加电缆截面,造成使用更高规格电缆引起的投资增加。这种方法以考虑电能效率为主,确定电源的理论位置。

负荷重心法的计算前提是通过每个负荷的年用电量,计算出系统年负荷用电量的重心,从而确定系统的负荷重心即为系统的负荷中心。负荷中心处系统的总电量矩(各负荷年用电量与负荷距负荷中心距离的乘积之和)应该最小。

负荷中心计算的目的是根据负荷的能源消耗,基于相对权重位置安装变压器和配电盘,使更高能耗负荷与负荷中心的距离小于较低能耗负荷,以此确定负荷中心的位置。

设立坐标系,确定每个负荷的位置坐标。(x_i,y_i)或(x_i,y_i,z_i)取决于采用二维或三维坐标。

$$(X_c,Y_c,Z_c)=\frac{\sum_{i=1}^{i=n}(x_i,y_i,z_i)\cdot EAC_i}{\sum_{i=1}^{i=n}EAC_i} \tag{2-1}$$

或

$$(X_c,Y_c)=\frac{\sum_{i=1}^{i=n}(x_i,y_i)\cdot EAC_i}{\sum_{i=1}^{i=n}EAC_i} \tag{2-2}$$

式中:(X_c,Y_c,Z_c)——变压器、配电盘在三维坐标系下的最优设置位置坐标;

(X_c,Y_c)——变压器、配电盘在二维坐标系下的最优设置位置坐标;

EAC_i——预估该负荷每年消耗的电能(kW·h),如果年度消费预测为未知项,可以用负载功率代替(kVA 或 kW)。

"电源"是指负荷中心计算时的系统主配电盘。电源位置应尽量靠近负荷中心,即应考虑变压器和配电盘位置尽可能靠近高耗能设备和系统,使电气系统中的损耗降至最低。

2. 最小能量矩法

最小能量矩法是中国中元国际工程有限公司教授级高工王潏领衔团队提出的变电所所址量化选择方法。

最小能量矩法是指:最佳负荷中心应该是系统的总损耗最小(总能量矩最小),而不是各负荷均有相同的损耗重心点。该方法的理论依据前提是如何求得系统的最小能量矩,系统最小能量矩的位置才是损耗最小的变电所位置。推理假设电气负荷线路经纬柱网布线敷设,过程如下。

目前,建筑物一般多是经纬的柱网形式,因此假设电气线路都是按照三个轴线敷设的,可将负荷到中心的路径分解在三个维度的轴线上。线路采用经纬走向的前提下,通过计算系统最小能量矩,以此确定负荷中心的位置。

设立坐标系,确定每个负荷的位置坐标。(x_i,y_i)或(x_i,y_i,z_i)取决于采用二维或三维坐标。

$$M_{xj} = \left(\sum_{i=1}^{i=n} |x_j - x_i| * EAC_i \right), \ j = 1, 2, \cdots, n \qquad (2\text{-}3)$$

$$M_{yj} = \left(\sum_{i=1}^{i=n} |y_j - y_i| * EAC_i \right), \ j = 1, 2, \cdots, n \qquad (2\text{-}4)$$

$$M_{zj} = \left(\sum_{i=1}^{i=n} |z_j - z_i| * EAC_i \right), \ j = 1, 2, \cdots, n \qquad (2\text{-}5)$$

$$M_{x\min} = \min(M_{x1}, M_{x2}, M_{x3}, \cdots, M_{xn}) \qquad (2\text{-}6)$$

$$M_{y\min} = \min(M_{y1}, M_{y2}, M_{y3}, \cdots, M_{yn}) \qquad (2\text{-}7)$$

$$M_{z\min} = \min(M_{z1}, M_{z2}, M_{z3}, \cdots, M_{zn}) \qquad (2\text{-}8)$$

$$M_{\min} = M_{x\min} + M_{y\min} + M_{z\min} \qquad (2\text{-}9)$$

$$(X_c, Y_c, Z_c) = [\text{if}(M_{xb} = M_{x\min}, \ x_b)$$
$$\text{if}(M_{yb} = M_{y\min}, \ y_b) \qquad (2\text{-}10)$$
$$\text{if}(M_{zb} = M_{z\min}, \ z_b)]$$

$$l_{\text{avg}} = M_{\min} / \sum_{i=1}^{i=n} EAC_i \qquad (2\text{-}11)$$

式中：X_c，Y_c，Z_c——最小能量矩法计算得出的最优位置坐标；

$\quad M_{xj}$——x 轴各点能量矩（kW・h・m），$j = 1, 2, \cdots, n$；

$\quad M_{yj}$——y 轴各点能量矩（kW・h・m），$j = 1, 2, \cdots, n$；

$\quad M_{zj}$——z 轴各点能量矩（kW・h・m），$j = 1, 2, \cdots, n$；

$\quad M_{x\min}$——x 轴最小能量矩（kW・h・m）；

$\quad M_{y\min}$——y 轴最小能量矩（kW・h・m）；

$\quad M_{z\min}$——z 轴最小能量矩（kW・h・m）；

$\quad M_{\min}$——系统最小能量矩（kW・h・m）；

$\quad l_{\text{avg}}$——系统平均负荷距离（m）。

3. 变电所负荷重心法优选方案的测算方法

表 2-4 所示为变电所负荷重心法测算表，供项目方案比选中绿色低碳节能效果测算时参考。

表 2-4　变电所负荷重心法测算

序号	负载名称	优化负荷中心位置计算								10 kV 变电所优化方案与原设计位置的线路损耗及经济测算对比													
		P_e (kW)	I_c (A)	D_x (m)	D_y (m)	D_z (m)	M_x (kW·m)	M_y (kW·m)	M_z (kW·m)	L_0 (km)	L_1 (km)	ΔL (km)	S (mm²)	p (元/m)	t (元)	R (Ω/km)	R_0 (Ω)	R_1 (Ω)	K_x	ΔP_0 (kW)	ΔP_1 (kW)	ΔP_y (kW)	ΔA_y (kW·h)
1	负荷 1																						
2	负荷 2																						
3	负荷 3																						
4	负荷 4																						
…	……																						
	总计																						
	变电所优化定位																						
	变电所原有定位																						
	年线路损耗费用差（元）																						
	差异总费用（元）																						

注：1. 表中各有关参数含义如下：

P_e—线路负载容量（kW）；I_c—计算相电流（A），$I_c = P_j/(\sqrt{3} \times U_n \times \cos\phi)$；$P_j$—线路计算容量（kW），$P_j = P_e \times K_d$；$K_d$—负荷计算需要系数；$D_x$—$x$轴距离（m）；$D_y$—$y$轴距离（m）；$D_z$—$z$轴距离（m）；$M_x$—$x$轴距离容量矩（kW·m）；$M_y$—$y$轴距离容量矩（kW·m）；$M_z$—$z$轴距离容量矩（kW·m）；$L_0$—原线路长度（km）；$L_1$—新线路长度（km）；$\Delta L$—线路长度差值（km）；$S$—导线标准截面（mm²）；$p$—电缆单价（元/m）；$t$—电缆差异总价（元）；$R$—线路单位长度交流电阻（Ω/km）；$R_0$—原每相线路交流电阻（Ω）；$R_1$—新每相线路电阻（Ω）；$K_x$—导线温度校正系数，按 35℃取值，铝为 1.057，铜为 1.054；ΔP_0—原线路有功损耗（kW），$\Delta P_0 = 3 \times I_c^2 R_0 \times 10^{-3}$ kW；ΔP_1—新线路有功损耗（kW），$\Delta P_1 = 3 \times I_c^2 R_1 \times 10^{-3}$ kW；ΔP_y—线路总有功损耗差值（kW）；ΔA_y—年线路总有功损耗差值（kW·h）。

2. 其他通用参数可查阅相关建筑电气设计手册。

2.2.3 变电所、配电间设备布置及面积控制

民用建筑的电气设计中,变电所、配电间内设备布置及面积控制合理有效与否,对体现民用建筑中商业及公用使用功能价值、杜绝空间面积浪费意义重大。变电所、配电间和其他空调机房、水泵机房,同属满足大楼使用功能而配套的设施场所。机房占用过大面积,在规划建筑面积确定的前提下,无疑会缩减主要商业办公场所使用面积,削弱商业办公场所的更高开发价值。在满足机电设备机房系统安全运行操作及建设规范允许的设备布置安全间距情况下,控制好各类机房面积,才能更好地凸显民用商业楼宇的投资价值。

1. 变电所、配电间内设备布置原则

(1) 有利于电能供配、传输的合理性和短路径,避免传输倒挂耗能。

(2) 高低压、变压器设备的布置应充分考虑电能传输原则及操作维护方便,各设备间距在满足规范安全要求下尽量紧凑,不随意空置浪费空间。

(3) 高低压电缆、密集型母线槽的敷设做到相互独立、较少干扰交叉、方便运行维护。

(4) 变电所内高低压设备的布置宜进行方案比选,技术、经济综合条件下,考虑最佳方案,避免习惯性、套路化布置思路。

2. 变电所主要设备及考虑因素

变电所内主要设备有高压配电柜、变压器柜、低压配电柜(含电容补偿柜)。电能的传输方向为高压配电柜→变压器柜→低压配电柜。因此,需要考虑以下因素:

(1) 变电所内高压配电柜的布置位置应靠近电源端进线来源方向,电源线路不应在进入变电所后,需要经过其他房间如低压配电间或变压器间才到达高压配电间进线柜。除了电源线路无端增长造成浪费外,高压线路和低压线路的相互干扰,势必影响系统运行维护的安全和便利。

(2) 变压器的布置位置应紧靠高压馈出柜,变压器柜如隔开一个低压配电间才连接高压馈出柜是不合理的做法,与电能传输方向相反。

（3）低压配电柜的位置，除了紧邻变压器柜外，其馈电电缆的配出方向需要考虑方便通向配电竖井之间的路由，且以直接引出变电所为宜，不应隔着其他机房敷设引出。

变电所、配电间设备布置的合理性，与电气设备系统运行的可靠性直接相关，最终也为节省用材用能、维护安全、检修便利、管理高效提供很大帮助。这也是"以人为本"理念的具体体现。

2.2.4　工程案例分析和结论

1．项目简介

该项目为世界 500 强某央企研发中心，共有 10 栋建筑（1 号～10 号楼，2 号楼为二类高层，其余均为多层），基地内建筑除综合楼及宿舍外，其余建筑均为研发楼及附属楼。该项目总建筑面积 184 766 m²，除 1 号综合楼建筑面积超过 40 000 m² 外，其余各楼面积为 10 000～20 000 m²。

根据各建筑单体用电情况，按常规设计经验，秉承变电所靠近负荷中心且供电半径小的原则，该项目共设置 1 个 35 kV 总变电所、7 个 10 kV 分变电所。其中，35 kV 总变电所及 1# 分变电所设置在 10 号楼内，2#、3# 分变电所均设置在 1 号楼下方的地下车库内，4# 分变电所设置在 3 号楼内，5# 分变电所设置在 5 号楼内，6# 分变电所设置在 7 号楼内，7# 分变电所设置在 9 号楼内。该项目现已竣工并投入使用，电力总体平面示意见图 2-1。

2．变电所场址确定

1）利用负荷重心法复核计算负荷中心

利用上述用电负荷功率代替消耗电能的负荷重心法，在变电所所在的各单体建筑平面中复核计算出优化的负荷中心位置。具体方法：先在各单体建筑平面以及总体平面左下角设置直角坐标系原点(0，0)，再把不同楼层的电气负荷投影到变电所所在平面的相应坐标点上。

各变电所负荷中心位置，可利用表 2-4 确定，测算结果见表 2-5（因变电所均设置在地下一层，故不用标注 Z 轴方向定位点）。

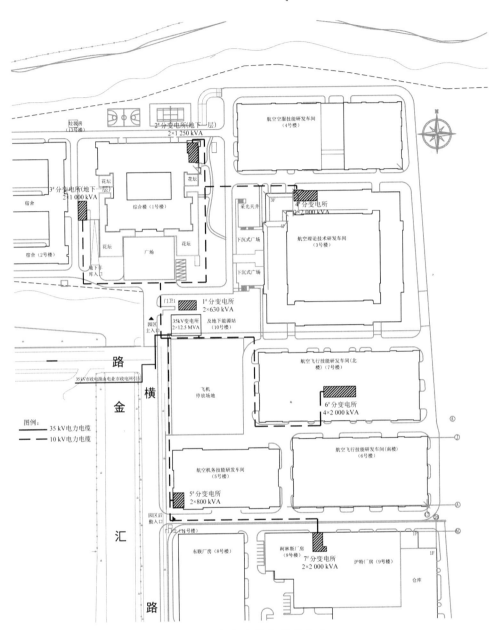

图 2-1　电力总体平面示意

表 2-5　负荷重心法优化定位对比

序号	名称	原设计定位		负荷重心法优化定位	
		X 轴(m)	Y 轴(m)	X 轴(m)	Y 轴(m)
1	1# 分变电所	15.628	25.391	32.458	9.956
2	2# 分变电所	97.440	115.240	77.363	90.957

（续表）

序号	名称	原设计定位		负荷重心法优化定位	
		X 轴（m）	Y 轴（m）	X 轴（m）	Y 轴（m）
3	3# 分变电所	0.000	64.100	−20.745	77.611
4	4# 分变电所	32.250	110.180	31.761	103.317
5	5# 分变电所	4.700	5.250	27.251	13.513
6	6# 分变电所	71.600	25.800	79.400	14.798
7	7# 分变电所	46.660	84.450	40.694	57.150
8	35 kV 总变电所	20.000	29.000	27.503	27.086

注：表中坐标点均以变电所所在平面的左下角（0,0）为坐标原点。

2）优化选址方案与原设计位置电缆工程量、能耗及经济测算对比

通过负荷重心法计算所得的各变电所优化定位，与该项目实际变电所定位存在一定偏差。究其原因，有些是因为建筑功能定位所需，有些是因为项目在变电所场址方案确定设置时仅通过经验设计，没有采用负荷重心法的精确计算比较。通过负荷重心法计算所得的变电所优化定位，虽然在实践中可能因为项目平面功能的整体考虑，不能完全实施，但有了优化定位作参考，仍能定量解决以往变电所选址单凭经验粗浅决定而导致线路传输损耗较大的问题，为设计师决策变电所定位提供数据支持。

该案例分析比较中，暂不考虑项目整体中的其他因素，仅将计算所得的变电所定位与该项目原有的变电所定位作对比。对比维度包括施工过程中的线缆差异成本、运行 1 年的无效电能损耗差异成本等。

在计算线缆的无效能耗时，以《工业与民用供配电设计手册（第四版）》中提到的能耗计算公式为基础，即 $\Delta P_{\mathrm{L}} = 3I_{\mathrm{c}}^{2}R \times 10^{-3}$，$R = K_{\mathrm{x}}rl$，并选用该手册中提到的相关参数 r，进行年无效能耗计算（注：导体温度校正系数按 35 ℃ 取值，年损耗差异按每度电 0.989 元计算）。

经过计算，利用负荷重心法所得的变电所优化定位，与实际定位相比，各分变电所在工程中节省的电缆主材费用、运行 1 年无效电能损耗费用、工程结束并运行 1 年节省的费用总计情况如下（注：电缆主材费按 2020 年度某地产公司内部采购价，当时铜价按人民币 4 万元/吨计算）。

1#分变电所:电缆主材费用为 67 225 元,无效电能损耗费用为 7 981 元,工程结束并运行 1 年期间,共节省费用总计 75 206 元。

2#分变电所:电缆主材费用为 129 469 元,无效电能损耗费用为 954 元,工程结束并运行 1 年期间,共节省费用总计 130 424 元。

3#分变电所:电缆主材费用为 57 762 元,无效电能损耗费用 7 801 元,工程结束并运行 1 年期间,共节省费用总计 65 563 元。

4#分变电所:电缆主材费用为 33 553 元,无效电能损耗费用 5 501 元,工程结束并运行 1 年期间,共节省费用总计 39 054 元。

5#变电所:电缆主材费用为 79 257 元,无效电能损耗费用 4 337 元,工程结束并运行 1 年期间,共节省费用总计 83 594 元。

6#分变电所:电缆主材费用为 155 597 元,无效电能损耗费用 22 580 元,工程结束并运行 1 年期间,共节省费用总计 178 177 元。

7#分变电所:电缆主材费用为 29 059 元,无效电能损耗费用 3 812 元,工程结束并运行 1 年期间,共节省费用总计 32 871 元。

35 kV 总变电所:电缆主材费用为 8 249 元,无效电能损耗费用为 690 元,工程结束并运行 1 年期间,共节省费用总计 8 939 元。

3) 结论

综上测算数据,优化方案后节能降碳的效果及电缆造价差价和线路损耗费用节省汇总统计见表 2-6、表 2-7。

表 2-6 变电所场址设置优化方案节能降碳汇总

序号	负荷名称	负荷容量 (kW)	原线路有功损耗 (kW)	优化线路有功损耗 (kW)	线缆有功损耗差 (kW)	年线路能耗差值 (kW·h)	原线路年碳排放量 (kgCO₂)	优化线路年碳排放量 (kgCO₂)
1	1#分变电所	1 191	0.004	0.024	0.020	50	371.8	2 122.44
2	2#分变电所	2 887	0.135	0.198	−0.063	157	11 897.59	17 412.95
3	3#分变电所	2 033	0.080	0.120	−0.040	100	7 064.20	10 565.48
4	4#分变电所	3 914	0.279	0.208	0.071	−177	24 538.78	18 304.72
5	5#分变电所	1 362	0.051	0.068	−0.017	44	4 461.60	6 020.11

（续表）

序号	负荷名称	负荷容量 (kW)	原线路 有功损耗 (kW)	优化线路 有功损耗 (kW)	线缆有功 损耗差 (kW)	年线路 能耗差值 (kW·h)	原线路年 碳排放量 (kgCO₂)	优化线路 年碳排放量 (kgCO₂)
6	6#分变电所	6 828	0.402	0.203	0.199	−498	35 320.98	17 814.57
7	7#分变电所	5 013	0.492	0.342	0.150	−373	43 221.72	30 091.92
8	总计	23 228	—	—	—	−698	126 876.66	102 332.19

表 2-7　变电所场址设置优化方案汇总

序号	负荷名称	负荷容量 (kW)	电缆差价 总计(元)	线路损耗差价 总计(元)	差价总费用 (元)	备注 (kVA)
1	1#分变电所	1 191	−67 225	−7 981	−75 206	2×630
2	2#分变电所	2 887	−129 469	−954	−130 423	2×1 250
3	3#分变电所	2 033	−57 762	−7 801	−65 563	2×1 000
4	4#分变电所	3 914	−33 553	−5 501	−39 054	2×2 000
5	5#分变电所	1 362	−79 257	−4 337	−83 594	2×800
6	6#分变电所	6 828	−155 597	−22 580	−178 177	4×2 000
7	7#分变电所	5 013	−29 059	−3 812	−32 871	2×2 000
8	35 kV 主变电所	23 288	−8 249	−690	−8 939	2×12 500
9	总计	—	—	—	−613 827	—

　　节能减排方面,从上述计算结果可以看出,优化方案碳排放量明显减少,降碳率达近 20%。经济测算上,为简便起见,未包含电缆配件、施工人工费用等,可想而知,实际节省费用更加可观。变电所场址合理准确的设计,仅电缆材料和 1 年运行期间电费的节省,可达 61 万元之多,更何况建筑电气设备 20～30 年的全寿命运行周期,费用的节省更为显著,定量数据说明了采用负荷重心法绿色设计的重要性。实际项目中,变电所位置选择、电缆成本单价等均会有数量上的偏差。但忽略上述偏差,通过负荷重心法计算的变电所优化定位,与单纯凭经验定位相比,不论施工阶段电缆的费用,还是运行期电能的损耗费用,都有不同程度的减少。通过负荷重心法进行变电所定位计算,以该计算所得的最佳定位为参考进行变电所场址决策,有助于工程项目减少无效能耗,达到绿色节能、优化经济投资的目的。

2.3　电能质量与绿色设计

建筑工程项目中,电气系统类似于人体的神经系统和血液系统。供配电系统中反映电能质量的一些指标参数,如电压电流偏差、三相不平衡、谐波干扰等,如同一个人出现头晕、高血压、血管杂质淤积等症状,会影响身体健康,进而随时会猝发脑出血、脑梗、心肌梗死等恶性病症,继而严重影响人们的生活品质。因此,电能质量的高低,直接关系绿色建筑中机电设备运行的安全可靠,容不得丝毫疏忽大意。

2.3.1　电能质量标准和指标定义

电能质量的国家标准和行业规范主要有:

(1)《电能质量　供电电压偏差》GB/T 12325

(2)《电能质量　电压波动和闪变》GB/T 12326

(3)《电能质量　三相电压不平衡》GB/T 15543

(4)《电能质量　电力系统频率偏差》GB/T 15945

(5)《电能质量　公用电网谐波》GB/T 14549

(6)《电能质量　公用电网间谐波》GB/T 24337

(7)《电能质量监测设备通用要求》GB/T 19862

(8)《电磁兼容　试验和测试技术　供电系统及所连设备谐波、间谐波的测量和测量仪器导则》GB/T 17626.7

(9)《电能质量测试分析仪检定规程》DL/T 1028

由上述标准规范可见,电能质量涉及电压质量、电流质量(谐波)、频率质量。IEEE(Institute of Electrical and Electronics Engineers,电气与电子工程师协会)第1100号标准将电能质量定义为"对向敏感设备提供电力和设置接地系统以保持其正常运行能力的一种概念描述"。

2.3.2　电磁兼容

IEC 61000—1—1 将电磁兼容定义为"设备和系统在其电磁环境内保持正常工作且不引发所在电磁环境内的任何设备所不能允许的扰动的物理能力"。IEC 较多采用的是电磁兼容的提法。电磁兼容和电能质量有所重叠，又不完全一致。

对应 IEC 61000—4，专门有针对性的 EMC Test，分别对静电放电、辐射射频电磁场、电气暂态特性、浪涌、连续传导射频、工频磁场、电压暂降和短时间中断等方面作出评估。其检测报告反映了设备的电磁兼容能力。

国内 EMC 检测执行的相关标准有：

（1）《工业、科学和医疗设备　射频骚扰特性　限值和测量方法》GB 4824

（2）《信息技术设备、多媒体设备和接收机　电磁兼容　第 1 部分：发射要求》GB/T 9254.1

（3）《家用和类似用途的剩余电流动作保护器（RCD）电磁兼容性》GB 18499

（4）《电磁兼容　试验和测量技术　抗扰度试验总论》GB/T 17626.1

（5）《电磁兼容　试验和测量技术　静电放电抗扰度试验》GB/T 17626.2

（6）《电磁兼容　试验和测量技术　浪涌（冲击）抗扰度试验》GB/T 17626.5

（7）《电磁兼容　试验和测量技术　射频场感应的传导骚扰抗扰度》GB/T 17626.6

（8）《电磁兼容　试验和测量技术　供电系统及所连设备谐波、间谐波的测量和测量仪器导则》GB/T 17626.7

（9）《电磁兼容　试验和测量技术　工频磁场抗扰度试验》GB/T 17626.8

（10）《电磁兼容　试验和测量技术　脉冲磁场抗扰度试验》GB/T 17626.9

（11）《电磁兼容　试验和测量技术　阻尼振荡磁场抗扰度试验》GB/T 17626.10

（12）《电磁兼容　试验和测量技术　第 11 部分：对每相输入电流小于或等于 16 A 设备的电压暂降、短时中断和电压变化抗扰度试验》GB/T 17626.11

（13）《电磁兼容　试验和测量技术　第 12 部分：振铃波抗扰度试验》GB/T 17626.12

2.3.3 谐波源设备特征

谐波是指电压、电流中所含的频率为基波整数倍的电量,一般指对周期性的非正弦电量进行傅里叶级数分解,大于基波频率的电压、电流所产生的电量。谐波产生主要是正弦电压作用于非线性负载,基波电流发生畸变所致。

典型的谐波源主要有三种类型,即电弧型、电子开关型和铁磁饱和型,依次对应着电弧炉、电力电子类设备、铁心变压器和电抗器三类负荷的应用场合,均属于可导致大量谐波产生的非线性负荷。

1. 电弧型谐波源负荷

电弧型谐波源主要产生于工业生产领域,如钢铁行业中的电弧冶炼等。在炼钢过程中电弧电流会产生非正弦畸变和各次谐波,对电网产生极大干扰。冶炼工艺要求利用交流电流过零后形成的电弧,造成伏安特性高度非线性化,电流波形由拉弧产生不规则的畸变。熔炼过程中,电流变化大、谐波含量高且具有很大随机性。根据实际测量和分析,电弧炉的谐波电流成分主要为2~7次,其中2、3次谐波含量最高,其平均值可达基波总量的5%~10%。此类型谐波源负荷类型在民用建筑中应用较少,在此不作进一步介绍。

2. 电子开关型谐波源负荷

随着电力工业的不断发展,不同类型、不同容量、服务于不同功能的电力电子设备得到广泛应用。由于电力电子设备中存在非线性元件如晶体管和晶闸管等,具有开关电路特性,所以其输出的电压、电流往往是周期性或非周期性变化的非正弦波。电力电子类设备已经成为电力系统中的主要谐波源之一。

电力电子类设备产生的谐波有特征次谐波和非特征次谐波之分。特征次谐波指装置正常运行条件下所产生的谐波,非特征次谐波主要指设备异常运行条件下产生的谐波。

在三相桥式全控整流电路中,交流侧的电流中仅含 $6k \pm 1$ 次谐波(k 为正整数),各次谐波有效值与谐波次数成反比,且与基波有效值的比值为谐波次数的倒数。而在重叠角 $\gamma = 0$ 的情况下,α 的改变仅将电流波形平移了一个 α 角度,电流波形及宽度并没有发生变化,其特征谐波、谐波有效值与基波有效值的比值也不会发生变化。

产生谐波的电力电子类设备主要包含以下几种。

1）LED 照明

随着照明灯具效率逐步提高,现代建筑照明已普遍进入 LED 时代。目前 LED 灯具市场处于快速增长期,且已进入成熟应用阶段。LED 光源采用低压直流驱动,当灯具采用市电供电时需要进行电源转换,通常电源转换器在照明行业内称为驱动电源。每栋建筑场所大量安装的照明灯具,其驱动电源因质量良莠不齐,功率因数、电源效率差异很大。因此,照明灯具所产生的谐波经常会造成中性线异常发热、变压器异常发热、ATS 开关切换异常等现象。

2）变频器

从空调节能角度考虑,冷冻机、空调水泵、冷却水泵、冷却塔、空调箱等空调设备均会配置变频控制。变频器的运行,在设备节能的同时也带来大量谐波电流。目前主流民用建筑中多采用 6 脉冲的变频器,其总谐波电流含量为 30%,经常会造成控制设备受干扰、设备运行异常等问题,严重时需要进行谐波治理。

3）UPS、EPS 装置

大量数据中心的建设,使 UPS 不间断电源的应用越来越多,类似的 EPS 装置也在应急照明等场合中大量使用。数据中心对电源质量要求较高,谐波治理成本也较高,目前主流数据中心的电源整流部分越来越多采用 IGBT 高频整流,其总谐波电流含量在 10% 以下,危害较小。

4）电脑、服务器

电脑、服务器处于整个供配电系统的终端,一般采用开关电源。终端电器的负荷率变化较大,对开关电源的谐波影响也较大。通常,轻载下的设备会产生更多的谐波电流。

3. 铁磁饱和型谐波源负荷

铁磁饱和型负荷主要为各种铁心变压器和电抗器。铁心磁路的饱和特性会造成系统侧(电源侧)提供的激磁电流波形产生畸变。以变压器为例,其励磁回路实质上就是具有铁心绕组的电路,在不考虑磁滞及铁心饱和状态时,基本上是线性电路。铁心饱和后呈非线性特征,即使外加电压是正弦波,电流也会发生畸变。饱和程度越高,电流的畸变现象就会越严重。

铁磁饱和型谐波源负荷产生的谐波电流有以下特点:

（1）空载电流为基于横轴镜像对称的尖顶波，仅含有奇次谐波，以 3、5、7 次为主。

（2）谐波电流的大小与铁磁材料的饱和特性及设计时选择的工作点即工作磁通密度有关，前者决定饱和特性，后者决定饱和程度。磁通密度高，可以节约铁心原材料，但会使谐波含量增大。

（3）谐波电流大小与设备运行时的系统电压有关。系统运行电压越高，运行点越深入饱和区，空载电流的波形畸变越大，谐波含量上升越急剧。夜间系统负荷减小时，电压升高，其谐波对系统影响增大。

2.3.4　用户配电网谐波治理设计原则

1. 谐波源分布情况及特征

民用建筑的用户配电网中，各谐波源设备有其相应的分布规律。在长期工程设计实践中发现，谐波源在各场所区域中主要有均匀分布、分散分布及末端集中分布三种情况，谐波源的谐波特征也具有各自不同的特点。

（1）均匀分布型谐波源。各楼层照明和插座，主要以 LED 灯具、荧光灯具以及接入办公电脑、办公设备的插座等为主，特点是负荷容量小、数量多、分布均匀。

（2）分散分布型谐波源。以变频风机、弱电设备的电子系统负荷等为主，特点是负荷容量较大、数量不多、分布较为分散。

（3）末端集中分布型谐波源。包括变频控制电梯、冷冻机房内的变频冷冻及冷却水泵、舞台灯光、UPS 机房、集中 EPS 电源、充电桩等，特点是负荷容量较大，把分散的负荷集中到设备机房内配置。

2. 谐波治理设计原则

由于负荷使用特征的多样性和不确定性，目前在公共建筑项目的物业管理中发现，负荷的谐波特性在不同运行时间段的差异较大，与工业建筑项目内特定工艺负荷的谐波监测和分析治理有较大差异。工业建筑项目中工艺生产对电源质量有严格要求，设备管理人员的技术能力较强。因此，其谐波源特征明显，分析解决措施针对性强，谐波处理措施明确。而在民用建筑中，无法采用同样的方式解决谐波问题。其处理方式采用"预防性滤

除"原则加上可靠、合理、经济性考虑,实践证明为一种有效的设计理念。具体设计原则有以下几点:

(1) 以系统安全、低损耗为前提,抑制谐波扩展、消除大部分谐波,有效控制谐波影响。

(2) 分析用电负荷分布和谐波特点,针对性和主动性消除相结合,有源与无源设计组合为主,靠近负荷中心,避免谐波影响其他系统。

(3) 对可能产生谐波的电气设备,在设计选型时设定合理的电磁兼容参数,有效降低设备的谐波畸变值等相关指标。

(4) 无源设计可全负荷设计选型,有源设计宜采用 60%～70%谐波电流设计(该区域为黄金分割点区域),可控制谐波在合理抗干扰状态。

(5) 预防性控制后,谐波负荷电源的电缆规格无须因此增大,电缆造价可得到控制。

2.4　绿色电气与智能配电系统

2.4.1　智能配电系统

智能配电系统是将互联技术与配电系统紧密结合,集硬件、软件和服务于一体,具有开放、交互特性的基于物联网平台的智能系统。系统具备诊断、分析及管理功能,能减少供配电系统故障、提高供电可靠性,并通过云能效管理模式等措施全面提升优化,提供低碳及可持续发展的能效管理服务。

随着互联网及计算机技术的飞速发展,智能配电技术也随之兴起。智能开关设备层出不穷,电气行业内各生产厂家从自身对市场用户的理解角度各显身手,开发了各种相对独立的智能配电系统。但在工程建设领域,由于缺少相关的国家规范和检测手段,客观上制约了智能配电技术的应用和推广。智能化的配电系统如能加快在绿色建筑中的成熟应用,无疑会进一步促进绿色建筑的发展和提高。

2.4.2　智能配电系统的型式和功能

智能配电作为民用建筑电气领域供配电技术的发展方向,受到行业内各生产厂家的青睐,其在技术研发中都积极投入人力、物力进行系统及产品的开发和性能提升。但由于尚未形成统一的技术标准,但市场上已有有志于树立行业标杆的生产厂家按照其对市场需求的理解,研发出了相应产品。图2-2、图2-3所示为市场上典型的智能配电系统架构。

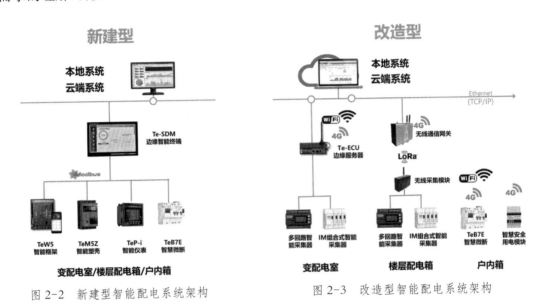

图2-2 新建型智能配电系统架构   图2-3 改造型智能配电系统架构

目前比较典型的智能配电系统,主要由以下两类或其组合构成。

1. 以带有通信接口的智能断路器为主搭建而成的系统

以带有通信接口的智能断路器为主搭建而成的系统,一般应用在新建项目中。若在低压配电系统重要馈出回路配置智能型断路器,该断路器应具备可感知、可采集、可传输等功能,不必在二次回路上配置采集装置。设备层的智能断路器通过有线/无线通信方式,将设备端运行状态、电参量以及非电参量传输到本地监控系统或者云服务平台,融合人工智能、云计算技术整合数据,获取能耗、设备运行状况、资产信息、故障情况等关键信息,助力使用者在节能、运维、降本增效中做最优决策,提供更安全、可靠、稳定的配电保护。

通信网关在智能配电系统的数据传输中起着承上启下的关键作用。由于低压配电柜配出回路数量多且类型复杂,为保证数据响应的及时性,可在开关柜或配电盘内配置以太网网关,其具备规约解析、数据备份、数据安全等功能,并支持对数据加密,同时考虑盘柜的运行环境监测(如柜内温度、湿度和水浸等)设备的接入。

2. 基于互感器采集式或智能终端式装置构成的系统

基于互感器采集式或智能终端式装置构成的系统,主要用于改造项目。带有智能终端装置的配电箱属于智能低压配电箱(简称"智能配电箱"),《智能低压配电箱技术条件》DL/T 1441—2015 中对智能配电箱的定义为"按照电气接线要求将低压开关设备、计量和测量装置、智能配变终端、保护电器和辅助设备组装在封闭箱体中,具有计量、测量、控制、保护、电能分配、无功补偿和滤波等集成功能的设备"。

目前智能终端采用最多的两种型式是智能仪表和便捷式采集器(图 2-4～图 2-6)。其具备测量与计量电参量的功能,包含回路电流、电压、功率、电能等;还可监视和记录设备运行状态,同时进行事件记录、告警记录、越限监测,并带有通信传输接口,便于集成。

图 2-4　智能仪表　　　图 2-5　采集模块　　　图 2-6　智能微型断路器

互感器采集式仪表也称为电量传感器,其根据低压智能配电系统对电量监测的小型化、模块化、多功能需求研发而成。除了具有多功能电表所具备的全电量数据测量或计量外,还把设备的运行安全监测参数如温度、漏电流、弧光、局放等监测集成到电量传感器中,以减小空间、减少接线、缩短调试和维修时间,提高使用效率,符合绿色电气所提倡的设计理念。

无论何种型式,民用建筑中的智能配电系统应具备下述功能:

(1)实现主动式预防和维护。如实时数据监测,包括原始数据及节能考核数据等;设备及系统健康状况的在线实时诊断,如预警负荷过载设备过温,预测负荷用能、设备老化、电能质量问题,预防非正常停电,避免事故扩大以及对故障进行精确定位等。

(2)实现精细化管理。如实现运行维护的过程管理、电气资产管理、能源使用及能耗管理等。

(3)实现数字化管理,与网络设备深度融合。通过互联网、移动技术,实现对智能化设备及相关传感设备的深度掌控,同时与自动化系统结合,提升系统的智能性。如系统健康运行及运维趋势的预测,一定权限的远程操控,故障发生时的提醒及检修顾问参考等。

典型的智能配电系统架构如图 2-7 所示。

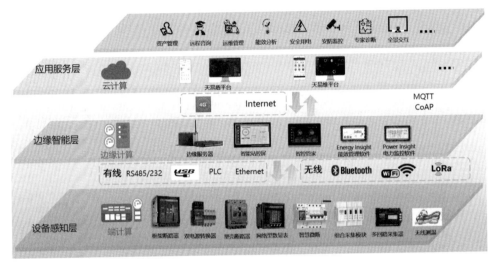

图 2-7　典型的智能配电系统架构

2.5　微电网与分布式能源

2.5.1　微电网

微电网是指由分布式电源、储能装置、转换装置、监控装置和保护装置组成的小型发电和配电系统。其具有投资成本低、运行电压低、控制灵活、智能化、污染小等特点,广泛应用于用户侧,是一种更为高效的小型分布式能源类型。

在环境保护和能源枯竭的双重压力下,清洁环保的可再生能源得到大力发展,太阳能光伏电池的效率提升、新能源汽车电池的梯次利用、超级电容技术的进一步成熟,以及政策上电网峰谷电价政策的鼓励,无疑为微电网的实际推广和应用提供了有利的建设条件,因此具有广阔的市场前景。

典型的微电网按结构类型可分为交流型微电网、直流型微电网和交直流混合型微电网(图 2-8～图 2-10)。

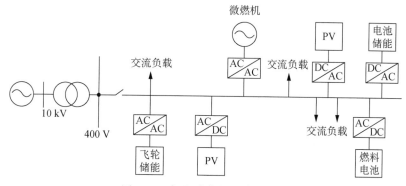

图 2-8　交流型微电网典型结构

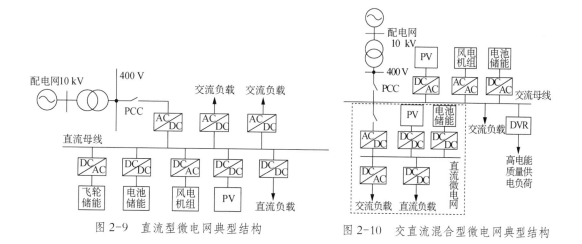

图 2-9　直流型微电网典型结构　　　　图 2-10　交直流混合型微电网典型结构

2.5.2　分布式能源

分布式能源是相对于传统集中侧能源的一种新型分散式能源供应方式,是建立在环境保护及效益最大化前提下的能源技术。国际分布式能源联盟将其定义为:"安装在用户端的高效冷、热、电三联供系统,系统能够在消费地点(或附近)发电,高效利用发电产生的废能生产热和电;现场端可再生能源系统包括利用现场废气、废热以及多余压差来发电的能源循环利用系统。"分布式能源系统可独立运行,也可并网运行,国内分布式能源尚处于发展过程中,目前较为典型的利用方式有以下两种。

1. 可再生多能源为主的用户端能源系统

可再生能源包括太阳能、风能等,包含储能电池、燃料电池和燃气冷、热、电三联供等多种形式。该系统具有小规模、小容量、模块化、分散式等特点，直接安装于用户端，可独立地输出电能、冷量、热量。

2. 可再生能源为辅、燃气为主的用户端能源系统

该能源系统一次能源以气体燃料为主、可再生能源为辅；二次能源以分布在用户端的冷、热、电三联供为主，其他能源为辅，并与储能技术相结合，实现能源梯次利用。通过市政能源，该系统可提供补充支持，实现能源利用最大化，具有规模较大、容量较大的特征。

分布式供能集中了发电设备（如燃气发电、光伏发电、风力发电等）、冷热源设备（如冷冻机、烟气型溴化锂机组、直燃型溴化锂机组、热泵机组、锅炉等）和储能设备（如冰蓄能、水蓄能、电池储能等），具有以下能源输入输出特征：

（1）输入能源类型：市电、燃气、市政水。

（2）输出能源类型：电能、冷量、热量。

（3）交付市政能源费用：电费、燃气费、水费。

（4）收入能源费用：电费、冷负荷收费、热负荷收费。

各个城市的峰谷电价差异非常大，部分城市利用谷电可能是最便宜的能源方式。而燃气发电机由于国产化率不高、系统复杂、造价高昂、维修费用居高不下，所以中央和地方为了推广该项新技术可能有政策补贴，并与发电利用时长挂钩。伴随新技术发展，蓄能手段也趋于成熟，新能源汽车电池的梯级利用能提供更便宜的电池来源，但有赖于更高效安全的电池管理技术。新能源汽车上的电池利用充电桩 V2G（Vehicle-to-Grid，车辆到电网）技术双向充电，也是一种电量售卖形式，可充分利用充电的可调节特性，有效地"削峰填谷"。国家政策推动新能源汽车逐步取代燃油车，使得充电桩在电力调度中的作用也越来越重要。

建设分布式能源站、设立微电网的优点众多。从国家层面看，长距离供配电由于压降损耗，均采用升压输电到用户侧再降压。有资料显示，我国供配电损耗占全国发电量的 6.6% 左右，以 2018 年全国发电总量 6.99 万亿 kW·h 计算，损耗约为 4 613 亿 kW·h，相当于长江三峡电站全年发电总量（2018 年约为 1 016 亿 kW·h）的 4.5 倍。按照 0.122 9 kgce/kW·h 折算，为 0.57 亿吨标准煤消耗。清洁能源发电放到使用侧，深入用电负荷中心，可以很好地解决供配电损耗的问题，为解决碳排放问题提供巨大支持，为国

家完成碳中和、尽早碳达峰提供有力保障。

从社会效应看,自主发电能够根据用户的使用量实现就地调节,储能加上微电网的使用,又能对负荷进行预测和主动调节,充分利用光伏发电和"削峰填谷",拉平市电输入的负荷曲线,大幅提高电网利用率。同时,微电网不用为冬夏空调负荷做过多投资,无需为一年中最热的几天设置过多的变压器,从而摆脱我国用户变压器负载率长期低于30%的窘境。

从区域能源使用角度看,微电网能较好地根据使用区域的负荷特点进行针对性控制,根据发电现状进行调节。城市供电网络因为有巨量的供电容量和大量用户,依靠总用电容量的大小来平衡。而微电网没有这么大的供应量和用户来平衡,只能依靠先进的智慧能源模式来实现柔性负荷调节以保障用户体验。随着电池技术的成熟,目前锂电池的应用逐步增多。本书限于篇幅,不对电池展开重点讨论,但因为电池充电为直流方式,故将更多的笔墨放在直流应用上。

输入侧变化量众多,而输出侧的情况也不能简单计算。如能源中心用户,其负荷使用状况是未知数,只有城市级别的体量才能用统计学方式来计算使用量概率,实际用量能够按照现有用电模型来估算。而对于局部体量,其使用量无法简单用模型估算,会造成无法按照既定策略来运行的状况。天气情况也是能源中心无法按照计划售卖能量的一大因素。因此,能源中心需要一个能实时调整的运行策略,以适应各种输入输出的变化。

在能源利用复杂而又直接以能源输入输出获得利润的项目中,能耗管理显得尤为重要。充分利用不同输入能源的价格差,做到能源利用的最大经济性,是能源管理系统的重要任务,其重要程度相当于人的大脑,为能源中心的运行方式提供关键的运营策略。比如决定什么时候开哪几种设备,怎样安排维修维护,都不是单凭人的经验决定,而是综合实际运行能耗数据,不断纠正运行方式,逐步使能源中心的运行达到利润最大化。

能耗管理的基础是各个系统的能耗数据:设备耗电量、耗水量、耗气量和输出能源的电量、冷量、热量。在不同的温度、湿度下,空调设备的制冷效率是不同的,电池的放电曲线也会变化,环境因素也必须参与修正能源使用效率,这使得能耗系统需要获得的参数变多。

民用建筑领域,受制于产权、监管、用户、维护等各方因素,分布式能源的实际应用和发展并非一帆风顺。在一些开发区、较大规模的商业区等场所有一些成熟应用,主要集中在北京、上海、广州等大城市,采用"并网不上网""发电自用、余电上网"或"直接上网"等方式。由于运营效果未及设计初衷,较大地影响了用户开发建设的积极性。所以,亟须在政策实施层面调整完善相关细则,以推动分布式能源技术的发展。

2.5.3 直流配电系统

随着功率半导体技术的发展,直流家用电器逐渐普及,越来越多的终端设备需要将交流电转换成直流电,如照明灯具、电视机、电脑、变频空调等。在交流电转换为直流电的过程中,增加了电源整流环节,即电能传输的损耗增加了。

同时随着新能源汽车的全面普及,其充电需求也呈爆发性增长。电网电量通过充电桩将交流电转换成直流电为新能源汽车充电,在转换过程中造成了约 8 亿 kW·h 电能的闲置。"双碳"目标下,我国正大力推行光伏发电等清洁能源取代传统化石能源的技术应用,在利用清洁能源时的直流转换交流过程中,也存在电能的浪费。

可再生能源技术、电力电子技术、新材料技术及计算机信息技术的发展,使能效进一步提升的空间有限,已进入瓶颈阶段,这促使人们重新审视直流电气负荷设备的应用。特别是在公共建筑、居住建筑等低压配电领域,计算机设备、网络设备、LED 灯具等这些电气装置的核心电路均采用直流电压,传统的交流电压作为电源输入,本身需要进行整流转换为各级直流电压,才能真正驱动各类电路的正常运行。另外,太阳能光伏发电、储能电源装置等,输出的初始电能也是直流电源。传统的交流配电网面临着可再生清洁分布式能源的广泛接入、用户多种负荷需求以及供电经济性、可靠性等多方面的挑战。

直流配电系统中,直流用电负荷直接通过直流母线供电,无须像交流负荷那样通过逆变器装置与直流母线连接。从电源端经过配电网络到负荷端,负荷电源特性的改变,无须采用传统从交流整流成直流的转换环节,而是直接采用直流到直流的降压转换,省去了交直流转换的电路损耗,少了这样一个转换环节,无疑会降低系统损耗,提高电能传输效率。据有关资料介绍,直流配电网的线路损耗仅为交流配电网的 15%～50%。相较于传统的交流配电系统,直流配电系统具有以下特点:

（1）便于多种分布式新能源接入，系统灵活，安全可靠性高。

（2）直流系统没有无功功率，网络损耗更小，直流电压无谐波及频率控制问题。

（3）电能质量高，供电能力更强。

（4）直流系统负载的供电效率高，控制灵活。

（5）系统中交直流转换环节大量减少，可靠性和投资回收期具有优势，非常适用于微电网。

近年来，直流配电系统受到行业内权威专家的重视，相关研究成果在一些示范性项目应用上得到验证。直流电机、电脑等直流电气负荷本身技术成熟，然而由于民用建筑领域交流电机应用的广泛性，以及电气设备、照明灯具等传统设备长期受技术局限采用交流电源的因素，直流配电技术的应用受到了从政策法规、规范标准到产品开发、末端设备转型等多方面的制约，影响了该项新技术的健康发展。

2.5.4　光储直柔技术

光储直柔是光伏发电、储能技术、直流配电和柔性控制四项技术的简称，是指通过光伏、储能、直流配电和柔性用能来构建适应"双碳"目标的新型建筑配电系统（或称"建筑能源系统"）。目前，光储直柔技术已受到高校、建筑科研及相关行业的关注。

光储直柔建筑是指采用分布式光伏和储能、直流配电系统，并且末端用电设备具备负荷调节能力的建筑，具有能源低碳化、配电高效化、用电柔性化和运维智能化等显著优点。光储直柔建筑的研究和应用示范已初步开展，相关的设计、检测和评价标准正在积极制定中。

1. 光伏发电储能系统

随着全球对可再生能源关注度的不断提升，光伏发电技术逐渐成为新能源领域的焦点，并逐步从光伏一体化向光储一体化转变。光伏发电储能系统是指在光伏电站中加入储能环节，通过储能在一定程度上解决光伏发电的间歇性和不稳定性问题，提高电网的运行效率、质量和平稳性。光伏发电储能系统通常由光伏电池板、储能装置、逆变器和控制系统等组成。

光伏发电储能系统可以在电力需求低谷期将多余电力转化并储存起来,电力需求高峰期转化为电能输出;在有光照的情况下将电能储存起来,在无光照或光照不足的情况下将储存的电能释放出来。该系统可分为以下三种类型:

(1)机械储能。利用飞轮、压缩空气等方式储存能量,具有技术成熟、寿命长等优点,是一种常用类型,但也有能量密度低、转换效率不高的问题。

(2)电磁储能。利用电磁场储存能量的方法,包括超导磁储能和超级电容器储能等,具有较高的能量密度和响应速度,但成本较高,且对环境影响较大。

(3)化学储能。利用化学反应储存能量的方法,包括锂离子电池、铅酸电池和液流电池等,具有较高能量密度和较低成本,但存在充电速度较慢、寿命有限等问题。

随着能源转型和新能源技术的发展,光伏发电储能系统可充分利用清洁、高效、可再生能源,有效地解决电力供需不平衡、电网波动等问题,提高电力系统的稳定性。

2. 智能供配电系统

光伏发电储能系统需要结合直流电气生态和柔性用电的建筑管理系统,共同搭建智能供配电系统,才能实现建筑用电的自我调节和自主优化,实现光伏发电储能与智能电网技术的有机融合,达成光储直柔系统的有效运作。

"直"是指建筑低压直流配电系统,直流设备连接至建筑的直流母线,直流母线通过AC/DC转换器与外电网连接,构建直流电气生态是推广光储直柔系统的基础。"柔"是指柔性用电,也是光储直柔系统的最终目的,是在满足正常使用的条件下,通过各类技术使建筑对外界能源的需求量具有弹性,以应对大量可再生能源供给带来的不确定性。

随着光伏发电、储能系统、智能电器等融入建筑直流配电系统,建筑将不再是传统意义上的用电负载,将兼具发电、储能、调节、用电等综合功能。

3. 光储直柔技术优点

光储直柔技术使建筑能源系统具备用电负荷灵活调整的能力,能够在电力市场化机制下实现供需互动,优化用电负荷曲线,是实现城市能源系统整体效率最优的综合技术。该技术包含建筑高比例分布式可再生能源与直流微网技术、用户建筑与电网友好互动技术以及建筑分布式储能应用技术等,能以较低的成本推动建筑能源系统转型,形成可持续发展的能源模式,具有以下优点:

（1）低碳高效。采用太阳能等清洁能源,具有环保、无污染的优点;采用分布式能源,可就地利用能源,减少能源的传输损耗和污染。

（2）提高电能质量。可在电力需求高峰期提供稳定的电能输出,减轻电网压力,提高电能系统的可靠性。

（3）优化资源配置。可提高电能系统效率,平衡电网负荷,在电能需求低谷期,将多余电能存储起来,在夜间或阴天提供电力供应,起到"削峰填谷"的作用,提高光伏电站利用率,优化电力需求曲线。

（4）降低运营成本。通过将不稳定的电力转化为稳定的电力输出,可减少因电力波动导致的设备损坏和维修成本。

（5）智能化运维。采用智能化管理系统,可实现对整个系统的实时监控和管理,提高电力系统运行与维护的效率和安全性。

4. 光储直柔技术标准

《民用建筑直流配电设计标准》T/CABEE 030 对民用建筑直流配电系统的电压等级和适用范围作出了规定,内容涵盖直流配电系统设计、建筑分布式储能、主要设备与线缆选型、保护与防护、系统性能、监测与控制等方面。《建筑光储直柔系统评价标准》T/CABEE 055 对光储直柔技术的设计、检测、应用、发展和评价制定了更为详细的标准体系。

根据中国建筑节能协会发布的《中国建筑能耗研究报告(2020)》显示,2018 年全国民用建筑全过程能耗总量为 21.47 亿吨标准煤,占全国能源消费比重为 46.5%;2018 年全国建筑全寿命期碳排放总量为 49.3 亿吨二氧化碳,占全国碳排放比重为 51.3%。由此可见,民用建筑逐步成为能源的消费主体。经济结构调整形势下,上述比例未来还会进一步提高。国务院印发的《2030 年前碳达峰行动方案》《中共中央 国务院关于完整准确全面贯彻新发展理念做好碳达峰碳中和工作的意见》等政策文件中明确提出"提高建筑终端电气化水平,建设集光伏发电、储能、直流配电、柔性用电于一体的光储直柔建筑"。在民用建筑领域发展分布式光伏、分布式储能、直流配电和柔性用电技术,以提高建筑用能的柔性,既符合未来建筑高效、低碳等要求,也符合城市能源系统清洁、可靠的发展趋势。

2.5.5　典型案例

e-House 示范性项目为容量 80 kW 的全直流供电系统,其中直流变频空调、台式电脑、LED 照明灯、车间动力系统等组成一个典型模型,并采集具体运行数据。具体如图 2-11～图 2-14 所示。

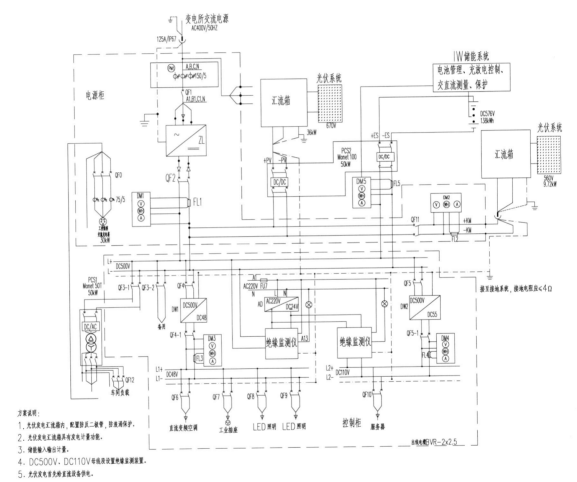

图 2-11　直流微电网一次系统示意图

(a)　　　　　　　　　　　　　　　　　(b)

图 2-12　e-House 内景

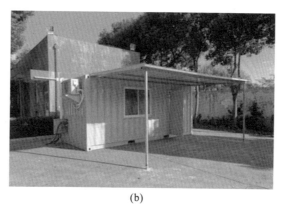

(a)　　　　　　　　　　　　　　　　　(b)

图 2-13　直流充电桩和 e-House 外观照片

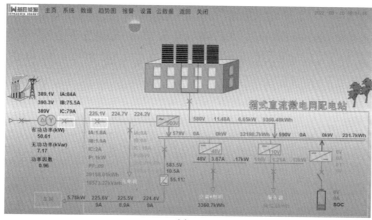

(a)

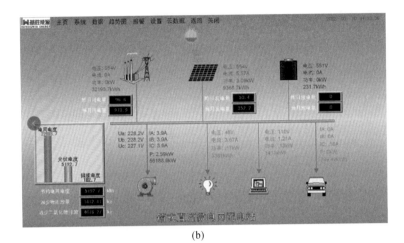

(b)

图 2-14　直流微电网 e-House 系统界面示意图

[系统说明]

（1）采用市电 AC 380 V 进户，经整流模块转为 DC 500 V 系统。

（2）DC 500 V 下设置有 DC 110 V（服务器）及 DC 48 V（照明等弱电系统）两级电压系统。

（3）储能装置利用 PCS（Power Conversion System，储能变流器）控制器，实现交直流转换及并网。加入双向计量装置，接入微电网管理系统。

（4）光伏系统经过逆变接入 AC 380 V 系统，设置有计量装置。

通过直流配电网采集的计量数据分析：AC/DC 转换效率约 85%，相比交流配电网可降低能耗约 30%；通过智能微网控制系统，可灵活管理各种分布式微电源、储能单元、负荷，实现功率平衡控制；可以大幅减少 AC/DC、DC/AC 之间的转换损耗；提高太阳能光伏电池等绿色能源使用效率；降低电网的峰谷变化幅度；降低电网配电的容量。

第3章
电气设备和电气
系统能效

建筑电气系统作为建筑内电能传输、分配和使用的载体,涵盖了建筑红线范围内的所有电气设备和线路,能够全面反映建筑的能源利用情况。因此,提升建筑电气系统的能效对于建筑节能具有重要意义。

电气设备的正常运行与节能应从系统的角度出发,分析各个环节耗电情况,采用被动式节能和主动式节能相结合的方式,从系统架构、设备选择和负荷控制三个维度进行综合考虑,有效提高整个建筑系统的能源利用效率。

3.1 建筑能效和运维管理

在绿色建筑的理念下,建筑电气应服务于建筑,为其提供电力、信息及管理保障,在节约能源及材料方面,电气设计以设置高效电气系统、选择低耗电气设备、提升运维管理能力、满足能效测评标准等方面为己任,体现其绿色理念。

3.1.1 建筑能耗

建筑能耗按用途可分为以下几类:

(1) 供暖用能。为建筑空间提供热量(包括加湿)以达到适宜的室内温湿度环境而消耗的能量,空调系统中以除湿和温度调节为目的的再热能耗也属于此类。

(2) 供冷用能。为建筑空间提供冷量(包括除湿)以达到适宜的室内温湿度环境而消耗的能量,包括制冷除湿设备、循环水泵和冷源侧辅助设备(如冷却塔、冷却水泵、冷却风机)等的用能。

(3) 生活热水用能。为满足建筑内人员盥洗等生活热水需求而消耗的能量,包括热源能耗和输配系统能耗,不包括与生活冷水共用的加压泵等用能。

(4) 风机用能。为建筑内机械通风换气和循环用风机使用的能量,包括空调箱、新风机、风机盘管等设备中的送风机、回风机、排风机以及厕所排风机、车库通风机等消耗的能量。

(5) 炊事用能。为建筑内炊事及炊事环境通风排烟需求消耗的能量,包括炊事设备、厨房通风排烟和油烟处理设备等消耗的电力和燃料。

（6）照明用能。为满足建筑内人员对光环境需求、建筑照明灯具及其附件（如镇流器、驱动器等）使用的能量。

（7）家用电器、办公设备用能。为建筑内一般家用电器和办公设备使用的能量，包括从插座取电的各类设备（如计算机、打印机、饮水机、电冰箱、电视机等）的用能。

（8）电梯用能。为建筑电梯及其配套设备（包括电梯空调、电梯机房的通风机和空调器等）使用的能量。

（9）信息机房设备用能。为建筑内集中的信息中心、通信基站等机房内设备和相应的空调系统使用的能量。

（10）变压器损耗。为建筑设备配电变压器的空载损耗与负载损耗总和。

（11）其他专用设备用能。为建筑内各种设备（如给排水泵、防火设备等）、医用设备、洗衣房设备、游泳池辅助设备等不属于以上各类用能的其他专用设备使用的能量。

3.1.2　建筑能耗指标

1. 能耗指标形式分类

（1）公共建筑能耗指标形式，是以一个完整的日历年或者连续 12 个日历月的累积能耗计，并以单位建筑面积的年能耗量作为该能耗指标的基本形式。

（2）居住建筑能耗指标形式，是以一个完整的日历年或者连续 12 个日历月的累积能耗计，并以每户或单位建筑面积的年能耗量作为该能耗指标的基本形式。

2. 建筑能耗统计内容

（1）耗电量。

（2）耗煤量、耗气量或耗油量。

（3）集中供热耗热量。

（4）集中供冷耗冷量。

（5）可再生能源利用量。

3. 建筑能耗电力折算

建筑能耗涉及的能源种类为电力、化石能源（如煤、油、天然气等）、冷（热）量等，可将不同种类的能源统一折算为电力（单位为 kW·h）。

化石能源按照其对应的供电能耗折算，其中标准煤为（电）$1\ kW·h = 0.122\ 9\ kgce$，标准天然气为（电）$1\ kW·h = 0.2\ m^3$。

4. 总碳排放量

随着"双碳"政策的实施，建筑碳排放指标计算已成为工程建设的必须项。建筑碳排放是指建筑物在与其有关的建材生产及运输、建造及拆除、运行阶段产生的温室气体排放的总和，以二氧化碳当量表示。

（1）碳排放计算中采用的建筑设计寿命应与设计文件一致，当设计文件不能提供设计寿命时，应按 50 年计算。

（2）建筑物碳排放的计算范围，应为建设工程规划许可证范围内能源消耗产生的碳排放量和可再生能源及碳汇系统的减碳量。

（3）建筑运行阶段碳排放计算范围，包括暖通空调、生活热水、照明及电梯、可再生能源、建筑碳汇系统在建筑运行期间的碳排放量。

（4）建筑运行阶段碳排放量，应根据各系统不同类型能源消耗量和不同类型能源的碳排放因子确定。

（5）建筑运行阶段单位建筑面积的总碳排放量计算方法见下列公式：

$$C_M = \frac{\left[\sum_{i=1}^{n}(E_i EF_i) - C_P\right]y}{A} \tag{3-1}$$

$$E_i = \sum_{j=1}^{n}(E_{i \cdot j} - ER_{i \cdot j}) \tag{3-2}$$

式中：C_M——建筑运行阶段单位建筑面积碳排放量 $[kgCO_2/(m^2·a)]$；

E_i——建筑第 i 类能源年消耗量（单位/a）；

EF_i——第 i 类能源的碳排放因子，按《建筑碳排放计算标准》GB/T 51366—2019 附录 A 取值；

$E_{i,j}$——j 类系统的第 i 类能源消耗量（单位/a）；

$ER_{i,j}$——j 类系统消耗由可再生能源系统提供的第 i 类能源量（单位/a）；

i——建筑消耗终端能源类型，包括电力、燃气、石油、市政热力等；

j——建筑用能系统类型，包括供暖空调、照明、生活热水系统等；

C_p——建筑绿地碳汇系统年减碳量（$kgCO_2/a$）；

y——建筑设计寿命（a）；

A——建筑面积（m^2）。

5. 能耗及碳排放要求

（1）对于新建居住建筑和公共建筑，按《建筑节能与可再生能源利用通用规范》GB 55015 的规定实施。

（2）平均设计能耗水平应在以往节能设计标准基础上分别平均降低 30% 和 20%。

（3）碳排放强度应分别在以往节能设计标准基础上平均降低 40%，碳排放强度平均降低 7 $kgCO_2/(m^2 \cdot a)$。

3.1.3　运行能效管理

运行能效管理应以安全为前提，以提升能效为目标，制定涵盖人员管理、用能设备管理和文件管理在内的运行管理规定，持续提升建筑能效水平，内容包括调适、用能系统的节能运行与维护保养、相关管理措施规定等。

对用能设备进行更新、更换时，应经过技术经济综合分析，选用节能环保设备产品，其技术性能指标应符合现行设计标准和产品标准的规定，不得选用国家已明令淘汰的设备产品。

公共建筑用能系统应按分类、分项进行能耗数据计量及管理，并对能耗计量数据定期进行统计分析，指导用能系统经济运行。

1. 公共建筑节能运行管理

应根据用能设备和用能系统特点、运行参数、用户需求及建筑特性，经技术经济比较，制定全年节能运行方案。采用节能措施调节公共建筑用能系统运行状态，减少用能系统的能源消耗，在确保建筑安全、卫生、舒适等使用功能的基础上，使用能系统在低能耗、高能效的状态下运行,包括用能设备与系统的日常运行维护和运行中的优化调适。

2. 调适

调适是指通过测试、诊断、调整、完善等技术和管理手段,满足建筑使用需求,持续提升建筑能效水平的工作程序和方法。完整的调适始于建筑方案阶段,并贯穿设计、施工、验收和运行维护等建筑全过程。

3. 建筑能源管理系统

建筑能源管理系统是指采用在线计量、监测、统计、分析和控制等多种手段,实现建筑物(或建筑群)各种用能设备(如变配电、照明、电梯、供暖、空调、给排水等)高效运行的管理系统。

应从运维管理角度提出对于系统的技术要求,突出管理的便捷性和智慧化。各系统数据通过运维管理平台的综合分析,为设备运维提供数据参考,提升物业管理能力。

应设置满足工程需求的智能化管理系统,包括如下系统:

（1）用于变电所管理的电力监控系统及智能配电远程管理系统。

（2）用于水、电、气能耗的用能监测管理系统。

（3）用于空调机房管理及楼层冷、热量计量的中央空调集中管理系统。

（4）用于电梯运维及能效提升的电梯管理系统。

（5）用于照明控制的智能照明系统。

3.1.4　建筑能效及测评

建筑能效指建筑物能源消耗及其用能系统效率的性能指标。建筑物的用能系统包含与建筑同步设计、同步安装的用能设备和设施。

建筑能效测评是指对反映建筑物能源消耗量及其用能系统效率等效能的指标进行检测、计算,结合国家及地方评测标准对其予以评级。新建建筑能效测评应在建筑节能分部工程验收合格、建筑物竣工验收前进行。建筑能效测评应对建筑使用阶段能效进行验证,在建筑物用能系统正常运行使用 1 年后且入住率或使用率大于 50% 时给出评价意见。

建筑能效标识是以建筑能效测评结果为依据,以信息标识的形式进行明示,反映新技术应用情况、建筑物能源消耗量及其用能系统效率等性能指标。民用建筑能效测评标识,能够起到提高建筑能源利用效率、鼓励建筑节能技术应用、加强对建筑实际运行能效检测验证的作用。

建筑能效测评、建筑能效标识依据的主要标准如下。

1．国家标准

《建筑照明设计标准》GB/T 50034

《民用建筑能耗标准》GB/T 51161

《民用建筑能耗分类及表示方法》GB/T 34913

《绿色建筑评价标准》GB/T 50378

《公共建筑节能设计标准》GB 50189

《建筑碳排放计算标准》GB/T 51366

《建筑节能与可再生能源利用通用规范》GB 55015

2．行业标准

《夏热冬冷地区居住建筑节能设计标准》JGJ 134

《夏热冬暖地区居住建筑节能设计标准》JGJ 75

《严寒和寒冷地区居住建筑节能设计标准》JGJ 26

3．地方标准

北京市《民用建筑能效测评标识标准》DB11/T 1006

上海市《公共建筑节能运行管理标准》DG/TJ 08—2321

江苏省《民用建筑能效测评标识标准》DB32/T 3964

4．团体标准

《公共建筑机电系统能效分级评价标准》T/CECS 643

《建筑电气系统能效评价标准》T/CECS 1718

《民用建筑电气绿色设计与应用规范》T/SHGBC 006

3.1.5　电气绿色设计适用性理念

绿色建筑由于其特殊的建筑材料和建筑技术要求，所以建设成本比较高，短期利润收益较低,但全寿命期经济效益较为显著。绿色建筑的建设包括策划、设计、施工、管理等诸多方面,因此,建设方的主动意识和参与意识至关重要。

回顾既往,绿色建筑的设计标识数量远高于绿色建筑运行标识数量。在《绿色建筑评价标准》GB/T 50378 中,绿色建筑的性能评价放在建设工程竣工后,是为了促进绿色建筑技术落地,保证绿色建筑性能的实现。绿色建筑的建设应从实效出发,在满足用户需求和绿色目标前提下,尽量做到成本最低。

建筑的电气绿色设计应遵循因地制宜的原则,结合建筑所在地域的气候、环境、资源、经济和文化等特点,进行全寿命期技术和经济分析,选用适宜的电气新技术、设备和材料。技术和经济综合分析应作为电气绿色设计的重点内容,充分体现适用性的设计理念,包括电气设备和电气系统两部分。

以办公建筑为例,公共建筑全寿命期的成本包括建设费、修缮费、能耗费、设备更新费和清洁费等,运行及管理费用约占全寿命期费用的 85%。

电气绿色设计中电气设备装置的选用原则主要包括:选择符合相关绿色法律法规及绿色产品标准的电气产品;选择满足有害物质限量要求和标识要求的电气产品;选择多功能、模块化、易升级维护、易拆解并循环利用的电气产品。

3.2 电气设备能效

3.2.1 电气设备能效概念

能效即能源效率。从经济学角度,是指单位能源所带来的经济效益多少的问题,带来得多说明能源利用效率高;从物理学角度,是指在能源利用中发挥作用的能源与实际消耗的能源量之比;从消费角度,是指为终端用户提供的服务与所消耗的总能源量之比。所谓"提高能效",是指用更少的能源投入提供同等的能源服务。

电气设备能效是指电气设备在进行能源转换、输送、使用的过程中用于发挥作用、产生经济效益所消耗的能源与其实际消耗能源的比值。实际消耗的能源通常包括电气设备自身的损耗以及受周边环境影响的损耗,提高电气设备能效就是降低损耗。国家以能源效率标识来衡量设备的节能性能,出台了能源效率标识产品目录以及能源效率标识实施细则。

根据《民用建筑电气绿色设计与应用规范》T/SHGBC 006 的要求,在新建或改造建筑工程中,电力变压器、电动机、交流接触器和照明产品的能效限定值或能效等级应在 2 级及以上。二星级、三星级绿色建筑宜采用 1 级能效产品。

随着国家"双碳"政策的实施,绿色设计中对电气设备的选型,其能效指标应作为首要考量因素。进行技术经济比选后,选用节能生态设备产品,即采用节能新材料、运用节能新工艺、符合绿色设计新技术的产品,使其技术性能指标满足现行设计标准和产品标准规定要求,以推动我国在工程建设领域向高技术型经济发展模式的转变。

3.2.2　电气设备能效标准

自 2004 年 11 月国家发改委、国家质检总局(现国家市场监督管理总局)和国家认证认可监督管理委员会组织制定了《中华人民共和国实行能源效率标识的产品目录(第一批)》,至今已制定 16 批能源效率标识产品。该目录定义了各类产品的适用范围及依据的能效标准,产品涵盖家用电器、数码产品、照明产品、变压器、空调设备、风机、水泵等。

《绿色建筑评价标准》GB/T 50378—2019 第 7.2.7 条规定,采用节能型电气设备及节能控制,评价总分值为 10 分,可见设备能效对于绿色建筑的重要性。电气设备能效主要依据的现行标准有:《普通照明用 LED 平板灯能效限定值及能效等级》GB 38450、《室内照明用 LED 产品能效限定值及能效等级》GB 30255、《道路和隧道照明用 LED 灯具能效限定值及能效等级》GB 37478、《电力变压器能效限定值及能效等级》GB 20052、《电动机能效限定值及能效等级》GB 18613、《交流接触器能效限定值及能效等级》GB 21518、《通风机能效限定值及能效等级》GB 19761、《变频调速设备的能效限定值及能效等级》NB/T 10463、《不间断电源节能认证技术规范》CQC 3108、《密集绝缘母线槽节能认证技术规范》CQC 3131。

3.2.3　主要电气设备能效

国家科技能力的快速发展,给电气行业带来了技术提升,电气设备能效标准的提升速度也进一步加快。

1. 变压器

变压器是供配电的基础设备,广泛应用于工业、农业、交通、城市社区等领域。我国在网运行的变压器约 1 700 万台,总容量约 110 亿 kVA。变压器损耗约占供配电电力损耗的 40%,据测算,年电能损耗约 2 500 亿 kW·h,具有较大节能潜力。"十三五"以来,工业和信息化部积极推进变压器能效持续提升,会同国家市场监督管理总局、国家发改委制定实施《配电变压器能效提升计划(2015—2017 年)》。《电力变压器能效限定值及能效等级》GB 20052—2020 于 2021 年 6 月 1 日正式实施,与 GB 20052—2013 相比,GB 20052—2020 中的各类变压器损耗指标下降 10%~45% 不等,已优于欧盟、美国相关标准要求(表 3-1)。实施新一轮变压器能效提升计划,推动变压器产业链优化升级,加快变压器能效提升,有利于降低供配电电力损耗,提高用电企业能效,进一步推动绿色低碳和高质量发展,也有利于增加高效变压器市场供给、壮大绿色新动能。

表 3-1 GB 20052—2020 与 GB 20052—2013 主要性能变化对比

产品类别	GB 20052—2020 3 级能效	GB 20052—2020 2 级能效	GB 20052—2020 1 级能效
10 kV 油浸式 (电工钢带)	等同(S13)	P_0 降低 10% P_k 降低 20%	P_0 降低 20% P_k 降低 28%
10 kV 油浸式 (非晶合金)	等同(SH15)	P_0 等同 P_k 降低 15%	P_0 降低 20% P_k 降低 20%
10 kV 干式 (电工钢带)	等同 (SGB12/SCB12)	P_0 降低 15% P_k 降低 10%	P_0 降低 28% P_k 降低 10%
10 kV 干式 (非晶合金)	等同 (SGBH15/SCBH15)	P_0 降低 15% P_k 降低 10%	P_0 降低 30% P_k 降低 10%

注:1. 表中 P_0 为空载损耗,P_k 为负载损耗;比较均以 GB 20052—2013 中 2 级能效为基准。
　　2. 表中 S13、SH15、SGB12/SCB12、SGBH15/SCBH15 为零偏差。

2. 照明灯具

照明是建筑节能的重要组成部分。回顾建筑照明设计标准的变化,从《工业企业照明设计标准》GB 50034—1992,到《建筑照明设计标准》GB 50034—2004,再到《建筑照明设计标准》GB 50034—2013,目前《建筑照明设计标准》GB 50034—2024 已于 2024 年 8 月 1 日实施。标准修订是照明科技和控制技术提升的实力表现,LPD 值的降低正是对高效光源、节能控制方式提升的根本要求,同时促进了新型节能光源的市场应用及照明控制技术的研发。

随着 LED 光源技术研究的发展,LED 的标准基本覆盖整个照明范围,照明灯具能效评价更是迅速提升,如《室内照明用 LED 产品能效限定值及能效等级》GB 30255、《道路和隧道照明用 LED 灯具能效限定值及能效等级》GB 37478、《普通照明用 LED 平板灯能效限定值及能效等级》GB 38450 中都有具体规定要求。

3. 电动机

电动机的能效标准同样在提升。如《中小型三相异步电动机能效限定值及能效等级》GB 18613 经过 2002 年版、2006 年版、2012 年版,到 2020 年版的修订;《通风机能效限定值及节能评价值》GB 19761 从 2005 年版到 2009 年版再到 2020 年版,能效等级得到了很大提升。电动机能效等级分为 3 级,其中 1 级能效最高,通风机能效等级同理。在《绿色设计产品评价技术规范　交流电动机》T/CEEIA 410 中,规定能效等级只有满足 2 级及以上,才属于绿色设计产品。

4. 接触器

接触器作为电气控制线路中最常用的控制器件,其能效指标的高低对整个电气系统的节能和低碳运行具有重大影响。已施行的国标有《交流接触器能效限定值及能效等级》GB 21518。接触器能效等级中,1 级吸持功率最小,3 级最高,满足 2 级及以上要求的接触器,才能满足节能评价值的规定。

5. UPS 设备

随着网络通信、互联网大数据的快速发展,不间断电源 UPS 的应用已经成为必不可少的电源保障产品。有关 UPS 设备的能效指标,在已施行的国家标准、行业标准和团体标准中都有不同要求,如《信息技术设备用不间断电源通用规范》GB/T 14715、《不间断电源节能认证技术规范》CQC 3108 等。

3.2.4 电气设备的绿色选型要求

绿色建筑设计中必须考虑电气绿色设计的因素,绿色建筑的实施过程也是电气设计绿色化的一个过程。电气绿色设计理念的各要素中,节能低碳是其中最主要的,也就是通常所说的绿色节能设计。可以从三个层面来理解:系统设计节能、科学管理节能和电气产品节能。

1．系统设计节能

1）供配电系统节能

根据用电负荷容量、布置以及用电设备特点合理设计供配电系统,实现供配电系统的经济高效运行。主要体现在以下三个方面:

(1)供配电系统应简单可靠,变电所尽量靠近负荷中心,尽量减少变电级数过多产生的电能损耗;合理分布供电网络,减少线路电压损失,提高供电网络质量及运行经济效益。

(2)合理选择变压器容量、级数。适应负荷变化前提下控制好变压器负载率,使变压器工作于经济运行的最佳状态。选择绿色节能型变压器以减少变压器空载损耗,降低空载电流和噪声。

(3)合理选择配电干线电缆。在允许载流量前提下满足电压损失、热稳定性等各项技术指标,以及有色金属使用的经济指标,合理选择导线截面,并根据敷设条件选择电缆型号。

2）动力系统节能

动力系统中电动机是主体。电机是典型的感性负载,会产生滞后的无功电流,其从系统中经过高低压线路传输到用电设备末端,会增加线路和变压器的功率损耗。设计中需要提高供配电系统的功率因数,增加电容器柜进行集中无功补偿或者在运行过程中对设备端进行就地补偿。由电机运行特性可知,运行效率随负载大小波动而变化,额定运行时电机功率因数最高效率最高;轻载运行时电机功率因数较低效率较低,电能浪费较大;空载时功率因数甚至降到 0.3 以下。因此,合理选择电机容量也是节能的重要方面。

3）照明系统节能

照明设计是实现绿色建筑电气节能的关键环节,通过高质量的绿色照明设计可以创造高效、舒适、节能的建筑照明空间。在保证照明质量前提下,尽可能减少照明系统中的能量损失,高效利用电能,通过合理选择照度标准和灵活选择照明方案,可最大限度实现照明系统的节能。

照明分为一般照明、局部照明和混合照明,应根据不同设计场所对象灵活选择。其中,一般照明可结合局部照明,对大型空间可实施分区照明。照明系统的节能首先要注意的是照明功率密度值指标的限制(符合或低于《建筑照明设计标准》GB 50034 中所规定的标准值),其次是对照明场景模式灵活的智能控制。

2. 科学管理节能

1) 通过建筑智能化来实现建筑电气各系统间的协调

在绿色建筑中,通过设备选型和智能化的软件可实现间接节能。智能化可以通过对控制设备的集成和优化管理来实现科学节能。

2) 物联网与建筑电气节能的关系

物联网是通过传感设备与互联网联系起来,按照约定的协议进行信息交换和分配,实现物品的智能化识别、定位、跟踪、监控、管理和信息的互联共享。物联网在低碳节能与建筑智能化之间架起了一座桥梁,可提供广阔的连接平台和用武之地。

3. 电气产品节能

1) 变压器节能

变压器是电压转换不可或缺的设备,是绝大多数建筑用电的重要源头。变压器的有功损耗由空载损耗和负载损耗组成。空载损耗又称铁损,它由铁心的涡流损耗及漏磁损耗组成,其值与硅钢片的性能及铁心制造工艺有关,与负荷大小无关,在电压稳定的情况下基本不变;负载损耗即变压器的铜损,它取决于变压器绕组的电阻及流过绕组电流的大小。随着材料和技术的进步,国家不断提升更新变压器节能序列号,能耗日趋降低。

2) 电动机节能

选用高效电动机,提高电动机效率和功率因数是减少其电能损耗的主要途径。与普通电动机相比,高效电动机的效率能提高 3%~6%,平均功率因数提高 7%~9%,总损耗减少 20%~30%,具有较好的节电效果。在设计和技术改造中,应选用 Y、YZ、YZR 等新系列的高效率 1 级、2 级能效电动机,以节省电能。

3）电器节能

设计时应积极选用具有节电效果的新系列低压电器，以取代功耗大的老旧产品。例如：

（1）用 RT20、RT16(NT) 系列熔断器取代 RT0 系列熔断器。

（2）用 JR20、T 系列热继电器取代 JR0、JR16 系列热继电器。

（3）用 AD1、AD 系列信号灯取代 XD2、XD3、XD5 和 XD6 等系列信号灯。

（4）选用满足节能评价值或带有节电装置的交流接触器。大中容量交流接触器加装节电装置后，接触器电磁操作线圈的电流由原来的交流改变为直流吸持，既可省去铁心和短路环中绝大部分的损耗功率，还可降低线圈的温升及噪声，节电率一般高达 85% 以上。

4）照明电光源和灯具节能

以前使用的大部分光源包括卤钨灯、荧光灯或小功率高压钠灯等，除特殊场合外白炽灯已完全被取代。其中，紧凑型荧光灯和高强度气体放电灯需要正确选择镇流器，根据功率和应用场合选择电子型或电感型镇流器，同时设置电容补偿，以提高功率因数。随着光电技术的发展，LED 光源和灯具越来越多地应用于工程项目中，传统光源已经大规模停止生产，相对于荧光灯、节能灯光源，LED 光源光效高、能耗低、稳定性高，使其成为目前理想成熟的替代光源。

当然，除了节能以外，电气设备的选型还需要综合考虑其他因素：一是设备本身使用年限；二是建设寿命期更换成本；三是新技术发展、绿色参数提升等。应考虑在全寿命期内减少对资源的消耗、减轻对生态环境的影响，并具有节能、减排、安全、健康、便利和可循环及耐久性特征。电气设备的选型主要应遵循以下原则：

（1）应选用绿色设计产品，满足相关的绿色设计产品评价技术标准要求。

（2）选用的电气设备能效指标，不低于相应产品 2 级能效要求。

（3）变压器的 TOC 选型要求，依据《配电变压器能效技术经济评价导则》DL/T 985 进行全寿命期经济容量的选择。

（4）对于负荷较为平稳的场所、电价较高的地区，电力电缆应采用 TOC 法设计选型。

（5）对高档写字楼、超高层建筑、地铁、高铁、机场、医院等功能较为固定的公建项目，应采用长寿命电缆，在建筑全寿命期内无需更换。如考虑末端用户需求变化，可在干线部分选用长寿命电缆,以减少更换费用,减少废弃物的产生。

3.2.5　变压器综合能效费用法智能计算软件

电气绿色设计,在选择电气供电系统主要设备变压器容量时,除了考虑变压器运行的负载率等参数外,还应采用变压器 TOC 法进行计算选择。TOC 法是在全寿命期内综合考虑变压器等电气设备的选择,进行能效技术经济评价,对贯彻节约、高效、可持续的绿色理念具有重要意义。

采用 TOC 法进行变压器容量经济选型,能最大限度地利用变压器设备效能,减少全寿命期内电费支出,避免浪费。综合能效费用包括配电变压器的初始费用、空载损耗的等效初始费用、负载损耗的等效初始费用,并与基本电费的缴费方式有关。计算空载损耗的等效初始费用 A、负载损耗的等效初始费用 B 时,需先计算初始值系数 K_{pv} 及变压器经济使用期的年负载等效系数 P_L 等数据,还需要计算年贴现率 i 及变压器运行连续 n 年的指数,计算过程相对较复杂,电气设计人员需花费大量精力用于烦琐的计算上,并且在不同类型变压器相互比较选择时,需要设计人员在多种变压器之间重复计算,数据量非常大,容易造成错误,影响设计效率和准确度。上述问题也是电气绿色设计选型工作的痛点。针对上述计算中的诸多不便,笔者开发了一款智能计算软件。

该软件结合国家规范、设计手册的算法,通过友好的图形界面进行智能计算,可高效、准确、智能地生成结果,从而节约大量时间,杜绝人为错误。计算完成的数据文件可以保存在工程图纸目录中,一方面供审核作为计算书,另一方面如项目用电设备需求有变化,也可以轻松修改,快速得到新的结果,大大提高了调整速度。计算工作量的节省,可以让设计人员将更多精力用于研究供电方案及提高绘图质量等方面工作。

1. 功能说明

(1)操作简单,显示界面符合设计绘图习惯,设计人员免学习、易于上手。

(2)设计人员可以利用软件对变压器综合能效费用的多种计算方式进行比较选择,目前按国家规范和设计手册共给出四种算法。

(3)计算结果数据可以保存,供审核及日后工程现场修改使用。

2. 操作说明

(1) 安装程序:运行变压器 TOC 能效费用法子目录下"setup. exe"安装程序(图 3-1)。

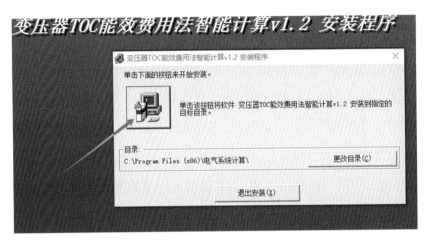

图 3-1　变压器能效费用 TOC 法安装界面

(2) 运行子目录下"电气系统计算 TOC"应用程序,输入密码,进入变压器综合能效费用法功能选择窗口(图 3-2)。

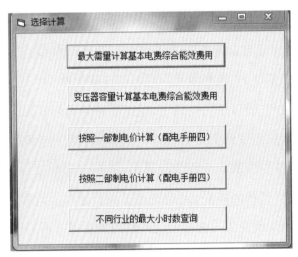

图 3-2　变压器能效费用 TOC 法计算选择窗口

(3) 变压器综合能效费用的计算。第一种算法按最大需量计算,第二种算法按变压器容量计算,均按照《配电变压器能效技术经济评价导则》DL/T 985 的计算原则。在"最大需量计算基本电费综合能效费用"窗口可选择相关项目与系数(图 3-3)。

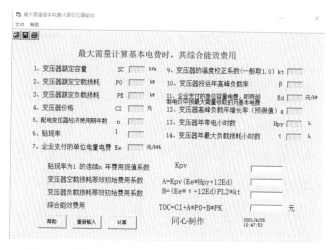

图 3-3　"最大需量计算基本电费综合能效费用"窗口

3.3　电气系统能效

民用建筑中的公共建筑是建筑能源消耗的高密度领域,具有很大的节能潜力。了解公共建筑能源使用情况和利用效率,掌握机电系统能效分布水平,是制定相关建筑节能政策、推动公共建筑能效提升建设、树立公共建筑能效提升引领标杆的依据。

3.3.1　系统能效概念

系统能效测评,是针对效能指标进行检测、计算,结合国家及地方评测标准的评级。对用能设备进行更新、更换时,应结合技术经济综合分析,选用节能环保设备产品,其技术性能指标应符合现行设计标准和产品标准的规定。节能运行管理应根据用能设备和用能系统特点、运行参数、用户需求及建筑特性,经技术经济比较,制定全年节能运行方案。用能系统应按分类、分项进行能耗数据计量及管理,并应对能耗计量数据定期进行统计分析,指导用能系统经济运行。

中国城市科学研究会标准《低碳建筑评价标准》T/CSUS 60—2023 中,系统能效是低碳建筑评价"设计与选型"章节的主要得分项内容。其中,关于电气系统能效的具体评分如下：

"4.2.8 采用节能型电气设备，提升建筑电气系统能效，评价总分值6分。满足下列要求中的3项，得2分；满足4项，得4分；满足5项，得6分。

1 暖通空调系统所用风机、水泵的电动机效率达到现行国家标准《电动机能效限定值及能效等级》GB 18613规定的能效2级；

2 给水排水系统水泵电动机效率达到现行国家标准《电动机能效限定值及能效等级》GB 18613规定的能效2级；

3 电动汽车充电系统综合效率符合现行国家及地方标准的有关规定；

4 配电变压器能效达到现行国家标准《电力变压器能效限定值及能效等级》GB 20052规定的能效2级；

5 三相负荷平衡分配，实现配电系统三相负荷的不平衡度小于15%。"

上述条文分别对暖通空调系统风机、水泵和给水排水系统水泵的电动机、电动汽车充电系统、配电变压器等的电气设备能效，以及三相负荷平衡分配、电能质量等提出了要求。实际设计时，鼓励合理选择用电设备型号，优化控制策略，提升用电质量。

3.3.2 配电系统能效

为提高配电系统能效，可从以下四个方面着手。

1. 设备选型要求

（1）三相配电变压器能效值不低于2级能效，鼓励选用1级能效产品。

（2）电动机设备能效值不低于2级能效，鼓励选用1级能效产品。

（3）由电动机提供动力的设备选型满足能效要求，包括制冷机、水泵、风机和电梯等，能效值不低于2级能效，鼓励选用1级能效产品。

2. 电能质量要求

（1）配电系统中设置无功补偿装置，且功率因数不低于0.95。

（2）变电所采用集中式无功补偿装置，功率因数低的大功率用电设备应就地补偿。

（3）无功补偿器宜采用静止无功发生器（Static Var Generator，SVG）等技术。

（4）为改善电源质量，可在设备配电侧设置有源电力滤波装置（Active Power Filter，APF）、三相不平衡治理装置等。

3．变配电系统

变电所、配电竖井、配电箱位置设计合理，靠近配电区域电气设备的负荷中心，主要干线或支路不超出长度限值。配电系统选址应考虑靠近使用功能确定的大型设备机房或用电设备集中区域。

4．可再生能源

可再生能源形式包括太阳能光伏系统、地源热泵系统、空气源热泵系统等。其中，太阳能光伏系统发电采用并网运行方式。应针对绿色建筑自身特点，充分设计利用可再生能源以进一步提高配电系统的整体能效。应根据当地气候和自然资源条件，合理利用可再生能源并取得实际应用效果。

3.3.3　照明系统能效

为提高照明系统能效，可从以下两个方面着手。

1．照明光源及能效标准

（1）室内房间和场所一般照明功率密度限值应满足《建筑照明设计标准》GB/T 50034和《建筑节能与可再生能源利用通用规范》GB 55015 中规定的限值。沿海城市经济发达地区鼓励适当提高，可参照《民用建筑电气绿色设计与应用规范》T/SHGBC 006 中的推荐值要求，其推荐值的照明功率密度相比目标值降幅可达 10%～20%。

（2）光源选用 LED，功率容量小于或等于 5 W 的 LED 灯功率因数不低于 0.75，功率容量大于 5 W 的 LED 灯功率因数不低于 0.90。

（3）光源及驱动电源装置的能效等级不低于 2 级，鼓励采用 1 级能效产品。

（4）LED 照明产品能效高于《LED 室内照明应用技术要求》GB/T 31831 的规定值。

2．照明控制

（1）根据房间及公共场所的特点，采用合理的照明控制方式。

（2）照明控制系统设计合理，重点照明单独控制。多种功能要求的场所采用场景控制，天然采光的区域采用独立控制。

（3）走廊、楼梯间、卫生间、开水间、地下车库等场所，采用自动开关控制或调光控制装置。

（4）门厅、大堂、电梯厅等场所，非工作时间采用定时自动降低照度的控制方式。

（5）有自然采光的区域，采用随自然光照度变化而自动控制人工照明的方式。

（6）地下或无外窗空间合理利用导光管系统采光。

3.3.4 建筑设备能效管理

从运维管理角度提出对系统的技术要求，突出管理的便捷性和智慧化。各系统数据通过运维管理平台综合分析，为设备运维提供数据，提升物业管理能力。

对建筑内主要设备进行监控，设置满足工程需求的管理系统。具体措施如下：

（1）对建筑内主要设备包括冷热源、供暖通风和空气调节、给水排水、供配电、照明、电梯等设备进行监控，或通过通信接口将设备自用的监控系统纳入建筑设备监控系统集中管理。

（2）用电设备在使用人员离开后无需继续通电运行的场所合理采用节能控制装置，例如：宾馆客房采用节能控制总开关，办公等建筑的开水间采用适宜的节能控制装置，汽车库的停车位采用智能感应控制装置，电梯轿厢采用节能控制装置等。

（3）自动控制系统针对不同建筑类型采用合理的运行策略，如合理选用电梯和自动扶梯并采取电梯群控、扶梯自动启停等节能控制措施。

（4）建筑设备监控系统应具有室内空气质量监测和风机联动控制功能。

（5）监测主要功能房间中人员密度较高且随时间变化大区域的二氧化碳浓度，并与通风系统联动；监测地下车库的一氧化碳浓度，并与通风系统联动。

（6）设置建筑能效监管系统，监测建筑物主要能耗，进行能效分析和优化管理。

（7）建筑耗电量、用水量、集中供热耗热量、集中供冷耗冷量按不同管理单元或功能区域计量。用水量、用气量、集中供热耗热量、集中供冷耗冷量进行分类总表计量。

（8）耗电量按照明插座、空调、电力、特殊用电分项进行监测与计量；在条件允许时，应采取单相负荷计量，并计量到二级子项。

3.3.5 电气系统能效综合评估

1. 机电系统能效

建筑电气系统能效的评价指标包括供配电系统、电气设备选型、照明系统、设备管理系统、运维系统等。如《公共建筑机电系统能效分级评价标准》T/CECS 643 及《民用建筑能效测评标识技术导则(试行)》等,均对建筑设备系统的能效作了相关规定。

对于实施机电系统节能改造的公共建筑,也可按上述标准规定的能效评估方法,分别对改造前后的建筑能效进行分级评价,通过比较改造前后系统能效水平的变化来评判机电系统节能改造的效果。

总体而言,现有的公共建筑机电系统能效评价指标均比较具体且相对独立,缺乏必要的关联性与综合性,不足以反映机电系统的节能潜力,也无法从系统能效层面反映公共建筑机电系统的用能情况。目前,我国现行相关标准均局限于单机设备的能效等级分类以及不同类型建筑能耗限值的研究与制定上,尚未延伸至机电系统能效分级的层面。为了能够对公共建筑机电系统能效进行科学、全面、迅速的评价,有必要从能耗和能效两个层面来建立反映公共建筑机电系统运行特性的评价指标体系。

2. 变压器运行能效评价

评价方式:建立全年用电量最高日的各台变压器监测记录数据,参照表 3-2 的评分规则逐台对日负载曲线进行评分。

表 3-2 公共建筑变压器运行能效评分规则

运行状态		低载低效	轻载中效	最佳高效	重载高效	满载中效
负载区间	5	—	—	—	—	$0.85 \leqslant \beta < 1.0$
	4	—	—	—	$0.75 \leqslant \beta < 0.85$	—
	3	—	—	$0.3 \leqslant \beta < 0.75$	—	—
	2	—	$0.1 \leqslant \beta < 0.3$	—	—	—
	1	$0 \leqslant \beta < 0.1$	—	—	—	—
得分		1	4	10	5	1

注:β 为变压器能效系数。

3. 变配电装置能效评价

评价方式:变电所、配电竖井、配电箱位置设计合理,接近配电区域电气设备的负荷中心,主要干线或支路不超出长度限值,可参照表3-3的规则评分并累计。

表3-3 低压线路能效评分规则

评价项目	线路长路评价值(m)	未超长的线路比例		得分
低压干线	200	未超长干线容量之和 P_Σ 在低压干线总计算容量 P_j 中的占比	$P_\Sigma \geq 90\% \cdot P_j$	3
			$75\% \cdot P_j \leq P_\Sigma < 90\% \cdot P_j$	1
末端支路	60	各配电分区未超长支路之和不低于支路总数比例	95%	2

4. 低压配电系统能效评价

评价方式:针对使用功能确定大型设备机房或用电设备集中区域,其由变配电所单独供电的低压干线及配电箱可按表3-4进行设计能效评价,按表3-5进行运行能效评价。

表3-4 配电干线设计能效评分规则

评价范围	评价内容		得分
配电容量不低于100 kW低压干线	设计配电容量利用率（C_{d100}）	$C_{d100} \geq 90\%$	5
		$80\% \leq C_{d100} < 90\%$	4
		$70\% \leq C_{d100} < 80\%$	3
		$60\% \leq C_{d100} < 70\%$	2
		$50\% \leq C_{d100} < 60\%$	1

表3-5 配电干线运行能效评分规则

评价范围	评价内容		得分
配电容量不低于100 kW低压干线	实际配电容量利用率（C_{g100}）	$C_{g100} \geq 60\%$	5
		$50\% \leq C_{g100} < 60\%$	4
		$40\% \leq C_{g100} < 50\%$	3
		$30\% \leq C_{g100} < 40\%$	2
		$20\% \leq C_{g100} < 30\%$	1

第4章
电气设备装置
绿色选型

电气设备装置的绿色选型,是从社会、经济和环境的复杂系统结构出发,采用技术手段和方法,实现三者之间的有效协调和平衡。电气绿色产品的设计研发,不仅能降低成本、提高产品质量、增加产品附加值,还可带动企业乃至整个行业的振兴与全面发展,是制造业实现可持续发展的有效途径,具有广阔的应用前景。

企业的发展是为了更好地服务社会,因此企业在发展过程中对社会可持续发展的承诺也是至关重要的价值主张。工业制造企业都应努力实现厂房集约化、原料无害化、生产洁净化、废物资源化、能源低碳化等绿色发展目标。

电气设备全寿命期包括从原材料、生产制造、运行到材料回收的各个阶段,如能进一步降低生产能耗、降低系统运行能耗、降低事故发生率,就能减缓设备发热老化、延长使用寿命,从而实现电气设备产品的绿色化价值。电气绿色产品的制造,是行业发展建立在高效利用资源、严格保护生态环境、有效控制温室气体排放的基础上实施的。绿色制造能进一步统筹、推进高质量发展和高水平保护,建立绿色低碳循环健全发展的经济体系,确保实现"双碳"目标,推动我国绿色发展迈上新台阶。

在建筑工程的电气设计中,做好电气设备装置的绿色选型和应用,也是设计师响应国家可持续发展战略应有的责任和义务。

4.1　电气设备绿色全寿命期分析

在《绿色建筑评价标准》GB/T 50378 中,把绿色建筑的性能评价放在建设工程竣工后,目的是约束绿色建筑技术落地,保证绿色建筑性能的实现。同时要求对工程技术、设备及建筑材料等,通过全寿命期技术比较和经济分析,选用适宜的新技术、新设备和新材料。

绿色建筑注重全寿命期内资源节约与环境保护的性能,申请评价方应对建筑全寿命期内各个阶段进行控制,优化建筑技术、设备和材料选用,综合评估建筑规模、建筑技术与投资之间的总体平衡,并按标准要求提交相应分析、测试报告和相关文件,涉及计算和测试的方法及结果。

绿色建筑的全寿命期技术,贯穿建筑的整体过程。建筑是由各种建筑材料和建筑设备组成的,通常建筑的设计寿命为50~70年,设备设计寿命为6~30年不等,在建筑寿命期内需要经常维护及更换相关设备。以办公建筑为例,相关资料显示,其寿命期内的一次建设费仅占15%,运行费、管理费等约占85%,建筑运行期间的费用远高于初期费用。

电气设备作为建筑设备的重要组成部分,其绿色选型应遵循全寿命期原则,进行经济成本分析,做到整体投资费用最小。寿命期经济成本分析,包括一次建设阶段电气设备寿命期的经济分析和建筑寿命期内电气设备更换费用分析两个方面。设备寿命期的经济分析,以设备从采购到更换过程的投资与设备运行费用之和最小为原则。建筑寿命期内电气设备更换费用分析,是指选用长寿命电气设备,减少建筑寿命期内设备更换次数,做到成本最低。

引入全寿命期成本分析,可以优化建筑技术和电气设备选用,在满足设计质量和用户需求前提下做到综合成本最低。

4.2 电气绿色产品及评价

4.2.1 电气绿色产品评价标准

结合绿色设计理念,针对具体产品制定绿色产品的评价标准,目的是提高各生产企业的环保意识,为产品的能源资源利用、生态环境影响和再生率等提供参考的定量指标。

目前,各类绿色产品评价标准已经近200项,其中电气类产品的绿色设计评价标准也有十几项。《绿色建筑评价标准》GB/T 50378—2019第7.2.7条规定"采用节能型电气设备和节能控制措施,评价总分值为10分"。电气绿色设计产品首先应是节能产品,其次还要考虑全寿命期与环境的关系。

目前已经颁布的电气绿色设计类产品评价标准见表4-1。

表4-1 电气绿色设计类产品评价标准

标准编号	标准名称	发布部门
GB/T 40092—2021	《生态设计产品评价技术规范 变压器》	国家市场监督管理总局 国家标准化管理委员会
T/CEEIA 335—2018	《绿色设计产品评价技术规范 塑料外壳式断路器》	中国电器工业协会

（续表）

标准编号	标准名称	发布部门
T/CEEIA 334—2018	《绿色设计产品评价技术规范　家用及类似场所用过电流保护断路器》	中国电器工业协会
T/CEEIA 374—2019	《绿色设计产品评价技术规范　家用和类似用途插头插座》	中国电器工业协会
T/CEEIA 280—2017	《绿色设计产品评价技术规范　锂离子电池》	中国电器工业协会
T/CEEIA 375—2019	《绿色设计产品评价技术规范　家用和类似用途固定式电气装置的开关》	中国电器工业协会
T/CEEIA 410—2019	《绿色设计产品评价技术规范　交流电动机》	中国电器工业协会
YDB 193—2017	《绿色设计产品评价技术规范　以太网交换机》	中国通信标准化协会
T/CCSA 253—2019	《绿色设计产品评价技术规范　服务器》	中国通信标准化协会
T/CCSA 255—2019	《绿色设计产品评价技术规范　通信电缆》	中国通信标准化协会
T/CCSA 256—2019	《绿色设计产品评价技术规范　光缆》	中国通信标准化协会
T/CICEIA/CAMS 7—2019	《绿色设计产品评价技术规范　柴油发动机》	中国内燃机工业协会中国机械工业标准化技术协会
T/CAGP 0022—2017 T/CAB 0022—2017	《绿色设计产品评价技术规范　铅酸蓄电池》	全国工业绿色产品推进联盟中国产学研合作促进会

以《绿色设计产品评价技术规范　塑料外壳式断路器》T/CEEIA 335—2018 为例，塑料外壳式断路器作为低压配电系统和电动机保护回路中的过载、短路保护器，是应用极广的产品。随着现代科技水平的不断提高，新技术、新工艺和新材料不断出现，塑料外壳式断路器的生产工艺和各种材质不断改进，塑料外壳式断路器的性能有了很大提升。

该标准规定了塑料外壳式断路器的绿色设计产品评价原则和方法的组织要求、评价指标以及产品寿命期评价方法和报告格式要求。

该标准主要制定内容如下：

（1）规定了标准的适用范围和规范性引用文件。

（2）规定了塑料外壳式断路器绿色设计的术语和定义。

（3）规定了塑料外壳式断路器绿色设计的评价原则、方法及依据。

（4）规定了塑料外壳式断路器绿色设计的评价指标要求。

在该标准制定之前，塑料外壳式断路器的绿色设计产品评价一直处于无标准可依的状态,致使各生产企业在产品绿色设计和产品环境友好度方面不尽相同。通过该标准的制定,各有关方面可以针对塑料外壳式断路器绿色设计产品进行认真研究和讨论,提高各生产企业的环保意识。

该标准给出了塑料外壳式断路器绿色设计的评价原则、方法和依据,定量给出了塑料外壳式断路器绿色设计的评价指标要求,包括限用有害物质的种类与含量、可再生利用率、产品使用寿命指标、每极最大功耗指标和操作循环次数等,相关指标详见本书附录A.2。

该标准结合当前节能要求制定,有助于提高整个行业对产品环境友好性的关注,树立国内品牌与中国制造的绿色环保形象,创造良好的社会效益。

4.2.2　电气绿色产品评价要素

《绿色产品评价通则》GB/T 33761—2017 第 5.3.1~5.3.4 条规定:

5.3.1　资源属性指标

资源属性重点选取材料及水资源减量化、便于回收利用、包装物材料等方面的指标。

5.3.2　能源属性指标

能源属性重点选取产品在制造或使用过程中能源节约和能源效率方面的指标。

5.3.3　环境属性指标

环境属性重点选取生产过程的污染物排放、使用过程的有毒有害物质释放等方面的指标。

5.3.4　品质属性指标

品质属性重点选取消费者关注度高、影响高端品质的产品耐用性、健康安全等方面的指标。

在这些绿色理念的引领下,一些处于行业前列的电气设备厂商经过思索,提出了一套新的经营管理理念。其行之有效的策略主要有以下四个方面。

1. 区域产品环保法规

工信部对低压电子电器类产品提出了中国 RoHS（Restriction of Hazardous

Substances，关于限制在电子电气设备中使用某些有害成分的指令）法规要求，要求对 6 种有害物质限量或禁止使用。欧盟化学品管理局对化学品、配置品等几乎所有物品提出了 REACh（Registration，Evaluation，Authorization and Restriction of Chemicals，化学品注册、评估、许可和限制）规范要求，要求产品符合化学品注册制度、REACh 附录 17 限制清单和 SVHC（Substances of Very High Concern，高度关注物质）候选物质清单。一些品牌企业的产品，如施耐德 BlokSeT 产品中的电气元器件和柜体附件产品，均按照 RoHS 和 REACh 的标准生产。

2. 产品生态设计

按照《生态设计产品评价通则》GB/T 32161 的全寿命期理念，应在产品设计开发阶段系统考虑原材料的选用、生产、销售、使用、回收和处理等各个环节对资源环境造成的影响，力求产品在全寿命期中最大限度降低资源消耗，尽可能少用或不用含有毒有害物质的原材料，减少污染物产生和排放，从而实现环境保护。

依据 RoHS 和 REACh 区域产品环保规约，PEP（Product Environmental Profile）产品环境概要要求以及 PCI 产品循环说明，诞生了绿色溢价（Green Premium）生态标志。绿色溢价的概念最初由比尔·盖茨提出，可以定义为"零碳排放成本-传统能源成本"的绝对值或比例，碳中和的关键就在于降低绿色溢价。BlokSeT 产品也获得了该标志认证，新产品设计围绕循环性设计（循环标准、修复回收再利用设计）、绿色材料（可回收塑料及金属）和可持续包装（绿色、再利用包装部署）展开。

3. 产品绿色标识与行业绿色需求

在绿色溢价生态标志的基础上，电气设备厂商也在满足产品有害物质合规性和产品环境信息透明度基础上，更多向可再生材料应用的资源表现以及产品持久、耐用、易升级、可再利用和回收的循环性表现升级。

4. 节能认证

《低压成套开关设备节能认证规则》CQC 31—462227 是中国质量认证中心于 2021 年颁布的中国节能产品认证规则，已有部分企业的低压成套设备率先取得 CQC 节能认证证书及能效报告。

4.2.3　绿色工厂评价

为贯彻《中国制造 2025》的战略部署,全面推行绿色制造并加快实施绿色制造工程,进一步发挥标准的规范和引领作用,推进绿色制造标准化工作,我国于 2016 年发布了《工业和信息化部办公厅关于开展绿色制造体系建设的通知》及《绿色制造标准体系建设指南》。随后,国家颁布了《绿色工厂评价通则》GB/T 36132 作为绿色制造的基准。

绿色工厂作为制造业的生产单元,是绿色制造的实施主体,也是绿色制造体系的核心支撑单元,其关注点在于生产过程的绿色化。绿色产品则是以绿色制造实现供给侧的结构性改革为最终体现,其关注点在于产品全寿命期的绿色化。

绿色制造是解决国家资源和环境问题的重要手段,也是实现产业转型升级的重要任务。对行业而言,它是实现绿色发展的有效途径;对企业而言,绿色制造也是主动承担社会责任的必然选择。工厂作为绿色产品制造的主体,在绿色化方面的努力有助于树立行业标杆,引导和规范工厂实施绿色制造的战略目标。

绿色工厂应在确保产品功能、质量以及制造过程中员工健康安全的前提下,引入全寿命期思想,满足基础设施、管理体系、能源与资源投入、产品、环境排放、环境绩效的综合评价要求。根据《绿色工厂评价通则》GB/T 36132,绿色工厂评价指标框架如图 4-1 所示。

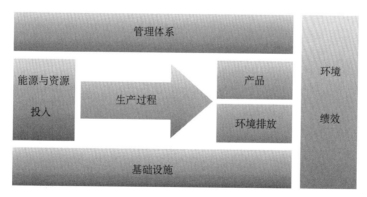

图 4-1　绿色工厂评价指标框架

绿色工厂应依法设立,在建设和生产过程中遵守有关法律、法规、政策和标准,近 3 年(含成立不足 3 年)无较大及以上安全、环保、质量事故;对利益相关方的环境要求作出承诺的,应同时满足相关承诺要求;工厂应建立、实施并持续维护符合《质量管理体系》GB/T

19001、《职业健康安全管理体系》GB/T 45001、《环境管理体系》GB/T 24001 和《能源管理体系》GB/T 2331 等标准的要求。

绿色工厂绩效指标的计算方法参见《绿色工厂评价通则》GB/T 36132。其中,主要包括资源利用效率、废物和污染物管理、环境绩效、环境责任与社会责任以及员工健康与安全等指标。这些指标评估了工厂在资源利用、废物管理、环境保护、社会责任和员工安全等方面的表现和成效。

通过评估绿色工厂的绩效指标,我们能够全面了解工厂的绿色化水平和可持续发展的实践情况。这有助于指导和推动工厂在绿色制造方面的改进,并为环境保护、资源利用和承担社会责任作出积极贡献。

以比较常见的产品可再生利用率指标为例,其计算方法为

$$R_{cyc} = \frac{\sum_{i=1}^{n} M_{cyci}}{M_v} \times 100\% \tag{4-1}$$

式中:R_{cyc}——产品可再生利用率(%);

M_{cyci}——第 i 种零部件和(或)材料可再生利用的质量(kg);

M_v——产品整机质量(kg);

n——零部件和(或)材料的类别总数。

4.3 主要电气设备装置绿色选型

4.3.1 高低压成套开关设备

由一个或多个高/低压开关设备以及与之相关的控制、测量、信号、保护和调节等设备组成,由制造厂负责完成全部内部电气和机械的连接,用结构部件完整地组装在一起的组合体,称为高低压成套开关设备。

成套开关设备生产属于离散生产方式,可分为前端的钣金结构生产和后端的开关设备装配。前端钣金结构生产在一定程度上已经可以实现全自动化生产,但受订单波动和自身资金压力等现实因素影响,现阶段大多数成套厂采取钣金结构外协生产方式,以此降

低自身的资金投入,提高投入产出比。后端开关设备装配属于劳动密集型生产,该工艺环节生产效益主要由组装工人的组装效率来体现,仅少部分环节采用机械设备,实现半自动化生产。

1. 设备特点

高低压成套开关设备的特点主要体现在以下几个方面:

(1) 从总量上看,量大面广,各行各业配电环节都不可或缺。

(2) 从订单上看,量小非标、负载不同、品种规格多(参数包括电压、电流、保护、极数等)、环境条件复杂(应用于各类海拔、温度、湿度、盐雾和粉尘等情况)、同批次订单规格都会存在差异。

(3) 劳动密集,自动化水平低,在组装环节主要依靠大量人力进行组装工作。

(4) 甲指乙购,客户方往往对关键元器件进行品牌指定,而该品牌不一定在高低压成套开关设备加工厂的常规供应商名单内。

(5) 项目需求多变造成设计图纸变更,一定程度上造成"边设计边生产、边采购边生产、边设计边调整"的现象。

(6) 一些浪费不可避免,例如钣金加工试料、设计中的设计余量等。

(7) 为了满足项目投标的"低价中标",不得不通过降低部分材质的品质和环保性能来满足成本的要求。

2. 绿色制造

目前,大型成套设备制造厂走在了行业的前列,部分企业已完成国家"两化融合"的任务,同时实现自动配料、自动上料和3D图纸对数控机床的直接转码,极大缩减了人力成本,减轻了员工的工作负担。部分企业初步实现了自动转码和自动配料,其效率和精度在不断积累生产经验的过程中得到提高。此外,大型公司及其生产厂有专人负责和执行公司的环保政策,确保产品满足所获各类环保证书的严格要求。

1) 绿色智能制造

绿色智能制造(Green Smart Manufacturing)是将先进的信息技术和制造技术用于制造业的降本增效、能耗管理和能源革命等方面。绿色智能制造以可持续发展理念为指导,是先进制造技术和信息技术的深度融合。它将物联网、云计算、工业大数据及工业软件、网络安全等 IT 技术与工业制造的传感技术、自动化、精益生产、能效管理、供应链管理等先进的运维技术相融合,并应用于制造业的全寿命期(包括研发、工程、制造、服务等全寿命期的各个环节及相应系统的优化集成),促使工业企业通过渐进的数字化转型,实现高生产力、高质量、高效率、高柔性和高安全的企业核心竞争力。它能推动制造业向创新、协调、绿色、开放、共享发展。绿色工厂智能制造的设计与规划层级如图 4-2 所示。

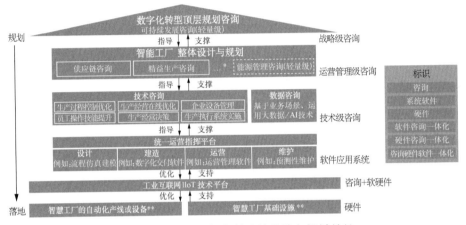

图 4-2　绿色工厂智能制造的设计与规划层级

随着数字化转型进入深水区,虽已有 80% 以上的企业进行了不同程度的实施,但在落实工厂数字化之后,只有不到一半的企业认为转型效果符合预期。在数字化不能满足预期的原因中,投入过高而回报率偏低、缺乏数字化转型人才以及数字化技术与业务难以整合位居前三。因此,明确转型路径、加强自身能力、优化组织架构成为大部分企业认可的数字化转型经验。

对于转型路径,数字化转型涉及信息技术(Information Technology,IT)、运营技术(Operational Technology,OT)、数据技术(Date Technology,DT)等多维融合,制定清晰的实施路线更易于推进。对于加强自身能力,与了解行业的专业合作伙伴携手,将有助于数字化的高效推进,易于 OT 与 DT 的融合。对于优化组织架构,难点不在技术本身,而在于观念意识的转变,需要对全体员工进行思维和技能上的培训,这对于推动数字化转型至关重要。

依托数字化转型顶层架构与平台规划,将绿色智能制造理念贯穿于工厂运营的各个环节,可不断提升自动化、数字化水平。例如:

某绿色工厂通过部署"云-边协同 AI 工业视觉检测平台",采用带 GPU 的推理机和工业相机采集产品外观照片,经过一系列安全认证后上传云端,在云端实现海量样本数据的存储、标注,通过弹性算力训练工业模型。来自生产线的照片实时进入边缘检测系统,自动标识出产品是否合格并能标识出不合格的缺陷位置,从而大幅提升产品质量检测效率。模型训练好后下发到产线边缘侧,实现漏检率为 0、误检率小于 0.5% 的成果。

某绿色企业开发"基于 5G 开放系统的小批量多品种柔性生产线",主要依托移动 5G专网进行部署。相比 Wi-Fi 易受干扰、跨 AP(Access Point,无线接入点)业务会中断以及容量受限等问题,5G 无线网络由于其低时延、大带宽和大容量特性,能给生产线上不同模块提供安全可靠的无线连接,将各生产功能单元升级为可移动、可拆装的标准化模块,电、气、网络实现自动快速连接,跨品种的整线换型能力做到 10 min 以内,工厂现有产线可在60 s 内完成单元拆分及组合,产品的组装人工工时缩短为 350 s,整个人工工时缩短约23%,生产过程时长较以往缩短 80%。

通过智能搬运机器人(Automated Guided Vehicle,AGV)、运输控制塔台、智能控制灯光、智能匹配运输箱型等方式,实现订单一站式实时呈现,大幅提升存储与转运效率,同时 100% 使用绿色可持续纸质包装,为物流中心的智能化、低碳化发展树立典范。

2) 生态环保制造

电子电气产品的广泛应用和不断进步为社会发展及人们生活带来越来越多的便利。然而,作为产品无论在哪个阶段都会对环境产生影响。因此,在关注产品性能的同时,也需要关注如何在整个产品寿命期中合理减少对环境的负面影响。这些影响可能是轻微的,也可能是重大的;可能是短期的,也可能是长期的;可能在当地、区域或全球范围内发生,甚至可能同时在多个层面上一并发生。

虽然开关柜看似环保产品,除了六氟化硫之外,几乎不会排放有害物质。然而,在其制造过程中,却存在许多潜在的环境危害。一些生产企业周围的河流可能受到电镀废水的污染,大气可能受到喷塑废气的污染,垃圾场可能堆置大量工业废料,冲压制造厂甚至会产生噪声污染。此外,开关柜内安装的仪器、仪表以及电路板的制作过程也可能带来污染。因此,开关柜在制造过程中仍然会造成一定程度的环境污染。

可喜的是,一些具有社会责任感的配电柜生产企业在配电柜的设计阶段就充分考虑

了环保因素,大大提高了环保水平。此处列举一些案例供参考:

(1)制造标准在完全按照现行国家环境管理体系认证 ISO 14001 执行基础上,遵循一些更高、更严格的标准和指令(如欧盟 RoHS 指令、WEEE 指令等)。

(2)对于所有的原料供应商、分承包商和服务商,确保产品生产中不含有任何环保规章禁止的成分。

(3)通过优化产品结构设计,在不降低性能的前提下,使内部空间更紧凑、重量更轻、损耗更小、体积更小,从而节省材料和资源。

(4)所有出厂产品包装的重量和容量都经过优化,在保证产品配送安全前提下,尽量减少包装所需的材料种类和用量,并力求所有的材料都可以回收再利用。

(5)在产品使用寿命结束后,考虑产品回收问题,如提供简易的产品分解方法、元器件的再利用、促进材料的回收和成分标识、简化有毒材料的拆解和回收、提供资料指导产品的回收。

(6)在产品寿命期的不同阶段对环境的影响进行评估,并采取必要措施减少影响。

3.绿色评价要素

《绿色建筑评价标准》GB/T 50378 相关条文规定:

(1)走廊、疏散通道等通行空间应满足紧急疏散、应急救护等要求,且应保持畅通。

(2)采取提升建筑部品部件耐久性的措施:使用耐腐蚀、抗老化、耐久性能好的管材、管线、管件。

(3)采取措施优化主要功能房间的室内声环境。

(4)采用节能型电气设备及节能控制措施,如照明功率密度控制、照度随日光自动调节、机电设备满足国家标准能效要求。

高低压成套开关设备的设置,应避免对走廊、疏散通道等通行空间产生不利影响;应采用耐腐蚀、抗老化、耐久性能好且材料环保可回收的管材、管线、管件,减少对环境的破坏;配电设备元器件应选用低噪声环保型,降低噪声,同时采用节能设计,减少能源消耗。

4.设计选型要点

高低压成套开关设备是供电系统中用于分配、控制、测量和连接电缆的配电设备。一般从公共电网引入市政电源后,经用户变电站内高压柜,通过变压器降压后从低压侧引出至低压柜,再配电至末端各场所配电箱。设备选型总体要求为技术先进、质量可靠、运行安全、维修方便。

高压成套开关设备额定电压大多为 35 kV 或 10 kV,仅在控制系统中电压有 110 V、24 V 或 12 V;低压成套开关设备额定电压一般为 400 V,但也有 230 V 和 690 V 等其他额定电压的型号。其选型主要考虑以下条件:

(1) 工作条件:按正常工作条件包括电压、电流、频率、开断电流等选型。

(2) 防护等级:对于灰尘较多或潮湿等环境,应考虑采用高防护等级开关柜。

(3) 环境条件:按工作环境条件如温度、湿度、海拔、污染(如酸雾)等选型。

(4) 稳定性:按短路条件包括动稳定、热稳定选型。

(5) 安全性:为保护操作维护人员的人身安全,要根据带电部件的操作防护性能选型。

(6) 环保性:板材加工避免使用电镀、喷塑、喷漆等造成环境污染的工艺,可采用高品质不锈钢板通过激光焊接而成;内部元器件选择材料工艺绿色环保、高运行可靠性、低维护性的产品;减少采用难降解的材料产品,保证生命周期后材料可回收率达 90% 以上。

根据《外壳防护等级(IP 代码)》GB/T 4208 的相关规定,高压成套开关设备的防护等级有两种:IP4X 指的是外壳对于直径大于 1 mm 的固体异物的防护能力;IPXXB 指的是外壳对于直径为 1 mm 的固体异物以及手指的防护能力;低压成套开关设备的防护等级较多,有 IP3X、IP4X、IP5X、IP6X,其中 IP3X 指的是外壳对于直径大于 2.5 mm 的固体异物的防护能力。

5. 未来发展趋势

1) 智能化

科技发展以及生活水平的提高,对供电质量提出了更高的要求,同时也对电器设备性能提出了更高要求。电子、微电子技术和计算机等技术的迅速发展,将对电器元件带来深远的影响,在原有产品继续完善性能、功能、提高质量的同时,应开发一批新型智能化产品。

2) 小型化

现代科学技术的发展,新技术、新工艺和新材料的应用,使得电器元件得到长足发展。优化设计、选择小型化元件、提高端口耐压、元件和功能复合集成、新技术(如光电传感器等)的应用,可以使产品结构紧凑,从而实现产品小型化,达到缩小产品体积、减少占地面积、低消耗(能源与材料)和高可靠性等目的。

3)绿色环保

在未来的设计制造中,高低压成套开关设备必然会往无污染和可回收利用的新材料方向发展,而在产品的制造过程中也必然会使用一些新的技术工艺和新的设备来避免对环境造成污染。

4)国际化

随着国际化竞争日趋加剧,产品国际化是必然的趋势。因此,在设计和制造产品时既要符合相应的国家标准和规定,也要符合国际相关规定和标准,以适应整个国际竞争的需要。

4.3.2 变压器

1.设备特点

1)分类和现状

变压器是一种静止电气装置,根据电磁感应定律用于变换交流电压和电流,传输交流电能。它由铁心(或磁芯)和线圈组成,线圈通常包含两个或多个绕组。其中,与电源相连的绕组称为初级线圈,其他绕组称为次级线圈。变压器能够实现对交流电压、电流和阻抗的变换。

民用建筑中,为了满足防火安全要求,通常采用干式变压器。干式变压器有多种类型,不同类型的变压器在生产材料、生产工艺、能源消耗和污染排放等方面存在差异。

(1)根据铁心材质不同,变压器可分为电工钢带铁心和非晶合金铁心两种类型。电工钢带铁心采用冷轧硅钢片作为叠铁心材料;非晶合金铁心采用铁、硅、硼、碳、钴等元素为原料制成,经特殊工艺(如急速冷却)使其内部原子呈现无序排列,作为导磁合金带材。

(2)根据绕组外部绝缘介质不同,变压器可以分为空气绝缘、环氧树脂绝缘和硅橡胶绝缘三种类型。其中,绕组外绝缘为空气的变压器被称为敞开式干式变压器,其绕组没有额外的绝缘材料,而是直接暴露在周围的空气中;绕组外绝缘为环氧树脂的变压器,采用高压和低压绕组在真空环境中注入环氧树脂,并使其固化;硅橡胶绝缘变压器则使用高强度的硅橡胶材料对绕组进行填充和封装。

(3) 根据铁心的结构形式不同,变压器可以分为平面铁心和立体卷铁心两种类型。平面铁心通常采用厚度不到 1 mm 的冷轧硅钢片作为叠铁心材料,根据所需的铁心尺寸,冷轧硅钢片会被裁剪成长条形状,然后交叠成"日"字形或"口"字形的结构。而立体卷铁心则由三个完全相同的矩形铁心框组成,按照三角形结构进行立体拼合而成。

为满足国家对城乡电网改造升级的需求,近年来出现了许多新型的优质配电变压器。这些新型变压器具有以下特点:损耗值不断降低,尤其是空载损耗值;导磁结构铁心型式多样化,包括较薄的高导磁硅钢片或非晶合金的应用;采用阶梯接缝全斜结构铁心、卷铁心(平面型和立体型)以及退火工艺等技术,既能降低损耗,又能降低噪声水平。此外,《电力变压器能效限定值及能效等级》GB 20052 的发布实施,提升了变压器的能效要求。这些举措旨在推动高效绿色节能变压器的推广应用,提升能源资源利用效率,推进绿色低碳和高质量发展。

2) 能效等级和绿色产品

(1) 变压器能效等级

变压器在运行过程中会产生损耗,这部分损耗就是变压器消耗的电能。对于常规电力变压器而言,介质损耗和绕组直流电阻损耗的总和相对较小,通常可以忽略不计。因此,空载损耗主要由铁损(P_{Fe})构成;负载损耗则通常被称为铜损,它随变压器负载率的变化而变动。这两项指标是衡量变压器能耗等级的主要因素。

鉴于变压器设备在配电网中的重要性,国家相关部门高度重视提升变压器的能效性能和推动绿色变压器技术的发展,不仅在不同阶段提出了变压器能效提升计划的要求,还通过制定国家标准《生态设计产品评价技术规范 变压器》GB/T 40092,提出了绿色生态变压器的新技术产品理念。

为推进绿色变压器的研发和推广应用,在中国工业经济联合会双碳中心和机械工业技术发展基金会指导下,国际铜业协会和上海市电气工程设计研究会共同发布了《绿色变压器技术与应用白皮书》(以下简称《白皮书》)。《白皮书》全面介绍了研发和推广使用绿色变压器的紧迫性和必要性,并明确了编写的目的和重要意义。《白皮书》客观阐明了绿色产品的价值主张,即推动产业升级、提升资源和原材料利用率,并引导广大用户积极选择绿色变压器,形成社会广泛共识。

《白皮书》的主要目的是建议主管部门为绿色变压器的发展提供宽松的政策环境,并建立绿色变压器科学、规范、健全的行业标准。它促使变压器企业在绿色制造方面具备可查的依据,推动绿色变压器在市场上获得良好声誉。同时,《白皮书》积极引领和倡导变压器行业的科研机构、企业和用户在早期进行科学规划,加快部署低碳前沿技术研究,推广应用节能降碳技术,建立完善的绿色科技创新体系,并形成上、下游合作力量,为促进变压器行业的绿色健康发展、如期实现国家"双碳"目标作出应有的贡献。

(2) 绿色变压器

① 非晶合金干式变压器

非晶合金变压器是一种低损耗、高能效的电力变压器。此类变压器以铁基非晶态金属作为铁心,该材料不具长程有序结构,其磁化及消磁均较一般磁性材料容易。因此,非晶合金变压器的铁损(即空载损耗)要比一般采用硅钢作为铁心的传统变压器低 70%~80%。由于损耗降低,发电需求亦随之下降,二氧化碳等温室气体排放亦相应减少。基于能源供应和环保的因素,非晶合金变压器在中国和印度等大型发展中国家得到大量应用。

② 立体卷铁心敞开式干式变压器

作为一种集节能、环保和可靠性于一体的新型电力设备,其核心技术是铁心采用空载损耗低、噪声低、结构强度高和过励磁能力强的立体卷铁心技术;线圈绝缘结构采用电气强度高、散热能力好、过负荷能力高、抗短路能力强和环境友好型的非包封复合绝缘系统。

卷铁心是采用硅钢片带料连续卷制而成的封闭型铁心,相比叠铁心没有接缝。叠铁心由于接缝的存在,局部磁场会产生畸变,引起噪声、空载损耗以及空载电流较大幅度上升。卷铁心经过高温退火,加工中产生的应力得到消除,磁畴恢复到硅钢片出厂时的状态,空载损耗和空载电流得到大幅度降低,过励磁能力得到大幅度提高。立体卷铁心由3 个截面为半圆的框体呈三角形布置拼合而成,结构稳定、三相磁路对称、铁轭重量减轻。立体卷铁心心柱截面为圆的内接多边形,积圆内的空间填充系数比叠铁心高 4%~6%。当铁心有效截面积相同时,卷铁心心柱的直径会小于叠铁心直径的 2%~3%,可以使线圈导线长度减少 2%~3%,不但可以降低空载损耗,而且能降低负载损耗。多种因素综合下,空载损耗比常规叠铁心变压器可下降 25%以上,空载电流可下降 60%,噪声水平下降7~10 dB。

敞开式干变高压线圈采用饼式线圈,设有水平散热气道,其有效散热面比环氧浇注线圈增加 50%以上,大大降低了线圈温升,增加了过负荷能力。环氧浇注变压器线圈热点温升较高,过载运行会引起树脂老化开裂。敞开式干式变压器高压线圈采用非包封复合绝缘系统,绝缘性能十分优良。高性能绝缘膜烧结工艺可保证在浸水后线圈的绝缘水平仍能维持在 90%以上。线圈绕制在厚环氧筒上,整体采用绿色、环保绝缘漆经 VPI 真空压力设备多次浸渍、烘燥而成。因此,立体卷铁心敞开式干式变压器具有节能、绝缘等级高、温升低、过载能力强、线圈不龟裂、无爆裂隐患等突出特点,同时具有阻燃、防火防潮、耐污秽、重量轻、体积小,到寿命期后可分解回收循环利用、绿色环保的优点,无论在节能还是在环保方面都是十分优秀的产品。

③ 硅橡胶干式变压器

硅橡胶干式变压器由铁心和多个线圈构成,线圈采用液态硅橡胶真空浇注或真空浸渍,匝间和层间渗透的硅橡胶将线圈固化为整体结构,应用高强度硅橡胶绝缘技术,对多分段的高压线包进行包封、绝缘、导热,构成内部无局放的硅橡胶绝缘高压线包。硅橡胶材料具有良好的绝缘性能和耐高温性能,能够在高温环境下安全可靠地运行。因此,硅橡胶干式变压器过负荷和抗热冲击能力强、绝缘性能好、局部放电量低、散热性能好且防尘、防潮和防震,具有高度的安全可靠性,并具有节能环保、低噪声等优点,不仅可用于室内配电、室外箱式变电站、可移动运输设备变电等多种场合,还可应用在工业以及舰船、地铁、高铁等要求高的特殊场所。

图 4-3 所示为上述两款绿色变压器和智能监测装置。

(a)立体卷铁心敞开式
干式变压器
(b)硅橡胶干式变压器
(c)智能监测装置

图 4-3 两款绿色变压器和智能监测装置

④ 智能干式变压器

变压器是电能传递的重要枢纽,其在民用建筑配电系统中占据重要地位;干式变压器又因其无油、防爆、免维护等优势在民用建筑中得到广泛应用。因此,在绿色发展和高质量发展的要求下,采用数字化、智能化技术对干式变压器赋能以实现变压器运行状态可视化监测,提升变压器智慧运维和全生命周期管理效率成为助力"双碳"目标的重要路径。随着智能化、大数据模型技术的不断成熟和一二次设备融合技术的持续发展,智能干式变压器成为构建民用建筑高质量智能配电系统的重要设备。

智能干式变压器是具备信息采集、运行状态自我感知和调控、能与外部系统或终端双向通信、提供运行状态和事件告警信息、接收和执行外部指令的干式变压器,其实现了变压器运行状态可视化监视、异常运行状态诊断及预警,保障了变压器安全运行,提高了配电系统可靠性,提升了变压器全生命周期管理水平。智能干式变压器的数字化和智能化功能包含但不限于以下几个方面:

a. 基于多参数的变压器温升/温度监测功能

智能干式变压器具有基于变压器运行环境温度、绕组温度、负载功率、负载率和风机运行状态等多参数的变压器运行状态监测系统,该系统可分析变压器温升与负载率、负载功率、风机运行状态的关联性,并评估变压器温升水平和实际带载能力;系统具有传感器故障告警、绕组过温告警、绕组超温跳闸等功能,并可自动驱动风机以提高变压器带载能力。

b. 供电异常信息捕捉及诊断功能

智能干式变压器实时监视变压器供电质量,为用户提供稳态电能质量信息,包含但不限于电压偏差、频率偏差、三相不平衡、电压/电流谐波畸变等数据,并在此基础上捕捉电压波动、电压暂升/暂降等瞬态电能质量异常,且对瞬态电能质量异常事件进行录波,同时诊断扰动源可能产生的位置。

c. 变压器运行数据统计与分析

智能干式变压器记录变压器运行的特征参数,并对数据进行统计、分析、存储和呈现。数据包含但不限于变压器带电小时数、年带电小时数、年最大负载、年最大负载利用小时数以及变压器运行电压、电流、功率因数、功率等,并记录变压器温度曲线、温升曲线、负荷曲线及需量曲线等。

d. 变压器损耗电量评估

智能干式变压器具有变压器能耗管理功能,其统计变压器供电量数据,并评估变压器空载损耗和负载损耗可能产生的电能损失,同时生成运行变压器不同能效水平可能导致的电能损失对标值。

e. 数据共享

智能干式变压器不依赖于网络独立运行,同时还具有标准的通信接口和开放的通信规约,其不仅可以与独立的配电变压器智慧管理系统交换数据,还可以方便地将数据共享给第三方智能配电管理系统或平台。

2. 绿色评价要素

1) 规范关联条文

《绿色建筑评价标准》GB/T 50378—2019:

7.2.7　采用节能型电气设备及节能控制措施,评价总分值为10分,并按下列规则分别评分并累计:

3　照明产品、三相配电变压器、水泵、风机等设备满足国家现行有关标准的节能评价值的要求,得3分。

7.2.8　采取措施降低建筑能耗,评价总分值为10分。建筑能耗相比国家现行有关建筑节能标准降低10%,得5分;降低20%,得10分。

《变压器能效提升计划(2021—2023年)》:

到2023年,高效节能变压器符合《电力变压器能效限定值及能效等级》GB 20052—2020中1级、2级能效标准的电力变压器在网运行比例提高10%,当年新增高效节能变压器占比达到75%以上。

2) 条文解读

《绿色建筑评价标准》GB/T 50378对变压器的要求是符合《电力变压器能效限定值及能效等级》GB 20052的节能评价值的。油浸式和干式配电变压器的空载损耗和负载损耗值都应该符合能效等级2级的规定。因此,能效等级3级的变压器不符合绿色节能变压器的要求。表4-2所列为《电力变压器能效限定值及能效等级》GB 20052中10 kV干式三相双绕组无励磁调压配电变压器能效等级1级和2级数值。

表 4-2　10 kV 干式三相双绕组无励磁调压配电变压器能效等级

额定容量 (kVA)	1级 电工钢带 空载损耗(W)	负载损耗(W) B (100℃)	F (120℃)	H (145℃)	1级 非晶合金 空载损耗(W)	负载损耗(W) B (100℃)	F (120℃)	H (145℃)	2级 电工钢带 空载损耗(W)	负载损耗(W) B (100℃)	F (120℃)	H (145℃)	2级 非晶合金 空载损耗(W)	负载损耗(W) B (100℃)	F (120℃)	H (145℃)
30	105	605	640	685	50	605	640	685	130	605	640	685	60	605	640	685
50	155	845	900	965	60	845	900	965	185	845	900	965	75	845	900	965
80	210	1 160	1 240	1 330	85	1 160	1 240	1 330	250	1 160	1 240	1 330	100	1 160	1 240	1 330
100	230	1 330	1 415	1 520	90	1 330	1 415	1 520	270	1 330	1 415	1 520	110	1 330	1 415	1 520
125	270	1 565	1 665	1 780	105	1 565	1 665	1 780	320	1 565	1 665	1 780	130	1 565	1 665	1 780
160	310	1 800	1 915	2 050	120	1 800	1 915	2 050	365	1 800	1 915	2 050	145	1 800	1 915	2 050
200	360	2 135	2 275	2 440	140	2 135	2 275	2 440	420	2 135	2 275	2 440	170	2 135	2 275	2 440
250	415	2 330	2 485	2 665	160	2 330	2 485	2 665	490	2 330	2 485	2 665	195	2 330	2 485	2 665
315	510	2 945	3 125	3 355	195	2 945	3 125	3 355	600	2 945	3 125	3 355	235	2 945	3 125	3 355
400	570	3 375	3 590	3 850	215	3 375	3 590	3 850	665	3 375	3 590	3 850	265	3 375	3 590	3 850
500	670	4 130	4 390	4 705	250	4 130	4 390	4 705	790	4 130	4 390	4 705	305	4 130	4 390	4 705
630	775	4 975	5 290	5 660	295	4 975	5 290	5 660	910	4 975	5 290	5 660	360	4 975	5 290	5 660
630	750	5 050	5 365	5 760	290	5 050	5 365	5 760	885	5 050	5 365	5 760	350	5 050	5 365	5 760
800	875	5 895	6 265	6 715	335	5 895	6 265	6 715	1 035	5 895	6 265	6 715	410	5 895	6 265	6 715
1 000	1 020	6 885	7 315	7 885	385	6 885	7 315	7 885	1 205	6 885	7 315	7 885	470	6 885	7 315	7 885
1 250	1 205	8 190	8 720	9 335	455	8 190	8 720	9 335	1 420	8 190	8 720	9 335	550	8 190	8 720	9 335
1 600	1 415	9 945	10 555	11 320	530	9 945	10 555	11 320	1 665	9 945	10 555	11 320	645	9 945	10 555	11 320
2 000	1 760	12 240	13 005	14 005	700	12 240	13 005	14 005	2 075	12 240	13 005	14 005	850	12 240	13 005	14 005
2 500	2 080	14 535	15 445	16 605	840	14 535	15 445	16 605	2 450	14 535	15 445	16 605	1 020	14 535	15 445	16 605

《电力变压器能效限定值及能效等级》GB 20052 对空载损耗和负载损耗分别作出了如下提升规定，如图 4-4、图 4-5 所示。

建筑实际能耗涵盖空调用电、动力用电和照明用电等多个方面，而变压器损耗只是其中一部分。采用能效等级 1 级和 2 级的绿色变压器能够在能耗节省方面带来明显的价值优势。特别是对于电工钢带和非晶合金变压器而言，非晶合金变压器在空载损耗方面具有显著优势。

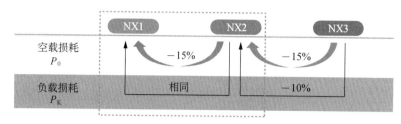

图 4-4 电工钢带变压器能效提升要求

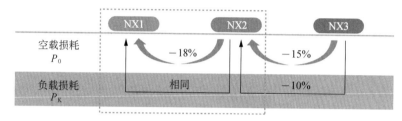

图 4-5 非晶合金变压器能效提升要求

诚然,变压器的节能不仅体现在出厂时标定的损耗定值,还需要建立用户全寿命期的管理模式,进行变压器的经济运行管理,充分发挥产品的节能潜力。此外,绿色变压器在制造环节应该具备生产能耗低和污染排放少的特点,并在寿命结束时满足高可回收率和废弃物少的要求,以实现变压器真正的节能效益。

综合考虑变压器的设计、制造、运行、报废和回收环节,以及与建筑能耗管理的协同作用,可以最大限度地实现变压器的节能效益,推动绿色变压器的广泛应用,促进可持续发展和环境保护。

3. 设计选型要点

《民用建筑电气设计标准》GB 51348 中规定,配电变压器选择应根据建筑物的性质、负荷情况和环境情况确定,并应选用低损耗、低噪声的节能型变压器。

1) 型号标注及含义

常规的几种干式变压器在满足各个能效等级情况下的型号归纳见表 4-3。

表 4-3 常规干式变压器能效等级与序列号对应表

干式变压器类型	能效 1 级	能效 2 级	能效 3 级
环氧树脂浇注干式变压器	SCB18-(NX1)	SCB14-(NX2)	SCB12-(NX3)
非晶合金干式变压器	SCBH19-(NX1)	SCBH17-(NX2)	SCBH15-(NX3)

（续表）

干式变压器类型	能效 1 级	能效 2 级	能效 3 级
立体卷铁心敞开式干式变压器	SGB18-RL-(NX1)	SGB14-RL-(NX2)	SGB12-RL-(NX3)
硅橡胶干式变压器	SJCB18-(NX1)	SJCB14-(NX2)	SJCB12-(NX3)

　　变压器损耗水平代号因变压器类型的不同而有所差异,造成能效等级识别上的困惑。即使是同样能效等级的变压器,其损耗水平代号所代表的含义也有所不同。在进行绿色设计选型时应更关注节能能效等级,至少选择能效等级为 1 级或 2 级的节能变压器。

　　在《民用建筑电气绿色设计及应用规范》T/SHGBC 006—2022 附录 E 中,提出了更适合设计师使用的型号标注方法(图 4-6)。该方法简明扼要,通过型号表达了主要技术要求。采用该方法,设计师可以更直观地选择符合要求的变压器型号,以实现绿色设计的目标。

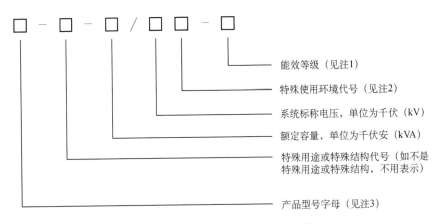

图 4-6　配电变压器型号标注方式

注:1. 能效等级:NX1 级、NX2 级。
　　2. 特殊使用环境代号如下(除特别注明外,上海地区可不标注):
　　1) 热带地区用代表符号按下列规定:
　　TA—干热带地区;TH—湿热带地区;T—干、湿热带地区。
　　2) 高原地区用代表符号为"GY"。
　　3. 电力变压器产品型号:
　　1) 绕组耦合方式:O—自耦;空白—独立。
　　2) 相数:D—单相;S—三相。
　　3) 绕组外绝缘介质:G—空气(干式);Q—气体;C—成型固体浇注式;CR—成型固体包绕式。
　　4) 绝缘系统温度:E—干式 120℃;B—干式 130℃;空白—干式 155℃;H—干式 180℃;D—干式 200℃;C—干式 220℃。
　　5) 冷却装置种类:空白—自然循环冷却装置;F—风冷却器;S—水冷却器。
　　6) 绕组数:空白—双绕组;S—三绕组;F—分裂绕组。
　　7) 调压方式:空白—无励磁调压;Z—有载调压。
　　8) 线圈导线材质:空白—铜线;B—铜箔;L—铝线;LB—铝箔;TL—铜铝组合;DL—电缆。
　　9) 铁心材质:空白—电工钢;H—非晶合金。
　　10) 特殊用途或特殊结构:G—光伏发电用;ZN—智能电网用;R—卷(绕)铁心一般结构;RL—卷(绕)铁心立体结构。

[选型示例]

SCB-1000/10-NX1

表示三相、浇注式、绝缘系统温度为 155 ℃、自冷、双绕组、无励磁调压、高压绕组采用铜导线、低压绕组采用铜箔、铁心材质为电工钢、1 000 kVA、10 kV 级干式电力变压器,变压器达到能效等级 1 级。

充分理解变压器能效等级和损耗水平代号的含义,结合适合设计师使用的型号标注方法,可以更好地指导变压器的选型工作,促进绿色节能建筑的实施与推广。

2) 绿色变压器选型技术特点

(1) 非晶合金干式变压器

① 铁基非晶合金的饱和磁通密度比硅钢低,磁导率高,矫顽力小;

② 铁基非晶合金磁芯的工作磁通密度小,损耗低;

③ 空载损耗率下降 80% 以上;

④ 非晶合金片材料的硬度高、剪切难度大,材料表面不平坦,铁心填充系数较低,结构需特殊设计;

⑤ 全密封式结构,耐老化、结构紧凑、运行效率高、免维护;

⑥ 铁基非晶合金抗电源波形畸变能力比硅钢强;

⑦ 造价比硅钢片铁心变压器高,运营成本可弥补造价差价;

⑧ 可有效减排 CO、SO、NO 等有害气体,降低对大气的污染。

(2) 立体卷铁心敞开式干式变压器

① 采用立体卷铁心结构,三相平衡,抗短路能力强,局部放电量小;

② 线圈采用饼式结构,散热面积大,三相线圈呈正三角形排布,温度场分布均匀,热点温升低;

③ 绝缘等级高,过载能力强;

④ 高品质电气绝缘材料,具有良好的电气绝缘、机械性能及高绝缘耐热等级,能防火防爆、阻燃自熄;

⑤ 运行噪声低,周边电场磁场强度小;

⑥ 防潮耐污,耐候性强,维护简单;

⑦ 全寿命期绿色环保,大部分绝缘材料环保,可回收处理,生产过程不会产生有害气体及废料,变压器寿命终结后可环保回收处理。

(3) 硅橡胶干式变压器

① 高安全:多分段主动无局放绕组(≤5 pC);

② 高可靠:主绝缘缺陷容错设计,三重冗余含两层固体绝缘;

③ 高过载:可达 10 h 过载负荷 50% 运行能力,硅橡胶绝缘介质可耐温 250℃、不会开裂;

④ 低噪声:噪声低于 55 dB,适用于居民区、办公大楼、有人值守的变电所;

⑤ 抗短路冲击:高强度弹性硅橡胶包封绕组阻尼耐强震、不会开裂、不会蠕变、耐局部高温;

⑥ 耐气候:可室外简易防护,海拔 4 000 m 高原、海边均安全可靠,固体绝缘,一体化套管出线;

⑦ 绿色环保:所有主材均易回收;

⑧ 消防安全:通过 F1 级燃烧试验;

⑨ 免维护:硅橡胶材料有憎水迁移特性,防潮能力强,包封式绕组能防尘、绝缘、不开裂,安全可靠,运行中无须维护。

4. 未来发展趋势

1) 材料方向

开展高牌号取向硅钢片、高压大功率绝缘栅双极型晶体管(IGBT)、超净交联聚乙烯(XLPE)绝缘料、特高压直流套管、非晶态合金、新型合金绕组、环保型绝缘油、绝缘纸(板)、硅橡胶等高效节能变压器材料的创新和技术升级。

2) 结构方向

加强立体卷铁心结构、绝缘件、低损耗导线、多阶梯叠接缝等高效节能变压器的结构设计与加工工艺技术创新。

3) 数字化方向

开展精细化无功补偿技术、宽幅无弧有载调压、智能分接开关、智能融合终端、状态监测可视化等智慧运维和全寿命期管理的技术创新,提高变压器数字化、智能化、绿色化水平。

4.3.3　断路器

1．设备特点

1）发展与研究

断路器的发展已经有 50 多年的历史。早在 20 世纪 60 年代,我国就能够生产塑料外壳式断路器,代表型号为 DW10 系列和 DZ10 系列。这些断路器具有机械结构简单、易于生产和安装方便等特点,占据了当时国内的主要市场。到 21 世纪初,断路器开始采用半导体式过电流脱扣器,具备过载延时保护、短路延时保护和特大短路快速动作保护等功能。

国外对低压智能断路器的研究起步较早。第一台以嵌入式微处理器技术为核心的智能断路器诞生于 1985 年。近二三十年来,国际知名公司相继推出了新型低压智能断路器,具备电压、频率测量和电能质量分析等功能,并采用 Digipact 和 Modbus 通信协议。这些智能断路器以高性能微处理器为核心,取代了传统型断路器以脱扣器为核心的结构。相比早期的传统型断路器,智能断路器不仅提高了线路保护功能的精度和稳定性,还可以实时显示相关电能质量参数,进行故障报警和组网通信等,以满足不断变化的运行需求。

2）断路器分类

（1）框架式断路器

框架式断路器（Air Circuit Breaker,ACB）,也称为万能断路器（图 4-7）,适用于交流 50/60 Hz 的配电网络,其额定电压范围为 AC 380～AC 1 500 V,额定电流范围为 200～6 300 A。框架式断路器具备多种智能保护功能,能够实现选择性保护。正常条件下它可用作线路的不频繁转换开关,广泛应用于变压器 400 V 侧出线总开关、母线联络开关、大容量馈线开关和大型电动机控制开关等。其具备对电压、电流、功率、电能、需量、温度、电能质量等参数的采集功能;支持多种有线和无线通信协议,可以将采集的数据上传至上一级监控系统,实现对电力系统的远程监控和管理。作为一种重要的配电设备,框架式断路器不仅具备保护功能,还可通过智能化设计和通信功能,提供更多的数据和控制选项,以满足现代配电系统对可靠性、安全性和易管理性的需求。

图 4-7 框架式断路器　　　图 4-8　塑壳式断路器　　　图 4-9　微型断路器

（2）塑壳式断路器

塑壳式断路器（Molded Case Circuit Breaker，MCCB）是一种常见的低压断路器（图 4-8），适用于交流 50 Hz/60 Hz 的配电网络，额定电压范围为 AC 400～AC 800 V，额定电流范围为 16～800 A。塑壳式断路器主要用于配电系统，可分配电能并保护线路及电源设备免受过载、短路、欠电压、单相接地或剩余电流等故障的危害。其常用于配电馈线的控制和保护，以及小型配电变压器的低压侧出线总开关。它还可用于动力配电终端控制，以及各种生产机械的电源开关等应用场合。塑壳式断路器采用塑料外壳，具有体积小、重量轻、安装方便的特点，可满足一般低压配电系统中的各种应用需求。

（3）微型断路器

微型断路器（Micro Circuit Breaker，MCB）是一种常见的终端保护电器（图 4-9），用于保护电路和设备免受短路、过载、过压等故障的影响。它适用于 125 A 以下的单相和三相回路，包括单极（1P）、二极（2P）、三极（3P）和四极（4P）四种类型。在民用建筑电气设计中，微型断路器主要用于末端线路的过载、短路、过电流、失压、欠压、接地、漏电及电动机不频繁启动时的保护、操作等。

（4）智能断路器

随着物联网、云计算和人工智能技术的不断发展，对电力系统供电质量的要求越来越高。为了满足这些要求，供电系统需要具备较高的自动化程度和智能化水平。智能保护设备在电力系统中起着关键作用。当电力系统出现故障时，智能保护设备能迅速识别故障类型并定位故障线路，从而方便排除故障。如此，可以确保用电系统的平稳运行，实现能耗监测的数字化和智能化、决策科学化以及管理现代化。通过物联网技术，智能保护设备能够与其他设备进行联网，实现信息的共享和交互。同时，云计算技术可以提供大规模数据存储和处理能力,使得对电力系统的监测和管理更加高效和精确。另外,人工智能技术的应用也为电力系统带来了巨大变革。通过机器学习和深度学习算法,智能保护设备能够自动学习和优化保护策略,提高故障诊断的准确性和速度,可以大大提升电力系统的可靠性和安全性。其主要功能有以下六个方面:

① 监测与计量功能

可实时监测包括但不局限于电压、电流、温度、功率、剩余电流、功率因数、频率、有功电能、无功电能等电气参数。可进行高精度、高频率的数据收集,测量断路器本体或进出线的温度,保障用电安全。

② 保护功能

包括配电保护、剩余电流保护、电动机保护和过温保护。配电保护包括短路保护、过载保护、欠压保护、过压保护等。电动机保护包括短路保护、过载保护、欠压保护、过压保护、启动时间过长、断相、三相不平衡和接地保护等。

③ 报警阈值设置功能

额定电流、功率、温度自定义修改,可根据实际线路负载情况及保护需求调整设置。

④ 云平台服务功能

实时向云平台传送数据信息,自动完成供电回路运行分析。当出现运行异常时能够自动作出故障类型判断,根据设定的处理措施迅速作出响应,并将状态信息和处理结果通过云平台发送至管理者的智能终端。

⑤ 控制功能

断路器支持自动、远程和就地分合闸要求,远程分合闸控制保证了可靠性和安全性。进线和联络断路器应具有自动、远程和就地分合闸条件;干线断路器宜具有自动、远程和就地分合闸条件;支线断路器可具有自动、远程和就地分合闸条件。当断路器处于现场手动分闸状态时,应自动关闭远程合闸控制,必要时也可采取现场解除远程通信的措施。

⑥ 通信功能

智能断路器具有遥测、遥信、遥控、遥调等通信功能,能够通过有线或无线、电力载波等方式与管理平台系统进行通信。智能断路器支持多种通信协议,有线通信支持 Modbus RTU、Modbus TCP、Profinet、以太网、IEC 61850 等协议;无线通信支持 5G、Wi-Fi、蓝牙、

Zigbee、NBIoT等协议。无线通信应进行双向加密处理,密码不应使用弱密码,加密算法应符合相关部门要求;无线网络名称宜进行隐藏,避免受到网络攻击。

2. 绿色评价要素

断路器的绿色设计应包含以下几个要素:

(1)零部件标准化。标准化的零部件可以减少人员重复设计成本,减少设备磨损,降低非标准件带来的能耗。

(2)产品模块化。模块易于拆卸维护,方便生产和装配,节省因零部件损坏引起的更换成本,产品内部连接的零部件应与本体寿命一致。

(3)可回收利用性。在设计阶段,应考虑产品零部件的环境属性,提高产品生命末期的可回收率。

(4)绿色评价指标。包括限用有害物质的种类与含量、可再生利用率、产品使用寿命指标、每极最大功耗指标、操作循环次数等。

(5)工艺创新。包括注塑、装配等工艺,注塑工艺应选用可回收材料,实现废旧材料的循环使用;装配工艺应综合考虑生产效率、产品质量和环境因素,在保证经济效益前提下,减少对环境的影响。

(6)生产设备的节能和维护。系统性选择生产设备,在节能方面应选用能效等级更高的设备,降低能耗损失;在维护方面应选用易更换件、安装维修简便的设备,并设置合理的维修保养时间,使资源利用最大化。

(7)废旧物料回收。断路器的零部件材料主要包含金属材料、合金材料、绝缘塑料等,在原材料采购时应考虑材料的可回收性,提高废旧材料的收集率。

3. 设计选型要点

(1)根据全寿命期理念,在设计开发阶段综合考虑原材料获取、生产制造、包装运输、使用维护和回收处理等各个环节对资源环境的影响,力求全寿命期最大限度降低资源消耗和污染排放,实现环境保护。

(2)根据定性和定量相结合原则,实施绿色断路器设计选型,从而更加准确地反映断路器的环境绩效。

(3)根据用途选择断路器的型式及极数。根据最大工作电流选择断路器的额定电流;

根据需要选择脱扣器的类型、附件的种类和规格。

① 断路器的额定工作电压大于或等于线路额定电压;

② 断路器的额定短路通断能力大于或等于线路中可能出现的最大短路电流(一般按有效值计算);

③ 线路末端单相对地短路电流大于或等于 1.25 倍断路器瞬时(或短延时)脱扣整定电流;

④ 断路器欠压脱扣器额定电压等于线路额定电压;

⑤ 断路器的分励脱扣器额定电压等于控制电源电压;

⑥ 电动传动机构的额定工作电压等于控制电源电压;

⑦ 断路器用于照明电路时,电磁脱扣器的瞬时整定电流一般取负载电流的 6 倍。

(4) 采取断路器作为单台电动机的短路保护时,瞬时脱扣器的整定电流为电动机启动电流的 1.35 倍时选用 DW 系列断路器,1.7 倍时选用 DZ 系列智能断路器。

(5) 采用断路器作为多台电动机的短路保护时,瞬时脱扣器的整定电流为最大一台电动机的启动电流加上其余电动机的工作电流的 1.3 倍。

(6) 采用断路器作为配电变压器低压侧总开关时,其分断能力应大于变压器低压侧的短路电流值,脱扣器的额定电流不应小于变压器的额定电流,短路保护的整定电流一般为变压器额定电流的 6~10 倍;过载保护的整定电流等于变压器的额定电流。

(7) 初步选定断路器的类型和等级后,还要与上、下级开关的保护特性进行配合,以免越级跳闸,控制事故范围。

4. 未来发展趋势

1) 高度智能化

主要体现在核心内部控制单元方面。在外围硬件电路不变的情况下,通过软件编写改变断路器的适应性和提升空间,使其不仅具备基本的保护功能,还拥有实时显示线路上相关电能参数和修改动作参数整定值等功能。对智能配电系统而言,智能化还体现在打通配电网系统的各个"关节",在大数据、人工智能、物联网技术的助力下,使智能断路器自诊断、高可靠、主动运维等功能的价值体现最大化,实现高质量智能配电目标。

2) 产品模块化

在新技术的推动下,新一代模块化的断路器提高了产品的制造效率和市场适应能力。

产品模块化功能范围不局限于特定型号的断路器,避免了产品由于单个零部件的损坏而更换整机的弊端,系统维护起来更简单,且满足产品节材、节能的环保需求。

3) 多功能化

目前,部分智能断路器已具备相当先进的功能,在相当长时间段内能满足智能电网的发展需求。随着国家经济技术的不断发展,变频调速设备和整流器等电力电子器件用量不断增加,其用电负荷对电网频率以及供用电平衡性都带来很大冲击,成为电网系统的重要污染源。因此,在智能断路器中引入诸如电能质量监测等控制模块,使其具有监督配电网质量等指标功能,也是智能断路器的未来发展方向之一。

4.3.4　电能质量治理装置

电能质量是现代电力系统不可或缺的考核指标,关系电网能否安全运行,是用户正常用电的重要保证。配电网规模扩大、新能源渗透率提高及越来越多大功率快速波动性负荷分散接入电网,导致电网负荷总量增大,非线性负荷比重增多,容易产生一系列电力用户设备故障、运行电压失常、电流幅值或频率偏差等问题。其中,最主要的电能质量危害为谐波,其次为三相不平衡和无功功率。针对这些危害的治理能够有效提升电能质量,保障电力系统运行的高效、安全与稳定。

1．设备特点

1) 电能质量危害

（1）谐波危害

电力电子技术的发展和非线性设备的大量使用,导致配电系统中产生大量的谐波干扰。谐波干扰会导致配网系统中的电压和电流发生较大的畸变,进而对整个配电系统的正常稳定运行产生以下四项不利影响。

① 谐波不经治理无法自然消除。大量谐波电压电流在电网中游荡并积累叠加导致线路损耗增加;致使变压器、电缆等电力设备利用率降低;叠加在中性线上的谐波导致中性线过流、发热;电力设备因谐波导致过热,影响线路和设备使用寿命。

② 易构成串联或并联的谐振条件。电网中含有大量谐波源(变频或整流设备)以及电

力电容器、变压器、电缆、电动机等,导致负荷会经常变动,当谐波振荡发生时,产生过电压或过电流,容易导致设备损坏、爆炸,危及电力系统的安全运行,引发用电事故。

③ 电机等设备在谐波环境中的运行增大了振动。这会使生产误差加大,降低产品的加工精度、检测精度,降低产品的质量,造成产品次品率升高。

④ 谐波导致额外的过零点,造成时钟误差,并造成对频率敏感设备如消防、过程控制设备的误动作,影响正常生产、生活作业。

表 4-4 列出了常见谐波的具体危害状况。

表 4-4 常见谐波的危害状况

主要谐波频段	谐波特征	主要危害原理	主要危害对象
3 次,9 次	固定频段	叠加零线电流	零线发热,器件发热
5 次,7 次	固定频段	与油机和电容谐振	油机谐振带载失败,补偿电容发热爆裂,变压器发热降容,影响电网,产生噪声
11~25 次	动态分布	集肤效应使导体表面发热	开关误跳闸,线损加大,发热
25 次以上谐波	动态分布	造成电磁发射,形成电磁兼容干扰	数据通信干扰,处理速率下降

（2）三相负荷不平衡危害

三相不平衡是指在电力系统中三相电流(或电压)幅值不一致,且幅值差超过规定范围。三相负荷平衡对于安全供电至关重要。当三相负荷不平衡时,零线上的电流会产生与相线同等大小的电流,同时会导致变压器二次侧出口电压的不平衡。这不仅会降低线路和配电变压器的供电效率,还可能导致中性导线过热,从而产生火灾隐患。

三相负荷平衡对保证用户电能质量至关重要。严重的三相负荷不平衡会导致中性点电位偏移,进而增加线路电压降和功率损失。负荷较重相位上的单相用户可能会面临电压偏低、电灯不亮、电器效能降低、小容量电机易烧毁等问题;而负荷较轻相位上的单相用户可能承受电压偏高,导致电器绝缘击穿、电器使用寿命缩短或电器损坏的风险。

三相负荷平衡也是减少能耗、降低损耗和碳排放的基础。实践证明,通常情况下三相负荷不平衡可导致线损率增加 2%~10%。如果三相负荷不平衡度超过 10%,则线损将显著增加。相关规范规定:配电变压器出口处的负荷电流不平衡度应小于 10%,中性线电流不应超过低压侧额定电流的 25%，低压主干线和主要分支线的首端电流不平衡度应小于 20%。通过电网技术改造，要真正使低压电网的线损率降至 12% 以下。只有保持三相阻抗平衡，才能确保低压侧漏电总体保护良好运行，防止触电伤亡事故的发生。

（3）无功功率危害

无功功率是指在具有电抗的交流电路中，电场或磁场在一周期的一部分时间内从电源吸收能量，另一部分时间则释放能量，在整个周期内平均功率为零，但能量在电源和电抗元件（电容、电感）之间不停地交换，交换率的最大值即为"无功功率"。

功率因数过低的电网输电功率损耗较大，对发电设备、变压器、输电电缆等设备的容量要求增大。无功功率电流的存在会使远端供电电压降低，影响设备运行。应采用无功功率补偿进行治理，以有效降低供电变压器及输送线路的损耗，提高供电效率，改善供电环境。同时，需要考虑电网谐波和无功功率补偿中并联电容器的运行关系，使用串联电抗的无功补偿电容组来消除谐波带来的振荡和放大。

2）治理技术

（1）有源电力滤波器

谐波治理的主要方案包括无源滤波和有源滤波。目前建筑电气低压系统中，最常采用的方案是设置有源电力滤波器（Active Power Filter，APF）。该装置是一种以 IGBT 为核心器件的电力电子设备，能够主动产生幅值与负载谐波电流大小相等、相位相反的反向补偿电流，以抵消负载产生的谐波电流，从而实现谐波滤除的目的。具体原理如图 4-10 所示。

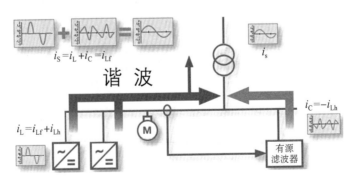

i_S—电网电流；i_{Lh}—谐波电流；i_{Lf}—基波电流；i_C—APF 输出电流；
i_L—负载侧电流

图 4-10　有源滤波技术基本原理

APF 装置主要由主电路、控制系统及辅助电路等构成,采用模块化结构。主电路是指补偿电流的发生回路,其主要构成包括进线开关、快速熔断器、预充电回路、变流模组及直流电容等。控制系统由采样分解(系统电流采样,分析谐波、无功状况)、调节与监测(接收采样结果,产生动作信号,监测装置参数,反馈信号形成闭环控制,控制装置运行)、驱动(接收调节监测控制信号,转化驱动信号,驱动主电路工作)等部分组成。辅助电路主要包括隔离变压

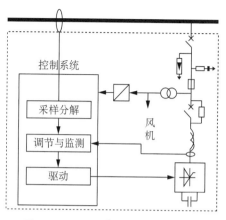

图 4-11　APF 装置工作原理示意

器(提供合适电压等级电源)、散热风机(为发热器件散热)和开关电源(提供控制系统直流电能)。APF 装置的工作原理如图 4-11 所示。

(2)综合治理保护装置

传统的三相负荷不平衡治理方案如采用换向开关或相间电容等,均存在投资大、治理效果差或带来额外的容性无功等问题,不能同时解决零序谐波带来的中性线电流过大的问题。对于零序谐波的治理,传统方案如无源滤波器和磁性零序滤波器也存在一定的局限性,如只能滤除特定次谐波、易发生谐振或产生安全隐患。

为解决这些问题,综合治理保护装置(N-line Treatment Protection System,NTPS)应运而生。该装置通过对末端回路电流进行检测和分析,按照供电持续性和安全性原则,综合治理谐波和三相不平衡,保护精密设备,消除中性线电流问题。该装置还能进行中性线过流的速断保护、定时限保护和反时限保护,提供全面的治理和保护功能。

NTPS 填补了中性线过流治理和保护领域的空白,能够同时治理三相负荷不平衡和零序谐波带来的中性线电流过大问题,并具备独立的中性线电流保护功能,确保供电的连续性和可靠性。

NTPS 具备低噪声和高效能的特点。其静音型装置噪声可低于 40 dB,完全符合办公环境的需求;同时,有功损耗低于额定功率的 1.8%,符合节能要求。

NTPS 的引入为电力系统的负荷平衡和谐波治理提供了全面的解决方案,同时满足绿色建筑的要求,实现了电力供应的安全、高效和可靠运行。

（3）静止无功发生器

静止无功发生器（Static Var Generator，SVG），又称动态无功补偿发生装置或静止同步补偿器，是新一代的无功功率控制装置，用于改善电能质量。它采用自换相的电力半导体桥式变流器，通过快速开关电子器件的控制，生成与负载所需的无功功率相反的无功电流，实现动态无功补偿，并且能够在感性或容性状态下运行。其与 APF 相似，都是利用电力电子器件来控制电流的相位和幅值，以实现无功功率的补偿。通过快速开关的操作，SVG 可以在短时间内提供无功功率的补偿，调节电网的功率因数，并控制电压的稳定。SVG 的三种运行状态如图 4-12 所示。

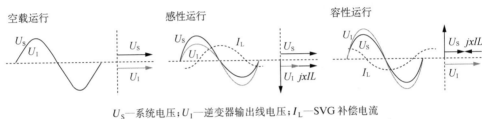

U_S—系统电压；U_1—逆变器输出线电压；I_L—SVG 补偿电流

图 4-12　SVG 的三种运行状态

空载运行模式中 $U_1 = U_S$，$I_L = 0$，没有电流则 SVG 不起补偿作用。

感性运行模式中 $U_1 < U_S$，I_L 为滞后系统电压的电流，此时 SVG 吸收的无功可以连续控制，装置向系统提供感性无功功率。

容性运行模式中 $U_1 > U_S$，SVG 的补偿电流 I_L 为超前系统电压的电流，其幅值可以通过调节 U_1 来连续控制，从而连续调节 SVG 发出的无功，装置向系统提供容性无功功率。

2. 绿色评价要素

1）谐波

根据《绿色建筑评价标准》GB/T 50378，对谐波进行治理具有多方面的益处。

（1）谐波治理可以有效减少设备和线缆发热，缓解振动问题，降低误动作风险，从而促进设备的长期安全运行和可靠工作，符合总体目标中"安全耐久"的理念。

（2）通过减少异常发热，谐波治理能够一定程度上降低空调的制冷量需求，符合总体目标中"资源节约"的理念。

（3）谐波治理可以消除设备的振动和噪声,显著提升办公、商业和居住环境的舒适性,符合总体目标中"环境宜居"的理念。

2）三相不平衡

《电能质量 三相电压不平衡》GB/T 15543 中规定了三相电压不平衡的限值及计算、测量和取值方法。《绿色建筑评价标准》GB/T 50378 中评价规则包括"三相配电变压器满足现行国家标准《电力变压器能效限定值及能效等级》GB/T 20052 的节能评价值规定,得3 分"。

3）无功功率

采用合适的无功补偿装置,提升功率因数,可以减少线路上的无功传输,达到节能目的,符合《绿色建筑评价标准》GB/T 50378 中"合理选用节能型电气设备"的要求。

3. 设计选型要点

1）APF 装置设计选型

（1）装置容量

可根据电流确认方式选择能够满足现场需要的治理装置容量,并通过后期扩容方式增加系统谐波治理能力,而不影响已投运装置的治理效果。只需提前预留设备安装扩容空间,便可更经济、合理地实施治理方案。

（2）装置响应速度

对于某些有绚丽灯光效果的舞台演艺、体育场馆等类型负荷的谐波电流变化速度快,需要选择响应速度不超过 10 ms 的治理设备,以达到最佳治理效果。

（3）数据显示

常规仪表对谐波等相关电能质量数据显示较少,高精度有源滤波装置能够显示比较全面的谐波电压、电流数据,有利于现场用户对日常谐波数据进行查看与记录。具体显示的数据应包括 2~51 次谐波电压、电流的幅值及畸变率含量,以及总谐波电流、电压畸变率。

（4）自动投运退出功能

电气负荷容量在白天、夜晚有明显差异,为了降低装置长期运行的损耗,装置需具备根据负载电流(或补偿电流)大小自动投运或退出的功能,从而实现当系统谐波电流较大时,治理装置能够发挥作用;当系统谐波电流较小、对配电系统危害较低时,装置停运以降低电能损耗。

2）NTPS 装置设计选型

主要通过应用环境和分支开关额定电流来选择,并提供综合解决方案。

（1）行业标准型

行业标准型终端装置实现高效的系统性电能优化策略。适用环境有楼层照明箱、泛光或景观照明箱、工艺类照明箱和 LED 显示屏等。

（2）静谧舒适型

静谧舒适型终端装置实现高品质的客户用电体验属性。适用环境有医院、会议中心、展馆、政府办公楼和甲级写字楼等建筑的配电总箱。

（3）精密保护型

精密保护型终端装置实现现代电气与人文科技结合的新理念。适用环境有医疗器械、实验仪器、精密检测仪、通信设备电源、多媒体中心、消控中心、监控中心和舞台调光等精密设备的配电总箱。

3）SVG 装置设计选型

SVG 装置的设计选型主要包括以下几点:

① 系统组成;

② IGBT 元件性能及其过压保护;

③ 控制硬件的构建;

④ 响应时间;

⑤ 与 FC 回路的联合运行及可扩展性;

⑥ 输出波形。

4. 未来发展趋势

1）智能化治理

运用人工智能算法和模型对电能质量进行实时监测和预警;运用大数据系统收集和分析大量电能质量数据,统计其运行规律和趋势;运用物联网技术实现设备间的互联互通,实现实时监测和反馈,从而提高电能质量治理的准确性和及时性。

2）高效化治理

研发高效滤波器,降低谐波对电能质量的影响,提高供电稳定性和可靠性;采用高效变压器,降低变压器损耗,提高电能转换效率;研发高效储能设备,实现电能稳定储存与释放。

3）精细化治理

制定严格的电能质量标准,加强监管力度并提高电力系统的稳定性,推动电能质量治理技术的研发与应用。

4.3.5 封闭式母线槽

1. 设备特点

封闭式母线槽是一种封闭型成套电气装置,采用高导电率铜或铝材料作为导体,以钢板或铝型材作为外保护壳,用于传输电能并汇集和分配电力。

1）组成与应用

封闭式母线槽作为电力传输中的重要设备,主要用于 AC 1 000 V 及 DC 1 500 V 以下配电系统。目前,母线槽分为空气绝缘型母线槽、密集型母线槽、耐火型母线槽、树脂母线槽以及滑触式母线槽等几大类,其中最常见类型为密集型母线槽。

一个完整的母线槽系统由以下组成部分:直身段、馈电单元、弯头、安装支架、插接单元、终端封(图 4-13)。

①—直身段;②—馈电单元;③—弯头;④—安装支架;⑤—插接单元;⑥—终端封

图 4-13 完整的母线槽系统

母线槽电流等级齐全,可覆盖 25～6 300 A,广泛应用于以下场合:

(1) 变配电设备传输:连接变压器与配电设备或配电间。

(2) 水平配电:从配电设备向车间、数据中心机房内多个用电端供电。

(3) 上行配电:从配电设备向高层或多层建筑各楼层供电。

(4) 大面积照明:可用于数据中心、停车库、超市、会展中心、地铁、船舶等照明线路的主干线。

2) 绿色制造性能特点

(1) 结构减材

合理设计母线槽的结构,利用电能传输时的集肤效应,可减少线路损耗;具有良好的散热性能,无须降容使用,同样电流等级下母线所需的导体材料相应较少。

(2) 成本降低

母线槽所采用的树干式配电是将所有的分支回路合并为一个主干回路,这样可显著减少有色金属和绝缘材料的总体使用量,母线相比电缆减少了约 20% 的线路损耗且将绝缘材料的使用减少了 60%～70%。特别是 500 A 以上规格的母线槽,相比电缆而言价格优势明显。

(3) 环保安全

母线槽材料无 PVC、无烟无卤、绝缘材料阻燃,发生故障时不会燃烧,可有效防止火灾发生。而普通电缆的绝缘层和护套层可以燃烧,所含 PVC 不可降解且含卤,且燃烧时会散发大量酸性烟雾。

(4) 延长寿命

母线槽为金属外壳,散热性好,产品不易老化,设计使用寿命超过 30 年。

(5) 散热降耗

绿色母线槽产品采用分区散热技术,结构为工字形,对空间占用更少,散热能力更强。相比传统同等级母线,所需导体材料更少,实现能耗、材料双节省;可减少短路路径,提升安全性能。

2. 绿色评价要素

《绿色建筑评价标准》GB/T 50378 提出了"安全耐久、健康舒适、生活便利、资源节约、环境宜居"的绿色评价新理念,资源节约包括战略有色金属的合理使用。在电气设计中合理选用节能节材型设备材料,从系统设计中节约资源、杜绝浪费、控制造价,是绿色设计的重要一环。密集型母线槽的变容设计在不降低功能使用和设计品质前提下,做好分析论证,是践行电气绿色设计的有益尝试。

3．设计选型要点

密集型母线槽设计选型时应关注以下主要性能参数:

(1)额定电流:800~5 000 A。

(2)插接箱额定电流:16~1 250 A。

(3)额定电压:AC 1 000 V。

(4)防护等级:IP40、IP66。

(5)产品认证:CCC & KEMA。

(6)外壳强度:大于 270 MPa,采用优质镀锌钢板、密集加强筋设计。

(7)绝缘材料耐热等级:B 级(130℃),相间四层防护,通过热老化试验。

(8)双头螺栓具有力矩控制和指示功能:压紧力矩为 81~108 N·m,采用双面搭接,载流量增大超过 40%,搭接面导电率大于 70% IACS(International Annealing Copper Standard,国际退火铜标准),碗形垫片分散压力。

(9)插接箱直接与母线本体搭接:插接口适用于所有电流等级的插接箱;3 m 最多可设置 10 个插接口;三重连锁机构,保证操作人员安全;镀银弹性插爪,降低接触电阻。

(10)防水性能:包裹式外壳结构,防护等级达 IP66,通过 1 h 消防喷淋测试。

(11)施工踩踏保护:通过重载 90 kg 测试。

(12)耐腐蚀性能:表面进行环氧树脂静电喷涂,耐 1 800 h 盐雾试验。

4．未来发展趋势

1)需求增长

经济和城市化发展推动电力需求上升,母线槽作为关键配电设备,尤其在高层建筑、地铁、机场和医院等公共设施中需求快速增长。

2)技术革新

科技进步带动母线槽技术发展,新型产品性能优越、寿命长,满足市场需求。环保型母线槽符合绿色发展要求,将成为市场新趋势。

3) 能源转型

全球能源转型和可再生能源普及为母线槽市场带来机遇,在智能化、电气化趋势下,母线槽在电力传输中的作用日益凸显。

4) 产业链优化

企业需优化产业链,提升母线槽产品质量,降低成本,适应市场变化;通过与上、下游紧密合作,确保供应链和销售稳定性,增强竞争力。

4.3.6 储能电源装置

广义而言,储能即能量存储,是指通过一种介质或者设备,把一种能量形式用同一种或转换为另一种能量形式存储起来,基于未来应用需要以特定能量形式释放出来的循环过程。狭义而言,针对电能存储,储能是指利用化学或者物理方法将产生的能量存储起来,并在需要时释放的一系列技术和措施。

1. 设备特点

储能方式一般分为机械储能、电磁储能和化学储能三类。抽水蓄能、飞轮储能等都属于机械储能,传统的抽水储能效率为 75%,且选址困难、地势依赖度高,投资周期长、损耗较高,不适用于民用建筑储能。电磁储能有超级电容储能、超导储能,由于能量密度低、价格昂贵、维护复杂,在电网中应用很少,大多处于实验室阶段。化学储能一般有铅酸电池、镍系电池、锂系电池等。铅酸电池能量密度低,一般为 $30 \sim 40$ W·h/kg,使用寿命短,制造程容易污染环境;镍系电池工作电压低,高温性能差,能量密度一般为 65 W·h/kg,价格较贵;锂系电池能量密度高达 200 W·h/kg,具有充放电速度快、重量轻、寿命长、无污染等优点,通常推荐采用磷酸铁锂电池化学储能。

1) 储能需求

为贯彻落实"双碳"目标,国家和地方政府已全面推广绿色能源分布式光伏和风电建设。然而,绿色能源光伏发电和风力发电受技术限制尚存在一些问题,如发电功率输出不稳定、波形不理想、频率不协调等,给电网带来较大压力,也导致负载无法稳定运行等一系

列问题。为了解决这些问题,储能装置被引入其中,发挥了调峰和平滑能源的作用。储能
装置的加入实现了电源侧和用电侧的匹配,保证了电源端的恒功率输出,最大程度利用了
绿色能源。

太阳辐射强度受昼夜、季节、地理纬度和海拔高度等自然条件的限制,也受到晴、阴、
云、雨等随机因素的影响。因此,太阳能到达地面时是间断且不稳定的,这增加了太阳能
有效利用的难度。同样,风能也具有间歇性特点。为了使太阳能和风能成为连续、稳定的
能源,最终能够与常规能源竞争并成为替代能源,必须引入储能装置来平滑电源。储能装
置的作用是将不稳定的太阳能和风能储存起来,以便在需要时释放,实现持续供电。
图 4-14 所示为储能的调峰平滑能源作用示意图。

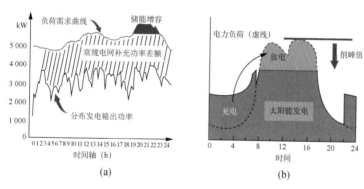

(a)   (b)

图 4-14   储能的调峰平滑能源作用

2)储能装置组成

储能装置通常由磷酸铁锂电池模组、双向储能逆变器、电池管理系统和监控系统等组
成。储能装置的主要组件及功能见表 4-5。

表 4-5   储能装置主要组件及功能

序号	名称	说明
1	电池组	采用磷酸铁锂电池
2	电池管理系统	BMS 系统:需要有 SOC、SOH、DOD、温度等监测功能,需配置气体探测装置,具有预报警功能
3	电能转换模块	PCS:AC/DC 之间双向高效率、低损耗转换
4	能量管理系统	EMS:对整个系统进行监控
5	箱体组件	——

电能转换模块容量功率范围应选择 0.1 C～1.5 C 储能容量。一般家用储能装置采用单相 5～10 kW/5～20 kW·h(单台),工商业用储能装置采用三相 50～100 kW/100～200 kW·h(单台)。

储能变流器(Power Conversion System,PCS),又称双向储能逆变器,用于控制蓄电池的充放电过程,并进行交直流的转换。可通过 CAN(Controller Area Network,控制器局域网总线)接口与电池管理系统通信,获取电池组的状态信息,实现对电池保护性充放电,确保电池的安全运行。

电池管理系统(Battery Management System,BMS)是配合监控储能电池状态的装置,用于延长电池使用寿命、优化电池容量、补偿电池之间差异和新旧差异,监控电池温度,并进行降温和加热控制。

荷电状态(State of Charge,SOC)用于反映电池的剩余容量,其数值表示剩余容量占电池总容量的比例,通常用百分数表示。其取值范围为 0～1。当 SOC = 0 时,表示电池完全放电;当 SOC = 1 时,表示电池完全充满。

放电深度(Depth of Discharge,DOD)指的是电池已放出的容量占其额定容量的百分比。与 SOC 相反,当 DOD = 100% 时,表示电池已完全放空;当 DOD = 0% 时,表示电池完全充满。

能量管理系统(Energy Management System,EMS),用于控制和分配各种能源来源的能量,以维持微电网的功率平衡,确保微电网正常运行。

3) 储能接入条件

电化学储能装置应用于电力系统时,具备以下应用功能:包括但不限于平滑发电功率输出、跟踪计划发电、系统调频、削峰填谷以及紧急功率支持等功能。在装置并网点的安装过程中,需要安装可闭锁的开断设备,该设备应具有明显的断开点,能够可靠地实现接地功能,开断设备可通过就地或远程操作进行控制。同时,装置并网点需要与接入电网的保护系统进行协调配合,以确保系统的安全性。对于电化学储能装置本身,应具备安全防护功能。如果采用锂离子电池储能装置,其能量转换效率不应低于 92%。

4) 储能装置的电力系统示意

储能装置的电力系统示意见图 4-15。

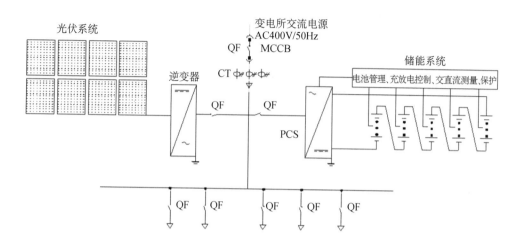

图 4-15 储能装置电力系统示意

2．绿色评价要素

《绿色建筑评价标准》GB/T 50378—2019 第 9.2.10 条规定:采取节约资源、保护生态环境、降低碳排放、保障安全健康、智慧友好运行、传承历史文化等其他创新,并有明显效益,评价总分值为 40 分。每采取一项,得 10 分,最高得 40 分。

当某项目采取创新的技术措施,并提供足够证据表明该技术措施可有效提高环境友好性,提高资源与能源利用效率,实现可持续发展或具有较大的社会效益时,可参与评审。采用太阳能光伏、储能电源等分布式系统,属创新技术措施之一。

3．设计选型要点

在选择储能电源装置时,以下几个关键因素应被纳入考量:

(1)性能参数。首先要确定储能电源的电压、电流和容量等关键参数,这些参数决定了电源是否能满足特定设备或系统的电力需求。

(2)使用寿命。考虑电源的循环寿命,即电池能够承受多少次完整充放电周期,这关系到电源的长期运行成本和更换频率。

(3)能耗效率。评估自放电率,了解在存储过程中电能的自然流失情况,这对于长期存储和间歇使用场景尤为重要。

(4)安全措施。对电池的充放过程进行有效监控,对电池温度变化和电池柜内环境变化进行监控,实现多重保护的及时快速反应,通过保护机制有效解决极端故障情况。

综合上述因素,可以根据实际应用需求和预算,对比不同品牌和型号的储能电源,进行综合评估和选择。

4. 未来发展趋势

随着清洁能源发电渗透率的增加,发展储能技术并配置储能装置已经成为解决清洁能源间歇性问题以及确保电网安全运行的关键方法。在用户侧配置储能装置能够提高清洁能源发电的消纳率,并减少对电网的依赖。未来,用户侧分布式储能装置必将成为电力系统的重要组成部分,也是柔性智能配电系统中不可或缺的设备装置。

第 *5* 章
电缆与绿色桥架

电缆与电缆桥架,属于在电气工程中应用普遍且用量较大的一类产品。经过了数十年的发展,电缆已提升到阻燃、耐火、无卤低烟等新一代电缆;电缆桥架已经从传统的平板型,经过高强度节能桥架的升级改型后,目前发展到了新一代的绿色桥架。在生产制造、工艺处理、长寿命运行和节能环保等方面,新一代绿色电缆和绿色桥架的性能优势明显,对绿色建筑性能的提升发挥了更大作用。

5.1 电缆绿色化

国家经济建设带动了电线电缆行业发展,高质量建设的要求促进了电线电缆行业技术提升,国内市场电线电缆品种满足率和占有率均超过 90%。"双碳"实施路线策略中电气化、低碳化是重要组成部分,电线电缆作为电能输送载体,其技术发展绿色化势在必行。

依据国家绿色制造政策要求,电线电缆的绿色发展包括两个方面:一是电缆产品的全寿命期绿色理念;二是电缆企业在科研、生产、制造等方面创新的绿色理念。

5.1.1 绿色电缆技术

绿色电缆的生产制造应按照全寿命期理念,满足《生态设计产品评价通则》GB/T 32161 和《电子电气产品生态设计评价通则》GB/T 34664 的规定;应考虑在原材料获取、生产制造、包装运输、使用维护和回收处理等各个环节对资源环境造成的影响,力求最大限度降低资源消耗,尽可能少用或不用含有害物质的原材料,减少污染物的产生和排放。

国家绿色制造实施策略中为了促进绿色技术发展及落地,制定了涉及多行业、多产品的绿色设计产品技术评价规范。其中《绿色设计产品评价技术规范 光缆》T/CCSA 255、《绿色设计产品评价技术规范 通信电缆》T/CCSA 256 等标准的制定,为电线电缆绿色设计产品的技术发展提供了依据。

5.1.2 绿色电缆特点

1. 绝缘材料

绝缘材料是电线电缆的重要组成部分,绝缘材料随着运行时间的延续必然会老化,且其老化速度要比其他材料快,容易变质劣化致使电气设备损坏,因此决定电线电缆使用寿命的关键是绝缘材料。采用无卤、低烟、低毒、阻燃性能高的材料已逐渐被业界认可,民用建筑电缆绝缘材料主要选择交联聚烯烃等。优质绝缘材料应主要具备以下性能:

1）不含卤素,燃烧时透光率高

无卤低烟材料具有良好的机械性能以及电气性能,燃烧时透光率大于60%,有利于疏散与灭火,可防止燃烧过程中产生大量浓烟和卤素气体造成二次污染。

2）具有较高的阻燃性能

电缆应具备不易燃且阻止火焰扩大的阻燃性能,这是安全防火、人员逃生的重要保证。

3）无刺激性气味及腐蚀性气味

使用过程中与燃烧时不产生酸性气体,不产生含有卤酸和其他有毒物质的气体,对环境无污染,能保障人身安全和减少设备仪器损坏。

4）材料中有毒有害物质少

材料中有毒有害物质的限量满足表5-1的要求。

表5-1 有毒有害物质限量要求

种类	限量要求(%)
铅(Pb)	≤0.1
汞(Hg)	≤0.1
镉(Cd)	≤0.01
六价铬(Cr)	≤0.1
聚溴联苯(PBB)	≤0.1
聚溴联苯醚(PBDE,不包括十溴二苯醚)	≤0.1

注:此表参照《电缆材料环保循环利用一般规定》DB34/T 2306。

5）长寿命

采用新型绝缘结构和辐照交联技术，能保证电线电缆的机械物理特性；通过改善绝缘材料加工工艺，能提升电线电缆电气性能、延长使用寿命，减少建筑全寿命期的更换次数，最大限度减少废旧材料的产生。

2. 导体材料

电缆的导体材料一般包括铜、铝、铝合金、铜包铝等。

目前国际市场上铜价一直高位运行，致使工程建设成本增加。在此背景下，国内外电缆企业加快研发在某些场所中可替代铜芯线缆的新技术产品，如铝合金电缆、铜包铝导体。以铜包铝导体为例，其生产成本介于铜电缆和铝合金电缆之间，特点是不改变铜、铝的基本导电性能，既提高了电缆的机械性能，又可防止铝导体氧化而导致的接头问题。

3. 绿色工厂

电缆绿色工厂在如下方面应达到相应的考核要求：

1）认证要求

生产企业应通过《质量管理体系》GB/T 19001、《环境管理体系》GB/T 24001 和《职业健康安全管理体系认证》GB/T 45001 认证。

2）环保要求

生产企业的污染物排放应达到国家或地方污染物排放标准要求，污染物总量控制应达到国家和地方污染物排放总量控制指标；应严格执行国家节能环保相关标准并提供标准清单；近3年无重大质量、安全和环境污染事故。

3）生产工艺

生产企业宜采用国家鼓励的先进技术工艺，不使用国家或有关部门发布的淘汰或禁止的技术、工艺、装备或相关物质；产品质量、安全性能以及节能降耗和综合利用水平，应达到国家和行业标准要求。

5.1.3 燃烧特性与燃烧性能分级

电缆的燃烧特性和燃烧性能关乎绿色建筑的耐久和安全运行，特别是在火警等情况下对及时疏散和保障人民生命安全极其关键。

1. 燃烧特性

电缆阻燃和耐火电线电缆(光缆)的燃烧特性代号、技术要求、试验方法和验收规则，包括无卤、低烟、低毒、阻燃和耐火等燃烧特性要求，应符合《阻燃和耐火电线电缆或光缆通则》GB/T 19666 的规定(表 5-2～表 5-8)。

表 5-2　燃烧特性代号

代号	名称	代号	名称
Z[a]	单根阻燃	W	无卤
ZA[b]	阻燃 A 类	D	低烟
ZB	阻燃 B 类	U	低毒
ZC	阻燃 C 类	N	单纯供火的耐火
ZD	阻燃 D 类	NJ	供火加机被冲击的耐火
	含卤	NS	供火加机被冲击和水的耐火

注：a—含卤产品，Z—省略。
　　b—仅适用于《电缆和光缆在火焰条件下的燃烧试验　第 33 部分：垂直安装的成束电线电缆火焰垂直蔓延试验　A 类》GB/T 18380.33 的 A 类，不包括《电缆和光缆在火焰条件下的燃烧试验　第 32 部分：垂直安装的成束电线电缆火焰垂直蔓延试验　A F/R 类》GB/T 18380.32 的 A F/R 类。

表 5-3　阻燃系列燃烧特性代号组合

系列名称		代号	名称
阻燃系列	含卤	ZA	阻燃 A 类
		ZB	阻燃 B 类
		ZC	阻燃 C 类
		ZD	阻燃 D 类
	无卤低烟	WDZ	无卤低烟单根阻燃
		WDZA	无卤低烟阻燃 A 类
		WDZB	无卤低烟阻燃 B 类
		WDZC	无卤低烟阻燃 C 类
		WDZD	无卤低烟阻燃 D 类
	无卤低烟低毒[a]	WDUZ	无卤低烟低毒阻燃
		WDUZA	无卤低烟低毒阻燃 A 类
		WDUZB	无卤低烟低毒阻燃 B 类

（续表）

系列名称		代号	名称
阻燃系列	无卤低烟低毒[a]	WDUZC	无卤低烟低毒阻燃 C 类
		WDUZD	无卤低烟低毒阻燃 D 类

注：a—根据电线电缆使用场合选择使用，可包括空间较小或环境相对密闭的人员密集场所等。

表 5-4　阻燃特性——单根阻燃性能

代号	试样外径 d(mm)	供火时间(s)	合格指标	试验方法
Z	$d\leqslant25$	60 ± 2	1）上夹具下缘与上炭化起始点之间的距离大于 50 mm； 2）上夹具下缘与下炭化起始点之间的距离不大于 540 mm； 3）试验过程中燃烧滴落物未引燃试样下方的滤纸	GB/T 18380.12[a] 和 GB/T 18380.13
	$25<d\leqslant50$	120 ± 2		
	$50<d\leqslant75$	240 ± 2		
	$d>75$	480 ± 2		

注：a—导体总截面积 0.5 m² 以下细电线电缆或细光缆采用《电缆和光缆在火焰条件下的燃烧试验　第 12 部分：单根绝缘电线电缆火焰垂直蔓延试验 1 kW 预混合型火焰试验方法》GB/T 18380.12 试验方法供火时可能熔断，应采用《电缆和光缆在火焰条件下的燃烧试验　第 22 部分：单根绝缘细电线电缆火焰垂直蔓延试验　扩散型火焰试验方法》GB/T 18380.22 的试验方法，并不进行《电缆和光缆在火焰条件下的燃烧试验　第 13 部分：单根绝缘电线电缆火焰垂直蔓延试验　测定燃烧的滴落（物）微粒的试验方法》GB/T 18380.13 的试验。

表 5-5　阻燃特性——成束阻燃性能

代号	试样非金属材料体积(L/m)	供火时间(min)	合格指标	试验方法
ZA	7	40	试样上的炭化范围不应超过喷灯底边以上 2.5 m	GB/T 18380.33
ZB	3.5	40		GB/T 18380.34
ZC	1.5	20		GB/T 18380.35
ZD[a]	0.5	20		GB/T 18380.36

注：a—适用于外径小于或等于 12 mm 的小电线电缆或光缆以及导体标称截面积小于或等于 35 mm² 的电线电缆。

表 5-6　无卤性能

代号	试验项目	单位	合格指标	试验方法
W	酸度和电导率试验			
	pH 值	—	$\geqslant4.3$	GB/T 17650.2
	电导率	$\mu S/mm$	$\leqslant10$	GB/T 17650.2
	卤酸气体释出量试验			
	HCl 和 HBr 含量	%	$\leqslant0.5$	GB/T 17650.1

(续表)

代号	试验项目	单位	合格指标	试验方法
W	卤酸气体释出量试验			
	HF 含量	%	≤0.1	IEC 60684—2:2011 中 45.2
	卤素含量[a] 试验			
	CI	mg/g	≤1.0	IEC 60754—3
	F	mg/g	≤1.0	
	Br	mg/g	≤1.0	
	I	mg/g	≤1.0	

注:a—非强制要求的试验项目,可根据需要选择使用。

表 5-7　低烟性能

代号	试样外径 d (mm)	试样根数	最小透光率(%)	试验方法
D	$d>40$	1	60[b]	GB/T 17651.2
	$20<d≤40$	2		
	$10<d≤20$	3		
	$5<d≤10$	$45/d$[a]		
	$1≤d≤5$	$(45/3d)×7$[a]		

注:a—计算值取整数部分。

　　b—外径大于 80 mm 的电线电缆或光缆的最小透光率试验结果应乘以系数($d/80$)作为最终结论。

表 5-8　低毒性能——各种气体临界浓度

气体	CC_z (mg/m³)	气体	CC_Z (mg/m³)
一氧化碳(CO)	1 750	氧化氮(NO_x)	90
二氧化碳(CO_2)	90 000	氰化氢(HCN)	55
二氧化硫(SO_2)	260		

毒性指数的计算式:

$$ITC = \frac{100}{m} \sum \frac{M_Z}{CC_z} \tag{5-1}$$

式中:ITC——毒性指数;

　　M——试样质量(g);

M_z——试样燃烧后产生气体 Z 的质量(mg);

CC_z——气体 Z 的临界浓度(mg/m^3),即在气体 Z 中暴露 30 min 的致死浓度。

2. 燃烧性能分级

建设工程中使用的电缆燃烧性能分级和试验方法,应分别符合《电缆及光缆燃烧性能分级》GB 31247 和《电缆或光缆在受火条件下火焰蔓延、热释放和产烟特性的试验方法》GB/T 31248 的规定(表 5-9～表 5-13)。

表 5-9　电缆及光缆的燃烧性能等级

燃烧性能等级	说明	燃烧性能等级	说明
A	不燃电缆(光缆)	B_2	阻燃 2 级电缆(光缆)
B_1	阻燃 1 级电缆(光缆)	B_3	普通电缆(光缆)

表 5-10　电缆及光缆的燃烧性能等级判断依据

燃烧性能等级	试验方法	分级
A	GB/T 14402	总热值 PCS≤2.0 MJ/kg[a]
B_1	GB/T 31248 (20.5 kW 火源) 且	火焰蔓延 FS≤1.5 m; 热释放速率峰值 HRR 峰值≤30 kW; 受火 1 200 s 内的热释放总量 $THR_{1\ 200}$≤15 MJ; 燃烧增长速率指数 F1GRA≤150 W/s; 产烟速率峰值 SPR 峰值≤0.25 m^2/s; 受火 1 200 s 内的产烟总量 $TSP_{1\ 200}$≤50 m^2
	GB/T 17651.2 且	烟密度(最小透光率)I_t≥60%
	GB/T 18380.12	垂直火焰蔓延 H≤425 mm
B_2	GB/T 31248 (20.5 kW 火源) 且	火焰蔓延 FS≤2.5 m; 热释放速率峰值 HRR 峰值≤60 kW; 受火 1 200 s 内的热释放总量 $THR_{1\ 200}$≤30 MJ; 燃烧增长速率指数 F1GRA≤300 W/s; 产烟速率峰值 SPR 峰值≤1.5 m^2/s; 受火 1 200 s 内的产烟总量 $TSP_{1\ 200}$≤400 m^2
	GB/T 17651.2 且	烟密度(最小透光率)I_t≥20%
	GB/T 18380.12	垂直火焰蔓延 H≤425 mm
B_1		未达到 B_2 级

注:对整体制品及其任何一种组件(金属材料除外)应分别进行试验,测得的整体制品的总热值以及各组件的总热值均满足分级判据时,方可判定为 A 级。

表 5-11 燃烧滴落物/微粒等级及分级判断依据

等级	试验方法	分级判据
d_0		1 200 s 内无燃烧滴落物/微粒
d_1	GB/T 31248	1 200 s 内燃烧滴落物/微粒持续时间不超过 10 s
d_2		未达到 d_1 级

表 5-12 烟气毒性等级及分级判断依据

等级	试验方法	分级判据
t_0		达到 ZA_2
t_1	GB/T 20285	达到 ZA_3
t_2		未达到 t_1 级

表 5-13 腐蚀性等级及分级判断依据

等级	试验方法	分级判据
a_1		电导率≤2.5 $\mu S/mm$ 且 pH≥4.3
a_2	GB/T 17650.2	电导率≤10 $\mu S/mm$ 且 pH≥4.3
a_3		未达到 a_2 级

5.1.4 电缆新技术

随着绿色建筑,尤其是高层、超高层、多负荷中心建筑等的发展,新的绿色电缆产品不断涌现,采用中压专用电缆传输电能进一步满足节能要求,成为降耗的优选新措施。以下为几种绿色电缆新产品。

1. 中压耐火电缆及中间接头

中压耐火电缆及中间接头具有低烟、无卤、阻燃、耐火等特性,安全级别高,适用于有耐火要求的中压电力传输线路等场合,中间接头可以拓展中压耐火电缆大长度的敷设及应用。

(1) 电缆及中间接头导体直流电阻符合《电缆的导体》GB/T 3956 中第 2 种铜导体的规定,电缆最高工作温度为 90 ℃;短路时导体最高工作温度为 250 ℃(5 s)。局部放电试验:试验灵敏度为 10 pC 或更优;在电压 $1.73U_0$ 下工作,无任何由被试电缆产生的超过声明试验灵敏度的可检测到的放电。

（2）性能符合《额定电压 6 kV 到 35 kV 中压防火电力电缆和接头 第 1 部分：额定电压 6 kV（U_m = 7.2 kV）到 30 kV（U_m = 36 kV）电缆》Q/320584PDH091.1 和《额定电压 6 kV 到 35 kV 中压防火电力电缆和接头 第 2 部分：额定电压 35 kV（U_m = 40.5 kV）电缆》Q/320584PDH091.29 的要求。

（3）按《额定电压 6 kV（U_m = 7.2 kV）到 35 kV（U_m = 40.5 kV）挤包绝缘耐火电力电缆》TICW 8 中附录 B 取样和进行试验，供火时间为 180 min，火焰温度为（950 ± 40）℃，整个试验过程中施加电缆额定电压 U_0 不击穿，试验结束 1 h 内再对电缆及中间接头施加 3.5U_0 电压持续 15 min 电缆不击穿。

2. 超高层建筑用垂吊敷设电缆

超高层建筑用垂吊敷设电缆的产品技术标准为《超高层建筑用垂吊敷设电缆及吊具》T/ASC 10，适用于 150 m 及以上超高层建筑的主变电所至楼层分变电所的中压主干电源及应急备用电源供电系统。

超高层建筑用垂吊敷设电缆（图 5-1）采用独特的电缆结构和垂吊敷设方式，实现了超高层建筑安全、环保、智能、经济的供配电系统。综合电气节能、建筑节能、施工维护等方面，与传统钢丝铠装电缆相比，垂吊敷设电缆的性价比更高。

垂吊敷设电缆采用自承载单元，整根电缆无中间接头；无桥架垂吊敷设安装在竖井中，节省桥架及安

图 5-1 垂吊敷设电缆样品

装费用；配套专用承载吊具安装在竖井口，电缆排布紧凑、占用空间小、安全可靠。其主要型号见表 5-14。

表 5-14 垂吊敷设电缆型号

产品类型	型号	电压（kV）	规格（mm²）
阻燃型垂吊敷设电缆	DZ-WDZA-YJY DZ-WDZAB1-YJY	6/6，6/10，8.7/10，8.7/15	50～400

（续表）

产品类型	型号	电压（kV）	规格（mm²）
耐火型垂吊敷设电缆	DZ-WDZAN-YJY	6/6，6/10，8.7/10，8.7/15	50～400
专用吊具	DJ-GA1		
	DJ-GA2		

垂吊敷设电缆主要有以下两种类型。

1）阻燃型垂吊敷设电缆

具有优越的无卤、低烟、阻燃性能，同时满足《电缆及光缆燃烧性能分级》GB 31247 规定的燃烧性能等级 B_1 级，具有低热释放、低产烟量、低毒性、无滴落物等安全特性。

2）耐火型垂吊敷设电缆

在自承载单元承受额定拉力的条件下，受火温度 830 ℃～870 ℃、供火时间 120 min，对电缆导体绝缘施加额定电压 U_0，绝缘不击穿，保证应急备用电源线路完整性。

3．长寿命电线电缆

长寿命电缆符合《额定电压 450/750 V 及以下双层共挤绝缘辐照交联无卤低烟阻燃电线》JG/T 441 和《额定电压 0.6/1 kV 双层共挤绝缘辐照交联无卤低烟阻燃电力电缆》JG/T 442 的规定。

正常安装使用条件下，长寿命电缆可与建筑物同寿命，在建筑寿命期内不需要更换，高度体现了绿色理念。对于功能较为固定的绿色建筑，如医疗、金融、博物馆、重要办公建筑等，选择抗老化能力强的长寿命电线电缆，可减少更换电线电缆投资、降低维护成本，全寿命期内经济成本优势明显。

长寿命电缆型号标注见表 5-15。

表 5-15　长寿命电缆型号标注

WDZ-GYJS(F)	铜芯辐照聚烯烃低烟无卤辐照聚烯烃双层绝缘电线
WDZ-GYJS(F)R	铜芯辐照聚烯烃低烟无卤辐照聚烯烃双层绝缘软电线
WDZ-GYJSYJ(F)	长寿命辐照交联低烟无卤阻燃电力电缆

该产品绝缘材料经辐照交联处理，采用双层共挤工艺技术，保证了电缆的机械物理性能和电气性能，延长了电缆的使用寿命。按《电气绝缘材料　耐热性　第 1 部分：老化程

序和试验结果的评定》GB/T 11026.1 中规定的老化试验方法,采用阿累尼乌斯(Arrhenius)曲线推导,在一定条件下,计算出电缆的使用年限不小于 70 年。当满足一定条件时,电线电缆可与建筑物达到同寿命。

4.智能电缆

随着城市建设的不断发展,电缆作为输送电力的载体在城市下方和建筑内部逐渐形成一个规模庞大的供电网络,由于电缆分布众多,中间和终端接入点是引起电缆事故的主要部位。对电力电缆的运行状态实现实时在线监测预警,对保障供电以及电力安全生产有着重要意义。智能电缆样品及构造如图 5-2、图 5-3 所示。

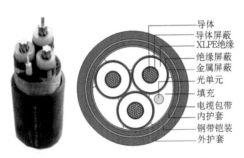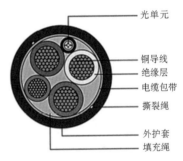

图 5-2　中压智能电缆样品和内部构造　　　图 5-3　低压智能电缆内部构造

1)智能预警系统

利用智能探测、通信传输、网络技术、大数据分析、AI 技术等对传统电缆进行网络化、智能化、数字化升级,实现对电缆的实时监测、故障预警、信息保存与分析等功能(图 5-4)。

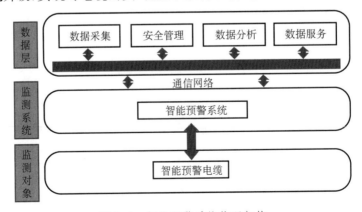

图 5-4　智能预警系统物理架构

2）预警监测功能

通过数据采集和分析，对整根电缆温度进行监测，发现电缆运行异常、电缆故障造成的温度或温差变化超限时报警。

5.1.5 电缆回收

对电线电缆在生产、使用和处置过程中产生的废弃物的处理要做到保护环境、保障人体健康，应参照《废弃电线电缆光缆处理工程设计标准》GB 51371、《电缆材料环保循环利用一般规定》DB34/T 2306 等执行。处理方法主要包括以下两种：物理方法是对废弃电线电缆进行人工拆解或机械加工，并利用其材料的密度、导电性和磁性等物理特性进行分选回收资源的处理方法；焚烧方法是利用高温或燃烧使废弃电线电缆中金属和非金属物质分离，从中回收金属的处理方法。

根据电缆的材料及结构可按以下部件进行回收。

1. 导体回收

（1）清理出的铜铝导体应分类存放，在确认无异类金属杂质后，可按不超过 10% 的比例放入冶炼炉冶炼，及时检验其电阻率，相应指标应符合表 5-16、表 5-17 的规定。

（2）废旧钢带、废旧钢丝等可作为废旧金属交回收站处理。

表 5-16 电工圆铝杆

材料牌号	型号	状态	抗拉强度 (MPa)	伸长率 (%) ≥	电阻率 ρ 20℃ ($\Omega \cdot mm^2$/m) ≤
1B97	B	0	35～65	35	27.15
1B95	B₂	H14	60～90	15	27.25
1B93					
1B9					
1A60	A	0	60～90	25	27.55
	A2	H12	80～110	13	27.85
	A4	H13	95～115	11	28.01
	A6	H14	110～130	8	28.01
	A8	H16	120～150	6	28.01

（续表）

材料牌号	型号	状态	抗拉强度 (MPa)	伸长率 (%) ≥	电阻率 ρ 20℃ (Ω·mm²/m) ≤
1R50	RE-A	0	60～90	25	27.55
	RE-A2	H12	80～110	13	27.85
	RE-A4	H13	95～115	11	28.01
	RE-A6	H14	110～130	8	28.01
	RE-A8	H16	120～150	6	28.01

注：电阻率测试按《电线电缆电性能试验方法　第 2 部分：金属材料电阻率试验》GB/T 3048.2 的规定进行。

表 5-17　电工圆铜线

型号	伸长率 (%) ≥	电阻率 ρ 20℃ (Ω·mm²/m) ≤	
		<2.0 mm	≥2.0 mm
TR	35	0.017 241	0.017 241

注：电阻率测试按《电线电缆电性能试验方法　第 2 部分：金属材料电阻率试验》GB/T 3048.2 的规定进行。

2. 绝缘层回收

（1）清理出的 PVC、PE、橡胶类应去除其中杂质，并分类存放。

（2）对分离出的 PVC、PE，可再生产为电缆填充用扇形填充条、扎紧用绕包带、电缆内护层。

（3）对橡胶电缆中已硫化的边角废料或剥下来的电缆绝缘和护套，经过脱硫加工成为再生橡胶，用来生产内护层、填充绳。

（4）废交联聚乙烯电缆料或受污交联聚乙烯原料或其他聚烯烃材料，可加入适量发泡剂或其他助剂，经处理塑化再生生产电缆填充用扇形填充条。

3. 绕包带回收

（1）对处理及生产电缆过程中产生的绕包带、填充绳，应清理、粉碎后按不超过 10% 的比例掺入上述用来生产填充绳、绕包带的原料中生产填充绳、绕包带。严禁燃烧、填埋处理。

（2）PVC 绕包带物理机械及电性能应符合表 5-18 的规定，扇形填充条抗拉强度应大于或等于 2 MPa,内护层应该符合相关产品的标准要求。

表 5-18 PVC 绕包带物理机械及电性能

序号	项目	单位	技术指标
1	抗拉强度≥	N/mm²	12
2	断裂伸长率≥	%	120
3	电压击穿强度≥	kV/mm	14
4	20℃时体积电阻系数≥	Ω·cm	1×10^9

4. 铜包铝回收

铜包铝丝及废铝杆,经高温熔炉 1 000 ℃左右可制成 A380 型铝合金,其主要成分见表 5-19。因为它集合了易铸模、便于机械加工、热传导好等特性,被广泛应用于各种产品,包括电机设备的底盘、引擎支架、变速箱、家具(门、窗)、发电机和手工工具等。

表 5-19 A380 型铝合金成分

序号	成分	占比(%)
1	铜(Cu)	3.0~4.0
2	硅(Si)	7.5~9.5
3	镁(Mg)	0.1 Max
4	铁(Fe)	2.0 Max
5	锌(Zn)	3.0 Max
6	锰(Mn)	0.5 Max
7	镍(Ni)	0.5 Max
8	锡(Sn)	0.35 Max
9	铝(Al)余量	

5. 工艺流程

废弃电线电缆处理过程中,要特别注意环境保护问题,应对产生的污水、废气、废渣、粉尘、噪声等采取有效防治措施。工艺流程具体可参照《建设项目环境影响评价技术导则 总纲》HJ 2.1(图 5-5、图 5-6)。

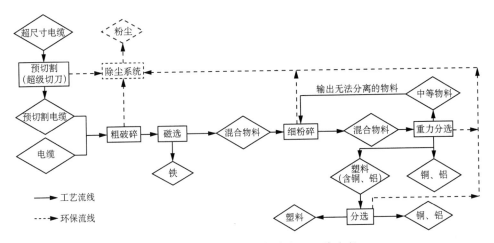

图 5-5　废弃电线电缆典型处理工艺流程

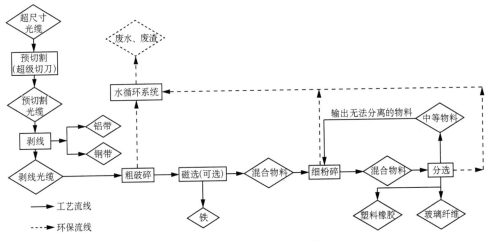

图 5-6　废弃光缆典型处理工艺流程

5.2　电缆设计选型

5.2.1　电缆选择的一般原则

民用建筑中常用的电缆是指额定电压为 1～35 kV 的挤包型绝缘电缆,以导体材料、绝缘材料及绝缘水平选择为主。

1.导体材料

用作导电的材料通常有电工铜(铜)、铝、铝合金、铜包铝导体等。

铜的导电性能好,是线缆应用最广泛的导体材料。20 ℃时铜的直流电阻率 ρ 为 1.72×10^{-6} Ω·cm。铜的延展性、机械抗拉强度、断裂伸长率等机械性能明显优于铝;铜的连接性能好,便于施工安装,运行使用可靠性高;铜的质量大,密度为 8.89 g/cm³。其最大不足是我国铜资源缺乏,而国际市场铜价常年偏高。

铝导体导电性次于铜,电工铝材的电阻率 ρ 为 2.82×10^{-6} Ω·cm,约为铜的 1.64 倍。铝质量轻,密度为 2.7 g/cm³,相同截面积和长度,质量仅约为铜的 50%。机械强度约为铜的 50%,连接性远不如铜,且其蠕变性能较差,容易折断。

电工用铝合金导体是在铝中添加 0.3%～0.5%的硅、铁、镁、铜、锌、硼等元素,与纯铝导体相比机械强度和耐热性等性能得到提高。针对纯铝导体的伸长性和柔韧性较低、抗蠕变性较差、连接处容易松动的不足,铝合金导体的抗拉强度、伸长率比电工铝导体有较大提升,弯曲性、抗蠕变性能显著提高。但由于其仍然具有一定的蠕变性,对安装和接头技术要求较高,须配有专用接头及专业安装指导服务。实际与设备端子连接时,铝与铜的连接处应采用能防止电化学腐蚀的过渡连接件。

铜包铝导体充分发挥了铜的连接性能和导电性能优势,依据电流集肤效应原理,发挥铜铝二者优点,可防止电化学腐蚀。铜包铝电线电缆中,铜的体积不得低于 10%,铜层厚度应为线芯直径的 2.57%～3.9%,以保证其电气性能。铜包铝导体采用冷挤压工艺,将铜层包覆在铝导体表面而形成紧密结合的复合导体,制造标准参见《铜包铝电力电缆工程技术规范》CECS 399。由于高频集肤效应,采用铜包铝复合导体时,电流主要分布在表面铜层中,因此有较好的技术经济指标。

导体材料的选择应根据负荷性质、环境条件、配电线路条件、安装部位、市场价格等实际情况综合确定。

(1)宜采用铜导体的场合:①供给照明、插座和小型用电设备的末端分支回路;②电源、操作回路及二次回路、电机励磁回路等需要确保长期运行中连接可靠的回路;③移动设备的线路及振动场所的线路;④对铝有腐蚀的环境;⑤高温、潮湿、爆炸及火灾危险环境;⑥应急系统及消防设施的线路;⑦市政工程、户外工程的布电线。

(2)不宜采用铝或铝合金导体的场合:①非专业人员容易接触的线路;②导体截面积为 10 mm² 及以下的电缆。

（3）宜采用铝或铝合金导体的场合：①对铜有腐蚀而对铝腐蚀相对较轻的环境；②加工或储存氨气（液）、硫化氢、二氧化硫等的场所。

（4）宜采用铝或铝合金导体的场合：①架空线路；②较大截面的中频线路；③景观照明、道路照明等线路。

（5）宜采用铜包铝导体的场合：①母线；②大截面的电线、电缆。

2．电缆绝缘水平

电缆绝缘水平以电缆的额定电压表示，即绝缘层耐受电压的能力。电缆相电压是电缆相线对地（与屏蔽层或金属套之间）的绝缘耐受电压；电缆线电压是电缆相间的绝缘耐受电压。选择电缆的额定电压同电力系统中性点的接地型式、继电保护的动作时间及所要求的运行方式有关。

1）电缆额定电压及分类

电缆的额定电压表示为 $U_0/U(U_m)$。

U_0——电缆设计用导体对地或金属屏蔽之间的额定工频电压；

U——电缆设计用导体间的额定工频电压（系统标称电压）；

U_m——设备可承受的系统最高电压的最大值。

35 kV 及以下电缆额定电压各规格见表 5-20。

表 5-20　35 kV 及以下电缆的额定电压 U_0

系统标称电压 $U(kV)$	系统最高电压 $U_m(kV)$	额定电压 $U_0(kV)$		
		A 类	B 类	C 类
1(0.22/0.38)	1.2	0.6		0.6
3	3.6	1.8	1.8	3.0
6	7.2	3.6	3.6	6.0
10	12.0	6.0	6.0	8.7
15	17.5	8.7	8.7	12.0
20	24.0	12.0	12.0	18.0
30	36	—	18.0	21.0
35	40.5	—	21.0	26.0

电缆的额定电压应适合电缆所在系统的运行条件，系统可划分为以下三类。

A 类：相导体与地或接地导体接触时，能在 1 min 内切除。

B 类：在单相接地故障时可短时运行，接地故障时间不超过 1 h，或带故障运行时间不超过 8 h；全年内接地故障的总持续时间不应超过 125 h。

C 类：除 A 类、B 类以外的系统。

注：在系统接地故障不能立即自动解除时，故障期间加在电缆绝缘上过高的电场强度，会在一定程度上缩短电缆寿命。如预期系统会经常运行在持久的接地故障状态下，该系统可划为 C 类。

2）电缆额定电压选择

电力系统中，220/380 V、110 kV 电压等级的供电系统一般为中性点直接接地系统，又称大电流接地系统；10～35 kV 电压等级的供电系统一般为中性点不接地或阻抗接地，称为小电流接地系统或中性点不接地系统。

（1）中压电缆

对于中性点直接接地系统，单相接地电流比较大，一般不允许带接地故障点运行。单相接地时均作用于跳闸，其跳闸时间在 1 min 以内的，该电压升高对绝缘的影响一般可不计，电缆额定电压按 A 类选择。

中性点经低电阻接地方式，也称小电阻接地方式。一般接地故障电流为 100～1 000 A，电阻值为 10～20 Ω。单相接地时异常过电压控制在运行相电压的 2.8 倍以下，电网可采用绝缘水平较低的电气设备系统。电缆线路构成的送、配电系统主要为 6～20 kV，单相接地故障电容电流较大时，可采用低电阻接地方式，系统可快速切除单相接地故障。电缆额定电压按 A 类选择。

在中性点不接地系统中，发生单相金属性接地时，故障相对地电压为 0，非故障相对地电压升高，与线电压等值，相间电压对称性保持不变。当单相接地电容电流很小时，不会形成稳定的接地电弧，故障点电弧可以迅速自熄，熄弧后绝缘可自行恢复，系统可以带故障运行一段时间，以便查找故障线路，提高供电可靠性。随着网络增大和工作电压的提高，不接地系统中单相接地电流也随之增加，电流增大将产生弧光过电压，损坏设备，引起两相或三相短路，因此不允许中性点不接地系统长期带接地故障点运行。电缆额定电压应根据系统运行情况，结合供电连续性、线缆绝缘等级以及造价等综合因素考虑，电缆额定电压按 B 类或 C 类选择。

（2）低压电线电缆

电线额定电压为 300/300 V、300/500 V、450/750 V；低压电缆额定电压 0.6/1 kV。

220 V 单相供电系统：可选择电线额定电压为 300/300 V。

220/380 V 系统：接地型式 IT 系统应选择电线额定电压为 450/750 V；接地型式 TN 或 TT 系统可选择电线额定电压为 300/500 V。

5.2.2　电缆截面选择的 TOC 法

1．经济选型概念

电缆截面如果按照允许载流量选择时一般只考虑初始投资，而按照经济电流选择不仅要考虑电缆初始投资，还要考虑电缆线路运行期内的电能损耗费用，即电缆在其寿命期内的运行总成本。按经济电流选择电缆截面，即按寿命期内投资和导体电能损耗费用之和最小的原则选择电缆截面，简称"经济选型"，也称 TOC 法。

1）TOC 曲线图

如图 5-7 所示，曲线 1 最低点的总费用最低，该点附近的点近乎最小值，因此，对应的电缆截面积可以视为一个范围，可在此范围内选择一个标称的规格。

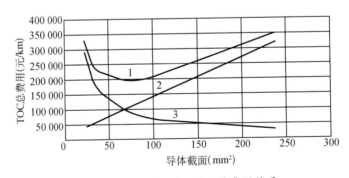

图 5-7　电缆截面与 TOC 总费用关系

曲线 2 表示电缆的初建投资费，曲线 3 表示电缆寿命期内运行中累积的电能损耗费，截面积加大，初建费增加，但电能损耗费减少；曲线 1 是二者之和，曲线 1 的最低点即总费用最低。因此，该点在横坐标上所对应的电缆截面积，其总费用最低，是最经济的选择，既节能又经济合理。

2）适宜场所

（1）工作时间长、负荷稳定的线路，如三班制或两班制生产场所、地铁车站、地下超市等。

（2）高电价地区（如华东、华南地区）或高电价用电单位（如高星级宾馆、娱乐场所等）的工作时间较长、负荷稳定的线路，应首先应用。

2. 总拥有费用（TOC）法

总拥有费用法将电缆的总成本 CT 分为两部分：一是电缆的初始投资 CI（包括电缆的材料费和安装费）；二是电缆在寿命期内的运行成本 CJ。公式如下：

$$CT = CI + CJ \tag{5-2}$$

总拥有费用法综合考虑电缆的初始投资和运行成本，以谋求最小的电缆总成本 CT 为出发点，选择经济合理的电缆截面。

1）电缆的初始投资（CI）

电力电缆截面经济选型是在不同的电缆截面等级之间择优选取，因此将电缆的初始投资 CI 近似表示为电缆截面面积 S 的线性函数，公式如下：

$$CI = (A \cdot S + C) \cdot L \tag{5-3}$$

式中：A——成本的可变部分（元/$mm^2 \cdot m$）；

$\quad\ \ S$——电缆截面面积（mm^2）；

$\quad\ \ C$——成本的不变部分（元/m）；

$\quad\ \ L$——电缆的长度（m）。

2）电缆的运行成本（CJ）

电缆在其寿命期内的运行成本可分为两部分：一是负荷电流流过导体引起的发热损耗费用 CJ'（不考虑与电压有关的损耗）；二是线路损耗引起的额外供电成本 CJ''。

发热损耗费用 CJ' 即为网损量与电价的乘积，公式如下：

$$CJ' = I_{max}^2 \cdot R \cdot L \cdot N_p \cdot N_c \cdot \tau \cdot P \tag{5-4}$$

式中：I_{max}——流过电缆的最大负荷电流（A）；

R——单位长度电缆的交流电阻（Ω/m）；

N_c——电缆回路数；

N_p——每回电缆相线数目；

τ——最大负荷损耗小时数（h）；

P——电价（元/kW·h）；

L——线路长度（m）。

线路损耗引起的额外供电成本 CJ''，公式如下：

$$CJ'' = I_{max}^2 \cdot R \cdot L \cdot N_p \cdot N_c \cdot D \tag{5-5}$$

式中：D——线路损耗引起的额外供电容量成本（元/kW·年）。

综上，电缆运行成本 CJ 可表示为

$$CJ = CJ' + CJ'' = I_{max}^2 \cdot R \cdot L \cdot N_p \cdot N_c(\tau \cdot P + D) \tag{5-6}$$

3）电缆总成本（CT）

为求得电缆在整个运行期间的总成本费用，寿命期内以不同电缆截面等级之间进行比较选择，TOC法将电缆运行成本表示为折现值，即将总费用表示为等效的一次性初始投资。

电缆的初始投资 CI 本身即为折现值，不需进行转换。

电缆第一年的运行成本费用 CJ_0 可根据式（5-6）表示为

$$CJ_0 = I_{max}^2 \cdot R \cdot L \cdot N_p \cdot N_c(\tau \cdot P + D) \tag{5-7}$$

考虑负荷增长率和能源成本增长率，可得电缆寿命期内各年运行费用折现值如下：

$$CJ_1 = CJ_0/(1 + i) \tag{5-8}$$

$$CJ_2 = CJ_0 \cdot (1 + a)^2(1 + b)/(1 + i)^2 \tag{5-9}$$

$$\cdots\cdots$$

$$CJ_N = CJ_0 \cdot (1 + a)^{2(N-1)}(1 + b)^{N-1}/(1 + i)^N \tag{5-10}$$

式中：i——银行贴现率；

  a——负荷增长率；

  b——能源成本增长率；

  N——电缆寿命（年）。

取中间变量 $r = (1 + a)^2 (1 + b)/(1 + i)$，则可得电缆寿命期内的总运行费用折现值为

$$CJ = CJ_1 + CJ_2 + \cdots + CJ_N = CJ_1 \cdot (1 + r + \cdots + r^{N-1}) = CJ_1 \cdot (1 - r^N)/(1 - r)$$

$$(5-11)$$

取中间变量 $\varPhi = (1 - r^N)/(1 - r)$，则式（5-11）可进一步表示为

$$CJ = CJ_1 \cdot \varPhi = I_{\max}^2 \cdot R \cdot L \cdot N_{\mathrm{p}} \cdot N_{\mathrm{c}} (\tau \cdot P + D) \cdot \varPhi/(1 + i) \qquad (5-12)$$

取中间变量 $F = N_{\mathrm{p}} \cdot N_{\mathrm{c}} (\tau \cdot P + D) \cdot \varPhi/(1 + i)$，则电缆寿命期内的总运行费用折现值最终表示为

$$CJ = I_{\max}^2 \cdot R \cdot L \cdot F \qquad (5-13)$$

基于以上公式推算，电缆的总成本表示为等效的一次性初始投资，公式如下：

$$CT = CI + I_{\max}^2 \cdot R \cdot L \cdot F \qquad (5-14)$$

式中：F——等效损耗费用系数（元/kW）。

本书中提到的电缆总成本均指折算后的等效一次性初始总投资。

4）经济电流范围计算

基于总拥有费用法的概念，国际电工委员会（IEC）给出了两种电缆截面经济选型的实用方法：计算电缆标称截面积的经济电流范围方法和计算电缆的经济电流密度方法。本书主要介绍经济电流范围方法，经济电流密度方法可参见《电力工程电缆设计标准》GB 50217。

假设标称截面为 S，对应经济电流范围下限值为 $I_{\max x}$，小一等级的相邻标称截面为 S_1，则 $I_{\max x}$ 为其对应的经济电流范围上限值。根据式（5-14）可得

$$CT = CI + I_{\max x}^2 \cdot R \cdot L \cdot F \qquad (5-15)$$

$$CT_1 = CI_1 + I_{\max x}^2 \cdot R_1 \cdot L \cdot F \qquad (5-16)$$

当最大负荷电流为 $I_{\max x}$ 时,此负荷电流为标称截面 S 的经济电流范围下限,为截面 S_1 经济电流范围的上限,此时选取 S 和 S_1 为最佳经济截面的总成本费用近似相等,即 $CT = CT_1$,与式(5-15)和式(5-16)联立可得

$$I_{\max x} = \{(CI - CI_1)/[F \cdot L(R_1 - R)]\}^{0.5} \qquad (5-17)$$

同理可得,经济电流范围上限值 $I_{\max s}$ 表达式为

$$I_{\max s} = \{(CI - CI_2)/[F \cdot L(R_2 - R)]\}^{0.5} \qquad (5-18)$$

式中:CI_1——与截面 S 邻近的小一级标称截面对应的初始投资(元);

CI_2——与截面 S 邻近的大一级标称截面对应的初始投资(元);

R_1——与截面 S 邻近的小一级标称截面对应的单位长度电缆交流电阻(Ω/m);

R_2——与截面 S 邻近的大一级标称截面对应的单位长度电缆交流电阻(Ω/m)。

将电缆初始投资的表达式 $CT = CI + CJ$ 代入,可将电缆经济电流范围的上下限进一步表示为

$$I_{\max x} = \{A(S - S_1)/[F \cdot (R_1 - R)]\}^{0.5} \qquad (5-19)$$

$$I_{\max s} = \{A(S - S_2)/[F \cdot (R_2 - R)]\}^{0.5} \qquad (5-20)$$

中低压电缆经济电流范围参考表 5-21、表 5-22。

表5-21　铜芯6/10 kV中压电缆的经济电流范围

导体截面 (mm²)	经济电流范围上限值(A) [P=0.61~0.70 元/(kW·h)]			经济电流范围上限值(A) [P=0.81~0.90 元/(kW·h)]			经济电流范围上限值(A) [P=1.0~1.10 元/(kW·h)]		
	T(h)	T(h)	T(h)	T(h)	T(h)	T(h)	T(h)	T(h)	T(h)
	2 000	4 000	6 000	2 000	4 000	6 000	2 000	4 000	6 000
70	133.7	97.5	75.5	125.1	89.1	68.2	112.2	73.3	56.1
95	183.5	133.8	103.6	171.7	122.27	93.7	153.9	100.5	77.1

（续表）

导体截面（mm²）	经济电流范围上限值(A) [P=0.61~0.70 元/(kW·h)]			经济电流范围上限值(A) [P=0.81~0.90 元/(kW·h)]			经济电流范围上限值(A) [P=1.0~1.10 元/(kW·h)]		
	T(h) 2000	T(h) 4000	T(h) 6000	T(h) 2000	T(h) 4000	T(h) 6000	T(h) 2000	T(h) 4000	T(h) 6000
120	236.7	172.6	133.6	221.5	157.8	120.8	198.6	129.7	99.4
150	274	199.8	154.6	256.4	182.6	139.9	229.9	150.1	115
185	350	255.2	197.6	327.5	233.2	178.7	293.6	191.8	146.9
240	462	336.9	260.8	436.1	310.5	237.9	390.9	255.3	195.6
300	677.8	494.3	382.6	624.6	444.8	340.7	559.9	365.7	280.3

表 5-22　铜芯 0.6/1.0 kV 低压电缆的经济电流范围

导体截面（mm²）	经济电流范围上限值(A) [P=0.61~0.7 元/(kW·h)]			经济电流范围上限值(A) [P=0.81~0.9 元/(kW·h)]			经济电流范围上限值(A) [P=1.0~1.10 元/(kW·h)]		
	T(h) 2000	T(h) 4000	T(h) 6000	T(h) 2000	T(h) 4000	T(h) 6000	T(h) 2000	T(h) 4000	T(h) 6000
16	36.3	26.5	20.5	34.5	24.8	19.1	31.6	22.5	17.3
25	55.2	40.2	31.2	52.5	37.7	29	48.1	34.3	26.3
35	82.5	60.2	46.6	78.4	56.4	43.4	71.9	51.2	39.2
50	102.1	74.4	57.6	97.1	69.8	53.7	89.1	63.4	48.6
70	143.5	104.6	81	136.4	98.1	75.4	125.1	89.1	68.3
95	196.9	143.6	111.2	187.2	134.6	103.5	171.1	122.3	93.7
120	254.1	185.3	143.4	241.5	173.6	133.5	221.5	157.8	120.8
150	294.1	214.4	166	279.5	200.9	154.5	256.4	182.6	139.9
185	375.6	273.9	212	357.1	256.7	197.4	327.5	233.2	178.7
240	495.9	361.7	279.9	475.5	341.8	262.9	436.1	310.5	237.9
300	727.6	530.6	410.7	680.9	489.5	376.5	624.6	444.8	340.7

3. 经济电流选型意义

按经济电流密度选择电缆截面积，其实质是合理地节约电能，实现技术、节能和经济的最佳结合。该方法所选截面积，大多比按载流量确定的截面积要大一至两级，通过加大规格降低线路损耗，在电线、电缆全寿命期（通常按 30 年计算）内累积的线损费用，来补偿加大电线、电缆截面积增加的费用,甚至还有盈余,这样就获得了既有利节能又经济合理的双重效果。

从电缆的经济电流范围表可见,T_{max} 愈大,经济电流值愈小。按此条件选择的线芯导体截面愈大,反之亦然。不同行业的年最大负荷利用小时数差异较大。在《民用建筑电气绿色设计与应用规范》T/SHGBC 006 中,将 T_{max} 分为三类:第一类在 2 000 h 左右,第二类在 4 000 h 左右,第三类在 6 000 h 左右。

按经济电流选择电缆截面时,大部分情况截面较大,使初期投资增加,但实践证明增加的投资 3~6 年就能收回。经济选型是按照电缆寿命 30 年计算,实际有可能发生中途转产或其他变化,但只要使用年限超过回收年限,经济上仍是合理的。

按经济电流选取电缆截面积,不仅节能、经济合理,而且具有以下好处:

(1) 更有利于用电安全和提高供电可靠性。

(2) 由于降低了电线、电缆的工作温度,有利于延长电线、电缆的使用寿命。

(3) 降低了线路电压损失,改善了电动机、照明灯的电压质量。

(4) 有利于适应未来负荷增长的需要。

5.2.3 电缆防火与安全

建筑物内电缆的防火与安全,包括非消防设备配电的阻燃电缆选择和消防设备配电的耐火电缆选择。

1. 阻燃电缆选择

阻燃电缆是指在规定试验条件下燃烧试样,撤去火源后,火焰在试样上的蔓延仅在限定范围内且自行熄灭的电缆,即具有阻止或延缓火焰发生或蔓延的能力。阻燃性能取决于护套材料,参照依据为《电缆及光缆燃烧性能分级》GB 31247、《阻燃和耐火电线电缆通则》GB/T 19666。

1) 阻燃低压电缆

阻燃低压电缆通常采用无卤、低烟、低毒的交联聚乙烯材料制成。其燃烧试验时供火时间 40 min,供火温度 815 ℃,碳化高度仅 0.95 m,大大低于 A 级阻燃高度 2.5 m 的要求。

2）阻燃中压电缆

阻燃中压电缆的电压等级通常有 6/6 kV、8.7/10 kV、26/35 kV 几种。采用隔氧层及隔离套结构的阻燃中压电缆，其试验允许的非金属含量可达 28 L/m；当 815 ℃时，火焰燃烧 40 min，炭化高度小于 1 m。这种电缆的外径仅比普通电缆大 2～4 mm，质量大 8%。其电气性能、敷设环境、敷设方法、载流量都与普通电缆相同。由于结构上增加了高密度交联聚乙烯护套，克服了低烟无卤电缆耐水性差的弊病。

2. 耐火电缆选择

1）基本定义

耐火是指在规定的火源和时间下燃烧时，指定状态下运行的能力，即保持线路完整性的能力。

耐火电缆指在规定温度和时间的火焰燃烧下，仍能保持线路完整性的电缆，通常指通过《在火焰条件下电缆或光缆的线路完整性试验》GB/T 19216 试验合格的电缆。

2）持续供电时间

对于消防设备配电线路，耐火电缆在火灾时可持续时间应满足《建筑设计防火规范（2018 年版）》GB 50016 的相关规定，应满足火灾时连续供电的要求。

《民用建筑电气防火设计标准》DG/TJ 08—2048 对消防线路作出耐火温度及持续供电时间的明确规定，包含如下要求：

（1）高度大于 250 m 的超高层建筑，消防电梯和辅助疏散电梯的供电电缆应采用耐火温度 950 ℃、持续供电时间不小于 180 min 的消防用电缆，且电缆的燃烧性能等级应满足 A 级燃烧性能试验要求。

（2）电流值在 630 A 以上的消防电源主干线，消火栓泵、喷淋泵、消防传输水泵、水幕泵、消防控制室、防烟和排烟设备及消防电梯的配电干线，应采用耐火温度 950 ℃、持续供电时间不小于 180 min 的消防用电缆。

（3）防火卷帘、消防应急照明的配电线路，消防设备的手动控制线路，火灾自动报警系统的联动控制线路，及上述第（2）条中各类消防设备机房内的分支线路可采用耐火温度不低于 750 ℃、持续供电时间不小于 90 min 的耐火电线电缆。

3）耐火电缆要求

耐火电缆应同时具有阻燃、耐火、无卤、低烟等防火特性。

（1）通过《英国耐火电缆标准》BS 6387 规定的 C、W、Z 级要求及《用于烟和热控制系统及其他特定消防安全系统部件的大直径电力电缆的耐火完整性评估方法》BS 8491 的 F120 试验要求。

（2）通过《电缆和光缆在火焰条件下的燃烧试验》GB/T 18380.33 中 A 类以上成束燃烧试验要求。

（3）通过《电缆及光缆燃烧性能分级》GB 31247 中 B_1 级以上试验要求。

（4）通过《电缆和光缆在火焰条件下的燃烧试验》GB/T 18380 中单根绝缘电线电缆燃烧试验要求。

（5）通过《电缆或光缆的材料燃烧时释出气体的试验方法》GB/T 17650 和《电缆或光缆在特定条件下燃烧的烟密度测定》GB/T 17651 试验要求。

3. 主要产品

（1）云母带：早期耐火电缆以云母带作为耐火层，云母带在高温下生成的 SiO_2 具有很好的绝缘作用。

（2）氧化镁（BTTZ）：20 世纪 90 年代初，从国外引入氧化镁矿物绝缘电缆，因这类电缆由无机物和金属组成，曾被称为安全电缆。

（3）超柔矿物绝缘防火电缆（RTXMY）：采用耐火、无污染、高弹性、耐高温耐火绝缘材料，火灾情况下耐火材料转化为 SiO_2 陶瓷壳体，起到很好的阻燃、防火、隔水及抗震的作用。非金属高阻燃护套结构增加了电缆的柔软性，使电缆弯曲半径更小，是一种真正意义上的防火电缆。各类耐火电缆性能比较见表 5-23。

表 5-23　各类耐火电缆性能比较

型号	WDZAN-YJY	BTTZ	RTMXY
导体	2 类裸铜导体	1 类裸铜导体	2 类裸铜导体
绝缘	云母带＋交联聚乙烯	氧化镁＋铜管	云母带＋铝管＋交联聚乙烯
填充	聚烯烃隔氧层	氧化镁	矿物隔氧层
包带	玻璃布带	无	玻璃布带

（续表）

型号	WDZAN-YJY	BTTZ	RTMXY
护套	阻燃聚烯烃护套	铜管	阻燃聚烯烃护套
电性能	优异	良	优异
弯曲性能	良	差	一般
耐火性能	一般	优异	优异
无卤阻燃	良	优异	优异
安装使用性能	方便	较困难	一般
性价比	较高	低	较高

（4）陶瓷化耐火硅橡胶耐火电缆：是一种新型耐火材料，在 500 ℃以上高温和火焰烧蚀下，2～4 min 后可烧结成坚硬的陶瓷状壳体。这种壳体的隔绝层能非常有效地阻挡火焰的继续燃烧，烧蚀时间越长、温度越高，陶瓷化效果越明显。陶瓷化耐火硅橡胶的烧蚀温度最高可达到 1 200～1 500 ℃。陶瓷化耐火硅橡胶在常温下无毒无味，在火焰烧蚀下 2～4 min 后完全断烟，不再有烟雾产生，即使在前期产生的烟雾也是无卤、无毒的。

表 5-24 为陶瓷化耐火硅橡胶耐火电缆性能测试。

表 5-24　陶瓷化耐火硅橡胶耐火电缆性能测试

性能	测试项目	测试结果
电性能	GB/T 12706.1	通过
燃烧性能	GB/T 18380.3　A 类	通过
耐火性能	BS 6387　C 类　950℃×180 min	通过
	BS 6387　W 类　650℃ 加喷水 15 min	通过
	BS 6387　Z 类　950℃ 加冲击 15 min	通过
	BS 8491　830℃×120 min 振动（115 min 时喷水）	通过
无卤阻燃	GB/T 17650.2　pH 值、电导率	通过

5.2.4　绿色电缆设计选型

《绿色建筑评价标准》GB/T 50378 中，安全耐久和节约资源是绿色建筑的两大绿色性能指标。从电线电缆角度考量,耐腐蚀、抗老化、耐久性好,是体现电缆绿色性能的重要参数,节能与节材对电缆绿色技术性能意义重大。

电线电缆的产品结构较为简单,运行损耗主要取决于导电芯的电阻发热,因此,全寿命期的经济选型截面至关重要,它能使其在运行寿命期内能耗最少,符合绿色低碳的发展理念。电工铝合金、电工铜包铝等新型导体,可有效节约铜等战略资源,并节省投资造价,也是一种绿色建材设备类产品。

电线电缆绿色选型主要有以下技术要求:

(1)电缆截面宜按经济电流方法,即全寿命期内总费用最少原则选择,并按温升、电压损失等技术条件校验,选取截面较大者。

(2)电缆型式与导体截面的参数选择,应符合《低压配电设计规范》GB 50054 和《电力工程电缆设计标准》GB 50217 的规定。当配电系统已采取谐波抑制和滤除措施时,其上一级进线电源电缆可不考虑谐波对截面规格的影响。

(3)铝合金和铜包铝的电缆型式和导体截面选择等校验均按铝导体计算。

(4)对于高档写字楼、超高层建筑、地铁、机场、医疗、金融、体育场馆、博物馆等连续运营管理要求高的建筑工程,宜选用长寿命电线电缆。

(5)当民用建筑内设有总变电所和分变电所,且分变电所内有消防负荷时,总变电所至分变电所的中压配电电缆,应采用无卤低烟阻燃耐火电缆或矿物绝缘电缆。

(6)供 150 m 以上超高层建筑分变电所使用的中压电缆,宜采用超高层建筑用垂吊敷设电缆,并配置专用吊具。

(7)铝合金电力电缆应选用在《电力工程电缆设计标准》GB 50217 中规定对铝没有腐蚀的场所,并满足《铝合金电力电缆工程技术规程》T/CECS 653 的规定。

(8)铜包铝电力电缆应选用在《电力工程电缆设计标准》GB 50217 中规定的对铜和铝都没有腐蚀的场所,并满足《铜包铝电力电缆工程技术规范》CECS 399 的规定。

(9)阻燃和耐火电线电缆应按国家有关生产许可证的规定取证,并应提供根据产品质量法规定、由国家认可的检测部门出具的全性能型式检测报告。

(10)配电干线电缆,宜采用嵌入式芯片智能电力电缆,实现电力电缆基本信息和运行温度、载流量的实时监控功能。

5.3　绿色桥架性能

5.3.1　桥架历史和标准发展

我国的电缆桥架,是从 20 世纪五六十年代引进苏联援助项目的配套装置电气附件中学会使用和逐步仿制而成的。早期生产设备落后,结构工艺极为粗陋,产品技术含量低。20 世纪 90 年代,有关部门借鉴和沿用了美国电气制造商协会标准(NEMA VE1)及美国国家电气法规(National Electrical Code,NEC)关于电缆桥架的制造要求,并参照美国材料与试验协会标准(ASTM A 386-78)中有关表面防护的内容,首次编制颁布了《钢制电缆桥架工程设计规范》CECS 31,该规范旨在把设计与制造需共同遵守的规则纳入同一标准,体现电缆桥架应用与实践的需要。

在《钢制电缆桥架工程设计规范》CECS 31 中,热浸镀锌被推荐为可靠的防腐方式(特种环境除外)。多年来的实践证明,这种防腐方式应用最广泛、使用年代最久、质量最可靠。热浸镀锌工艺使桥架在无特殊环境侵蚀下能保证 25 年以上的使用寿命,是一般热镀锌层(无合金层)使用寿命的 2 倍之多。

总之,热浸镀锌是最早和最可靠的保护钢铁的方法。其壁垒和电偶对基体的双重保护作用是唯一的,在一般环境下的耐久性最长。但由于镀锌工艺对环境破坏极为严重,在绿色环保理念的要求下,热浸镀锌厂已越来越少,镀锌价格也越来越高,即便如此,目前全国市场 60% 以上的桥架产品还在采用热浸镀锌工艺。市场需求大是其根本原因,也反映出用户对电缆桥架使用寿命的共性需求。

从桥架使用特性而言,一经安装结束敷设上电缆后,再想翻动电缆维修更新,是极为困难的。因此,我们必须明晰认知,每节桥架都应承担与电缆等寿命的责任。客观上,我国电缆桥架制造厂都没有配套的镀锌设施和静电喷涂车间(环保限制),而委托加工产品的质量不可控,导致供需间的矛盾越来越凸显。于是,许多制造厂试图寻找其他替代材质制造新的桥架款式,如铝合金桥架、玻璃钢桥架、高分子合金(塑料)桥架、不锈钢桥架等,但均存在一定的局限性。

(1) 铝合金桥架。在轻度腐蚀环境下使用效果较好,但由于表面阳极氧化层轻薄,不足以使用在中等酸、碱场合。例如：煤电厂空气中二氧化硫含量高，对铝合金表面侵蚀较严重，而且铝合金桥架较钢制桥架在强度、刚度等指标和恶劣使用环境下的耐久性均有明显不足。因此，作综合经济比对时，会更倾向于选用不锈钢材质等其他方案。

（2）玻璃钢桥架。以环氧树脂与玻璃纤维布模制而成，适用于隧道、矿井等无日光曝晒的场所。因环氧树脂长期受紫外线照射会产生脆裂分层，也因采用专模定做，不适宜用作走向复杂的线路。

（3）高分子合金桥架。材质系聚氯乙烯、ABS（Acrylonitrile Butadiene Styrene，丙烯腈-丁二烯-苯乙烯）、聚苯乙烯等阻燃不饱和聚酯树脂等高分子材料，经挤塑机挤出成型，具有较高的装饰性和美观性，较多应用于数据中心等专业机房。因防火等要求规定，更多应用于承托光缆等不载流导体。

（4）不等厚不锈钢桥架。2018年是我国桥架制造史上的里程碑，由中国工程建设标准化协会颁布的2017年版《钢制电缆桥架工程技术规程》T/CECS 31正式开始实施，这是该标准的第2次修订，在"材质及载荷特性"中首次引入免涂装材质——不锈钢，并对国内近年来开发成熟的轻型桥架模式作了系统的推介。这次修订强调了桥架属于特种薄壁受力构件的特点，加强了力学设计、计算、检测专业人员的配备，对不等厚（侧板、底板两种厚度）波纹底、瓦楞底托盘进行反复论证、计算和检测。不等厚分体式托盘的研制成功是科学性的突破，其可在同等载荷工况条件下降低自重1/3～1/2，为各类型材质在桥架领域的规模化应用提供了强有力的技术保障。

5.3.2　绿色桥架概念

上海市绿色建筑协会团体标准《民用建筑电气绿色设计与应用规范》T/SHGBC 006的术语中，首次提出了绿色桥架的概念：绿色桥架（Green Cable Tray），指生产过程及工艺处理低碳环保，部件结构优化，材料节省显著的同时能满足电缆敷设的机械强度和荷载能力，散热条件良好和使用寿命长的钢制桥架。严格意义上，绿色桥架也应包括非钢制的具有绿色性能的桥架，鉴于民用建筑市场上钢制桥架的使用占绝大多数，本节仅讨论钢制桥架。

5.3.3　绿色桥架的节材和结构属性

《钢制电缆桥架工程技术规程》T/CECS 31 对不同型式、不同规格的桥架厚度作了规定,详见本书附表 B-1~附表 B-4。可以看到,同宽度桥架的三种不同结构(平板型、波纹底、模压增强底),其槽体厚度差异非常大。

以 600 mm 宽桥架为例:平板型桥架的槽体厚度为 3.0 mm;波纹底桥架的槽体部分,底板厚度为 0.8 mm,侧板厚度为 1.4 mm;模压增强底桥架的槽体厚度为 1.2 mm。

制造桥架的用钢量与桥架的厚度正相关。根据上述附表可知,传统的平板型桥架的用钢量远大于绿色桥架(波纹底桥架或模压增强底桥架)的用钢量。

钢铁的产业链如图 5-8 所示,从上游(铁矿石、煤炭、电力),经过粗加工(生铁、粗钢),进入深加工(螺纹钢、热卷、冷轧),最后生产出各类下游成品。

图 5-8　钢铁产业链

采用绿色桥架可以节约大量钢材,相当于节约了制造这些钢材所使用的铁矿石、煤炭、电力、生产用水、人力等资源和能源,以及减少了开采铁矿石和煤炭时对环境造成的破坏,减少了发电和生产钢材时各个环节所排放的废气、废水和固体废弃物。在此意义上,绿色桥架的推广使用,对各个环节的节能降碳产生巨大作用。波纹底桥架和模压增强底桥架之所以归属绿色桥架,正因其能大量节约资源,减少排放和污染,利于环保回收,在全寿命期发挥着积极作用。综上所述,桥架行业既是一个体量庞大的行业,又是一个快速增长的行业,使用绿色桥架逐步取代传统桥架所带来的经济价值和社会价值,是极为可观的。

模压增强底桥架(图 5-9)和平板型桥架都属于整体式桥架,其生产工艺如其名,通过模压的方式将桥架冲压出凹凸型的加强筋,以增加桥架的强度。而波纹底桥架(图 5-10)是分体式桥架,其槽体由一块底板和两块侧板组装而成。底板和侧板的生产工艺是辊压,通过辊压方式,将底板加工成波纹形状,再与侧板进行组装。

模压增强底桥架,由于材料延展性能的限制,模压加工出的加强筋高度很难超过 6 mm。由于高度不够,当桥架宽度大于 600 mm 时,其强度依然无法满足 $L/200$ 的挠度要求。要增强其强度,可以通过在桥架底部铆接多根 Ω 型加强筋的方式,以此提高底板强度达到增加荷载性能的效果。

图 5-9　模压增强底桥架　　　　　图 5-10　波纹底桥架

但是在平板型桥架上增加加强筋的方式,会导致铆点处应力集中(图 5-11),易造成局部脱裂破坏。大规格的模压增强底桥架需要铆接加强筋方能满足强度要求,而大规格的桥架往往意味着大重量的电缆,内部应力和外部大载荷的双重作用力下,铆点处可能存在潜在断裂风险。

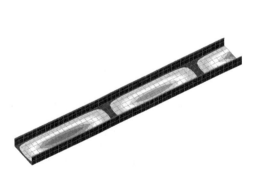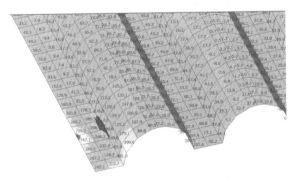

图 5-11　平板型桥架应力模型　　　　图 5-12　波纹底桥架应力模型

波纹底桥架底部呈波纹型,相当于整段桥架上布满了加强筋,所以波纹底桥架底板处受力均匀。由于采用辊压工艺,波纹底的高度可以做到很高,因此其强度可以远大于平板型和模压增强底桥架(图 5-12)。

分体式桥架的优势在于,可以将材料以最优化的方式分配在桥架的底板和侧板上。尤其对于大规格桥架,整体式桥架底板强度不够而侧板强度有余,波纹底桥架完美地解决了这一问题,用最少的材料达到最高强度。但一分为二地客观分析,波纹底桥架也带来了在组装过程中需要耗费更多的人力和工时的新问题。

对比增强底和波纹底两种绿色桥架,模压增强底桥架的优势在于生产快速,通过自动化设备直接由板材加工成品,生产效率高,可以大规模生产;波纹底桥架的优势在于强度极高,适合用作大规格桥架及大跨距桥架(跨距增加 a 倍,每米的安全工作载荷减小 $1/a^2$)。

一般工程中,宽度不超过 600 mm 的桥架数量占大部分,模压增强底桥架可以快速交货,且模压增强底桥架能满足这个范围内的桥架强度要求。而宽度大于 600 mm 的桥架,对于强度要求更高,波纹底桥架可满足这个范围的桥架强度要求,且大规格桥架在项目中往往数量不多,可以规避波纹底桥架在产能上的弱势。因此,对桥架进行选型时,应综合考虑桥架生产、安装、强度等因素。

5.3.4　绿色桥架表面处理及选型

1. 各类桥架表面处理方式

传统桥架有三种表面处理方式:工厂化热镀锌板、热浸镀锌和热镀锌板喷涂。工厂化热镀锌板桥架价格低、污染小,可用于干燥的室内环境;热浸镀锌桥架通常用于室外环境;热镀锌板喷涂桥架往往用于地下室。热浸镀锌桥架在进行浸锌工艺时会带来高污染,对环境非常不友好,不属于绿色工艺。

随着技术发展,桥架行业引入了新的表面处理工艺,如彩钢板、彩钢板 + 喷涂、VCI(Volatile Corrosion Inhibitor,气相缓蚀剂)双金属无机涂层等。同时,由于模压增强底和波纹底带来的桥架生产成本降低,多种牌号不锈钢制成的桥架也越来越多,热浸镀锌工艺在工程应用中的比例逐步降低,将会随着时间推移逐渐被淘汰。

2. 各类桥架工艺处理特点

(1)热镀锌:作为最通用、成本最低的一种表面处理方式,其锌层为 80 g/m²(双面),折算成厚度为 5.6 μm。由于锌层较薄,热镀锌板只能用于干燥的室内环境。

(2)热浸镀锌:其锌层厚度为 65 μm,远厚于热镀锌板,可用于室外潮湿环境,以及室内外一般腐蚀环境和强腐蚀环境。但由于热浸镀锌不耐湿热,所以不适合用于封闭的湿热环境。

（3）彩钢板：采用工厂化生产，其表面涂层不与盐雾发生反应，中性盐雾试验可以做到1 000 h，耐腐蚀能力非常强。但考虑加工过程中的切口问题，彩钢板桥架不适用于潮湿和腐蚀环境。

（4）镀锌板＋喷涂：粉末喷涂本身也可隔绝盐雾，喷涂过后的桥架可以有效隔绝水汽和腐蚀气体。但由于喷涂时使用的热塑工艺，其聚酯分子间通过共价键结合，这种化学键会在紫外线下被破坏，所以粉末喷涂工艺的耐候性不足，不能用于室外。

（5）彩钢＋喷涂：结合了彩钢和喷涂的优点，采用双层涂层，寿命更长。

（6）VCI 双金属无机涂层：耐盐雾腐蚀的能力强，表面光亮美观，适合明装。

（7）不锈钢 430：430 牌号不如 304 牌号常见，日常生活中的 430 牌号往往用于厨房不锈钢水槽。430 加工成的桥架，在大多数环境下都不会生锈，但不耐盐碱。

（8）不锈钢 304：304 是最常见的食品级不锈钢牌号，家用煮水壶及多数保温杯中都会使用。不锈钢 304 可应用于大多数民用场景，但不耐强氧化性的氯，如果用在水处理厂也会生锈。

（9）不锈钢 316L：可应用于绝大多数场景，即使用在水处理厂也不会生锈。

当然还有更高等级的不锈钢牌号，但因为使用场景很少、成本很高，在此不作介绍。

3．桥架表面处理选型思路

选择往往意味着取舍。比如模压增强底桥架和波纹底桥架的选型，选择了波纹底的高强度，生产速度上就不能达到最优；选择了模压增强底的高生产速度，强度就要退而求其次。但有些选择是不需要多作考虑的，比如在传统的平板型桥架和新型的绿色桥架选择上。绿色桥架无论从成本、强度、安装难易程度和发展趋势上，都要优于传统的平板型桥架。

桥架表面处理的选择上，也需要权衡。比如传统的热镀锌板和热浸镀锌，选择了热浸镀锌，耐腐能力更好，但成本就要提高；选择了热镀锌板，成本更低，但耐腐能力不足，不能用于室外及潮湿的地下室。

当然，表面处理有时候也需要考虑其他因素。比如在湿热的地下室，即使是热浸镀锌桥架也会较快地生出白锈，随后生出红锈，这是因为热浸镀锌桥架不耐湿热。这种场合应该选择热镀锌板＋喷涂桥架,这种表面处理可以有效隔绝水汽和腐蚀性气体,从而达到耐腐要求,且成本也低于热浸镀锌。

桥架的表面处理方式在选型时,并不是越贵越好,而是越合适越好,需要在成本与性能之间作权衡。

4. 桥架切口问题处理与选材

桥架在实际安装过程中,有一个无法规避的问题,就是桥架的切口问题。表面预处理工艺(热镀锌板、彩钢)在加工过程中会存在切口,表面后处理工艺(热浸镀锌、喷涂)可以修复加工过程中的机械损伤和切口,但无法避免现场安装中的损伤和切口。

只要是表面处理,就没有办法彻底解决切口问题。要解决切口问题,必须把表面处理工艺转变为材质选择,不锈钢从内到外都是同质的,因此可以作为一种材质选择。

以往不锈钢桥架给大家留有材质性能好但成本太高的印象。但绿色桥架的节材降本属性,使得不锈钢桥架的应用成为可能。如果将绿色不锈钢桥架和平板型热浸镀锌桥架对比,304不锈钢桥架价格比热浸镀锌桥架略贵,而430不锈钢桥架比热浸镀锌桥架更便宜。

5.4 绿色桥架设计选型

5.4.1 绿色桥架的力学性能

桥架的力学性能,一般可归为强度、刚度和稳定性三方面。强度指的是荷载强度,通俗理解即桥架能承受多少重量不至于垮塌毁坏;刚度则是指桥架承受荷载后,其底板、侧板各个方向的变形程度不超过规定值;稳定性是指桥架承受荷载后,不发生失稳性破坏。

传统电缆桥架,通常都指平板型槽式桥架,其实现荷载的方式主要是靠增加板材厚度。规格较大的桥架,即使没有承受载荷,也会出现所谓"大肚皮"现象。而绿色桥架摒弃了通过增加板材厚度加强荷载的方式,创新性地通过对板材的冲压、辊压等方式,在桥架底板、侧板上增设不同类型、尺寸的加强筋,从而达到减小板材厚度、增强荷载能力的目的。

5.4.2 绿色桥架的结构特点

绿色桥架的槽体厚度改变较大,这也是桥架之所以能称为"绿色"的关键。绿色桥架做得薄,并非以牺牲桥架的强度为代价,在减小厚度的同时,仍能有效保证强度。

实际安装电缆时,每个项目经理都遇到过平板型桥架出现的"大肚皮"现象。所谓"大肚皮",就是当桥架宽度达到一定大小($>400\,\text{mm}$)时,桥架底部会出现向下垮弯的现象,底部呈现一个两边高中间低的扁抛物线形状,这种现象是桥架强度不足导致的。

《钢制电缆桥架工程技术规程》T/CECS 31—2017 第 3.5.11 条规定:托盘、梯架在承受安全工作载荷时的相对挠度不应大于其跨距的 1/200。

挠度计算公式如下:

$$f_{\max} = K_0 5qL^4/384EI_x \tag{5-21}$$

式中:$f_{\max}$——梁跨中的最大挠度(mm);

K_0——薄壁结构综合修正系数(无量纲常数),取 1.5;

q——桥架均布荷载标准值(kN/m);

L——桥架跨距(m);

E——弹性模量(N/mm^2);

I_x——截面惯性矩(cm^4)。

桥架直线段长度通常为 2 m,其 1/200 就是 10 mm。即当对桥架施加了安全工作载荷(表 5-25)时,其形变的最大处相比于未施加载荷时不能超过 10 mm。安全工作载荷等级对应表见表 5-26。

表 5-25 托盘、梯架安全工作载荷(SWL)

安全工作载荷等级	A	B	C	D
安全工作载荷等级(N/m)	650	1 800	2 600	3 250

注:摘自《钢制电缆桥架工程技术规程》T/CECS 31—2017 表 3.5.6-1。

表 5-26　托盘、梯架的常用规格及安全工作载荷等级对应表

载荷等级	宽度(mm)	载荷等级	宽度(mm)
A 级	60～200	C 级	450～600
B 级	250～400	D 级	800、1 000

注:摘自《钢制电缆桥架工程技术规程》T/CECS 31—2017 表 3.5.6-2。

大规格平板型桥架还未施加载荷时,如已出现肉眼可见的形变,说明在需要大规格桥架的场所,平板型桥架并不适用。厚度较大的平板型桥架尚且无法达到强度需求,更薄的绿色桥架是如何做到的呢?

过去总是错误地认为桥架的强度不够是因为厚度不够,这是因为当时只有平板型这一种桥架。在结构单一的背景下,增加厚度就成了提高强度的唯一手段。现今,绿色桥架的研发实现了通过增加底部截面高度的方式来提升桥架强度。这一方式更加经济和高效,绿色桥架结构上的改变,带来的不仅仅是高强度,还有低成本。

桥架的主要成本由三部分组成:原材料成本、加工成本和运输成本。绿色桥架大幅降低了材料使用量和原材料成本;在运输过程中,桥架属于"重泡货",桥架重量的减轻也降低了运输成本;波纹底桥架和模压增强底桥架在生产工艺上较传统桥架的剪、折要复杂一些,所以加工成本会有相应提升;考虑到桥架的施工和安装,重量减轻也使得桥架更易安装,安装桥架时的人工成本也能进一步降低。总体来说,绿色桥架的综合成本大幅下降,其成本降低比例会随着桥架规格的增大而提高。

5.4.3　绿色桥架设计要点

1.色标管理
绿色桥架应考虑进行色标管理,具体颜色要求需经业主、监理及设计方确认后实施。

2.板材厚度
绿色桥架厚度须满足《钢制电缆桥架工程技术规程》T/CECS 31 对板材厚度的规定。模压增强底桥架、波纹底桥架等须分别满足规程中相关要求。具体要求详见本书附表 B-1～附表 B-4。

3．材料选择及标准附件

标准附件应符合相关标准要求。所有紧固件（六角螺栓、六角螺母、方颈螺栓、平垫、弹垫等）均需采用热浸镀锌或达克罗处理。

支吊架材料优先选用优质型钢，桥架宽度在 50～1 000 mm，支架间距为 1.5 m、1.8 m、2 m 等，应根据实际工程情况合理选择。

4．桥架结构

模压增强底桥架采用整体式托盘结构。制作加工时，采用液压、冲压等垂直成型冷作工艺，以增加桥架的刚度及强度。有孔托盘底部设有通风孔，总冲孔面积不宜大于底部总面积的 40%，且通风孔应布置均匀、相互错开。

波纹底桥架采用分体式托盘结构，底板为直线段和半圆形或梯形凸面相间组成，凸面高度不小于 10 mm，桥架凸面数量不小于 10 个/m；侧板顶缘须卷边以增加桥架强度，侧板下部需增设内凹加强筋以保持侧板与底板的贴合度。大跨距桥架应使用波纹底桥架，跨距大于 9 m 时，波纹底的每侧侧板应使用背靠背型双侧板。

当桥架跨度不小于 400 mm 时，桥架盖板应采用覆边，覆边长度不小于 5 mm；当桥架跨度不小于 600 mm 时，桥架盖板覆边长度不小于 20 mm。配套使用的标准弯通、三通、伸缩节等，也应为对应的节能高强结构。

室外防雨桥架底部应设有排水孔，并有配套的防雨型盖板。

5．机械负载

电缆桥架经安装后，除需承担其自身重量外，尚应承担相应负载的电缆重量，并在此载荷下，桥架稳定牢固、不变形、无起伏扭曲现象。

6．表面防护层（耐腐蚀性）

绿色桥架可根据不同的使用环境，选取不同的表面处理形式，包括热镀锌板、热浸镀锌、喷塑、彩钢板、彩钢板喷塑、VCI、不锈钢板等。

（1）绿色桥架采用彩钢板形式时，其基板为热镀锌基板（锌层厚度不小于 12.6 μm），涂层厚度不小于 20 μm。户内采用聚酯彩涂板，中性盐雾试验时间不短于 480 h；户外采用聚偏氟乙烯彩涂板，中性盐雾试验时间不短于 960 h。

（2）绿色桥架采用热浸镀锌形式时，户内及户外均采用冷轧板为基板，再进行热浸镀锌处理，锌层厚度不小于 65 μm（460 g/m²）（招标施工图有要求的除外）。

（3）连接附件及支吊架表面处理均为热浸镀锌，锌层厚度不小于 65 μm，紧固件采用热浸镀锌或达克罗处理（招标施工图有要求的除外）。

（4）电缆桥架采用彩钢板形式时，必须特别注意，桥架在加工过程中，切口、冲孔断面易发生腐蚀。应在桥架加工成型后，再根据不同的颜色要求进行二次喷涂处理。

7．保护电路连续性

（1）整个桥架系统应有可靠的电气连接并接地，跨接点处连接电阻不大于 33 mΩ，连接板两端须设置不少于 2 个防松螺母或防松垫圈；绝缘涂层桥架须采用爪形垫片并进行接地跨接。

（2）按规范需做重复接地或补充接地处，应配装截面积不小于 6 mm² 的软铜编织线，桥架和规定支吊架处应预留接地装置，并有明显标志。

8．特殊要求

（1）电缆梯架须符合《钢制电缆桥架工程技术规程》T/CECS 31 的规定。梯架两条边框高不小于 50 mm，其顶缘须卷边以增加强度。梯级的中心间隔约为 300 mm，并具有一定的宽度以便于采用不同方法固定电缆，包括尼龙带扣、鞍型夹、冲孔带、电缆夹等固定夹。

（2）在水平弯曲、垂直弯曲、分支和电缆桥架缩小宽度时，须使用制造厂的标准直角弯节、分支接头、偏心缩节、直线缩节等。为适应电缆桥架的胀缩，必须使用制造厂的标准伸缩接合板。

5.4.4　绿色桥架生产工艺

1．生产原则

1）节能环保

桥架的生产设备具备一定的先进性，实现自动化、智能化、效率化，能最大程度地降低电能损耗和材料损耗,节省人工,同时不产生或少产生易污染环境的衍生物。

2)安全可靠

生产过程中,通过机械设备的成熟应用,减少了人力投入,从根本上降低在生产过程中发生机器伤人事故的概率,保障生产全过程的安全性。

3)经济高效

通过大幅节省原材料的使用,达到节材目的,降低企业生产成本,提高生产效率,真正实现降本增效。

4)视觉美观

改进传统的平板型工艺,安装后视觉效果佳,对工程项目创优、创精有良好的加分作用。

2. 生产流程

摒弃传统平板型桥架原始的"剪冲折"工艺(剪板、冲孔、折弯),采用连续冷弯成型机组,通过自动化机械加工,大大减少人力投入,降低生产风险,加快生产速度,提高生产效率(图 5-13)。

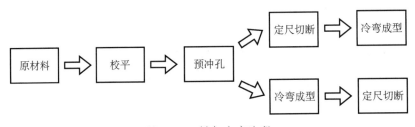

图 5-13 桥架生产流程

采用新型自动化生产工艺,坚持节能、绿色、环保理念,实现生产全过程零污染;原材料选用经工厂预处理的板材,产品后期无需再进行表面处理,减少环境污染;生产过程中,损耗均为冲孔废料,均可回收利用;分隔桥架、梯式桥架等需要二次加工的,均采用铆接、插孔式连接或者紧固件连接方式,不使用焊接,保证桥架表面不受破坏;弯头、三通等附件采取插接式连接,减少连接片、连接螺栓使用,并能加快安装速度,提高安装效率(图 5-14)。

采用生产全过程的管控和检测,严控尺寸、外观,保证产品的准确性和美观性。对轻微的机械损伤及时做必要的修补措施。坚持做产品的荷载检测和耐腐蚀性测试,保证桥架的安全可靠、长久耐用。

图 5-14 绿色桥架连接方式示意

5.4.5 绿色桥架安装注意事项

（1）宜采用插接式进行安装。不仅可减少使用连接片、连接螺栓，还能大大缩短安装工时，提高安装效率，桥架外观也更为美观。

（2）金属梯架、托盘或槽盒本体之间的连接应牢固可靠，与保护导体的连接应符合以下规定：

① 梯架、托盘和槽盒全长小于或等于 30 m 时，不应少于 2 处与保护导体可靠连接；全长大于 30 m 时，每隔 20～30 m 应增加 1 个连接点，起始端和终点端均应设可靠接地。

② 镀锌梯架、托盘和槽盒本体之间不跨接保护联结导体时，连接板每端不应少于 2 个有防松螺帽或防松垫圈的连接固定螺栓。

（3）电缆桥架安装应依据电气施工图纸，满足以下要求：

① 施工方在向桥架制造商提供订单前，按电气施工图对桥架的走向进行测量，绘制测量图。

② 优先采用标准产品及工厂预制件。

③ 梯架、托盘分段应合理，连接部位不应置于穿墙孔洞内。

（4）桥架安装应具备以下条件：

① 土建施工已结束，尤其是井道封顶已完工，周围环境干净。

② 穿越墙面、楼板的孔位置正确。

③ 需要连接的电气设备位置已确定。

（5）电缆托盘、梯架转弯、分支处宜采用专用连接配件。

（6）当直线段托盘、梯架长度大于 30 m 时，应设置伸缩节；当梯架、托盘跨越建筑物变形缝处时，应设置补偿装置。

（7）托盘、梯架与支架间及与连接板的固定螺栓应紧固无遗漏，螺母应位于托盘、梯架外侧。

（8）当设计无要求时，托盘、梯架安装应符合下列规定：

① 托盘、梯架安装应牢固，横平竖直，沿梯架、托盘水平走向的支架左右偏差应不大于 10 mm，其高低偏差应不大于 5 mm。

② 托盘、梯架宜敷设在易燃易爆气体管道和热力管道的下方；托盘、梯架与水管同侧上下敷设时，宜安装在水管的上方；与热水管、蒸气管平行上下敷设时，宜敷设在热水管、蒸气管的下方。

③ 托盘、梯架周围的空间应满足线缆敷设、维护的需要。

④ 敷设在电气竖井内穿楼板处和穿越不同防火区的梯架、托盘，应有防火封堵措施。

⑤ 对于敷设在室外的托盘、梯架，进入室内或配电箱（柜）时应有防雨水措施；由室外较高处引向室内时，电缆桥架应先向下倾斜，然后水平引入室内；当采用托盘时，宜在室外水平段改用一段梯架，并在墙体交接处采用封堵防渗措施。

（9）支吊架设置应符合设计或产品技术文件要求，支吊架安装应稳固、无明显扭曲；与预埋件焊接固定时，焊缝应饱满；膨胀螺栓固定时，螺栓应选用适配，防松零件齐全，连接紧固。

（10）腐蚀环境条件下安装的电缆桥架，应采取措施防止电缆桥架表面涂层锈蚀，在切割、钻孔后应对其裸露的金属表面用相应的防腐涂料和油漆修补。

（11）彩钢板电缆桥架的保护膜，应在电缆敷设后完全清除，以确保没有消防隐患，同时达到更为美观的效果。

（12）金属支架应进行防腐处理，位于室外及潮湿场所的应按设计要求做处理。

（13）电缆梯架、托盘严禁作为人行通道、梯子或站人平台，其支吊架不得作为吊挂设计以外重物的支架使用。

5.5 成品支架与抗震支吊架

工程项目的建设过程中，施工方更倾向于使用工厂化的成品支架。成品支架有工厂化生产、外形美观、无需现场切割、不产生噪声干扰的优点，从而大大降低了人工成本，提高了安装施工质量,绿色性能突出。安全方面,为保证地震条件下机电管线的正常使用,保证消防系统、应急通信系统、电力保障系统、燃气供应系统等重要机电工程的震害控制在局部范围内,避免造成次生灾害,《建筑机电工程抗震设计规范》GB 50981 对抗震支吊架的设计提出了规范要求,抗震支吊架必须达到的技术要求可参见《建筑机电设备抗震支吊架通用技术条件》CJ/T 476。

5.5.1　支吊架基本配置

1. 支吊架种类

常用支吊架种类有钢托臂、钢支柱(或吊杆)、型钢柱(或吊杆)、圆钢、角钢、槽钢及其组合等。普通型钢多在现场制作,断口焊接后用补漆防腐,效果差,不符合绿色环保要求。根据发展趋势,工厂化生产的 C 型钢支吊架应用前景广阔。

2. C 型钢材质及支吊架选择

市场上 C 型钢材质品种较多,常用的有 Q235B 和 SGC340 两种,前者用于热浸镀锌面层,后者是直接冷弯成型的热镀锌钢板。根据需要,还可采用不锈钢或其他材质。

常用单层支吊架选择见表 5-27。

表 5-27　常用单层支吊架选择

桥架宽 B(mm)	立柱＋横梁形式		
	丝杆＋C 型钢/角铁	C 型钢＋C 型钢	槽钢＋槽钢
$B \leqslant 200$	√	—	—
$200 < B \leqslant 1\,000$	—	√	—
$B > 1\,000$	—	√	√

3. 支吊架强度选择

电气管道系统能否可靠运行,支吊架的强度及连接牢固是前提条件,是绿色建筑安全耐久的性能指标之一。

支吊架强度的选择,应满足以下要求:

（1）载荷选择：根据电缆桥架载荷选取，简支梁（两端固定）允许挠度 $L/200$；悬臂梁（单端固定）允许挠度 $L/100$。

（2）C 型钢选择：一般工程见表 5-28；特殊或载荷超大者可委托制造商协助，计算方法可参考《钢制电缆桥架工程技术规程》T/CECS 31 的要求。

表 5-28　常用支吊架强度选择

桥架尺寸 $B \times H$(mm)	200×100	300×100	400×200
吊杆	丝杆 M10	丝杆 M12	
横梁	C—41×25×2.0	C—41×41×2.0	
桥架尺寸 $B \times H$(mm)	600×200	800×200	$1\,000 \times 200$
吊杆	C—41×41×2.0		
横梁	C—41×41×2.5	C—41×62×2.5	

4. 支吊架不同使用场所表面处理方式

支吊架表面防护层的处理工艺，涉及敷设环境中的耐腐蚀能力，也是绿色建筑安全耐久性能的控制项考核指标之一。支吊架的耐腐蚀能力，应该与主体电缆桥架及敷设的电缆保持相同寿命，主要防护方法见表 5-29。表面处理中，锌层厚度至关重要，工厂化热镀锌板一般选择 25 μm，热浸镀锌 55～65 μm。具体可根据使用环境进行选择。

表 5-29　支吊架防护方法选择

工艺	角铁	槽钢	C 型钢	丝杆
电镀锌	—	—	—	√
热镀锌	—	—	√	—
热浸镀锌	√	√	√	—
喷塑	—	—	√	—
复合涂层	—	—	√	—

需注意的是，上述部件的表面防腐处理方式，注重敷设环境，而从产品生产环节来说，还不能达到绝对的环保要求。由于镀锌工艺本身具有不可避免的污染性，无法做到完全的绿色环保。如果以小作坊式的生产模式，则无法对生产过程中产生的废气、废水进行有效处理。对板材材料进行预处理的模式将会逐渐成为行业发展的主流方向，例如镀锌铝

镁板。因此,表面防护层选用的根本原则,还是需要根据不同的使用环境来考虑。普通室内环境可选电镀锌和热镀锌板;室外、潮湿环境需要使用热浸镀锌;在酸碱性腐蚀介质环境下,可以考虑有机复合涂层或者不锈钢材料。

5.5.2　成品支架性能

成品支架性能主要取决于材料材质以及施工质量。成品支架用型钢及连接构件,应采用 Q235B 级及以上的碳钢或者不锈钢等材料。碳钢材料应符合《碳素结构钢》GB/T 700 的规定,不锈钢材料应符合《不锈钢和耐热钢　牌号及化学成分》GB/T 20878 的规定。施工质量应符合《机电工程装配式成品支吊架安装及验收规程》T/CECS 1280 的相关规定。

1. 强度设计值

（1）荷载强度和材料强度:

$$荷载强度设计值 = 荷载标准值 \times 荷载分项系数$$
$$材料强度设计值 = 材料强度标准值 \div 抗力分项系数$$

注:冷弯薄壁型钢的抗力分项系数为 1.165。

钢材强度设计值和钢材物理性能见表 5-30、表 5-31。

表 5-30　钢材强度设计值（N/mm²）

牌号	抗拉、抗压和抗弯 f	抗剪强度 f_v	端面承压（磨平顶紧）f_{ce}	屈服强度 f_y	抗拉强度 f_u
Q235	205	120	310	235	370
Q345	300	175	400	345	470
SGH340	213	126	320	245	340

表 5-31　钢材物理性能

弹性模量 E（N/mm²）	剪变模量 G（N/mm²）	质量密度 ρ（kg/m³）	线膨胀系数 α（mm/m/℃）
206 000	79 000	7 850	0.012

（2）计算冷弯薄壁型钢的全截面有效受拉、受压或受弯构件的强度，其强度设计值应考虑冷弯效应对强度的影响（可参考《冷弯薄壁型钢结构技术规范》GB 50018—2002 附录 C）。

注：经退火、焊接和热浸镀锌处理的冷弯薄壁型钢构件不得采用考虑冷弯效应的强度设计值。

2. 强度计算指标

成品支架的强度计算指标有抗弯强度、抗剪强度、立柱强度、抗震斜撑等；计算中，还需校验横梁的平面内稳定性、平面外稳定性、整体稳定性、斜撑稳定性，受弯梁挠度和构件长细比应符合相关要求。

5.5.3 抗震支吊架性能

1. 非结构构件的抗震计算

机电管线的抗震支吊架性能，涉及绿色建筑中安全耐久的控制项指标，同样对电气绿色设计有所影响。

根据《建筑抗震设计标准》GB/T 50011，非结构构件包括持久性的建筑非结构构件和支承于建筑结构的附属机电设备。其中，建筑附属机电设备指为建筑使用功能服务的附属机械、电气构件、部件和系统，主要包括电梯、照明和应急电源、通信设备、管道系统、采暖和空气调节系统、火灾监测和消防系统、公用天线等。

非结构构件应根据所属建筑的抗震设防类别和非结构地震破坏后果，及其对整个建筑结构影响范围，采取不同的抗震措施，达到相应的性能化设计目标。非结构构件的地震作用效应（包括自身重力产生的效应和支座相对位移产生的效应）和其他荷载效应的基本组合，按《建筑抗震设计标准》GB/T 50011 结构构件的有关规定计算；非结构构件抗震验算时，摩擦力不得作为抵抗地震作用的抗力。

非结构构件的地震作用计算方法应符合以下要求：

（1）各构件和部件的地震力应施加于其重心，水平地震力应沿任一水平方向。

（2）一般情况下，非结构构件自身重力产生的地震作用可采用等效侧力法计算。对支承于不同楼层或防震缝两侧的非结构构件，除自身重力产生的地震作用外，应同时计及地震时支承点之间相对位移产生的作用效应。

（3）建筑附属设备（含支架）的体系自振周期大于 0.1 s，且其重力超过所在楼层重力的 1%，或建筑附属设备的重力超过所在楼层重力的 10% 时，宜进入整体结构模型的抗震设计，也可采用《建筑抗震设计标准》GB/T 50011 中的楼面谱方法计算。

2. 其他注意事项

（1）在设防烈度地震作用下需要连续工作的建筑机电工程设施，其支吊架应能保证设施的正常工作。重量较大的设备宜设置在结构地震反应较小的部位，相关部位的结构构件应采取相应的加强措施。

（2）需要设防的建筑机电工程设施，所承受不同方向的地震作用，应由不同方向的抗震支承来承担，水平方向地震作用应由两个不同方向的抗震支承来承担。

（3）附属于建筑的电梯、照明和应急电源系统、火灾监测和消防系统、采暖和空气调节系统、通信系统、公用天线等与建筑结构的连接构件和部件的抗震措施，应根据设防烈度、建筑使用功能、房屋高度、结构类型和变形特征、附属设备所处的位置和运转要求等经综合分析后确定。

（4）建筑附属机电设备的支架应具有足够的刚度和强度；其余建筑结构应有可靠的连接和锚固，应使设备在遭遇设防烈度地震影响后能迅速恢复运转。

（5）装配式抗震支吊架丝杆或立柱长细比大于 100 时，或装配式抗震支吊架斜撑杆长细比大于 200 时，应采取加固措施。

（6）机电系统抗震支吊架力学分析计算书应包括以下详细内容：

① 项目名称、项目地址、地区抗震设防烈度、设计基本地震加速度值、设计地震分组，以及支架所承载的管道类型、规格、数量等参数信息。

② 建筑类型、锚固信息、支架支撑信息、实际荷载信息等。

③ 组成抗震支吊架系统的各组件、部件的额定荷载信息，以及实际验算值是否合格。

5.5.4　抗震支吊架设计要点

1. 设计背景

为贯彻执行《中华人民共和国建筑法》和《中华人民共和国防震减灾法》，实行"预防为主"的方针,使建筑给排水、供暖、通风、空调、燃气、热力、电力、通信、消防等机电工程经抗震设防后,减轻地震破坏、防止次生灾害、避免人员伤亡、减轻经济损失,做到安全可靠、技术先进、经济合理、维护管理方便,住房和城乡建设部、国家质量监督检验检疫总局联合发布了《建筑机电工程抗震设计规范》GB 50981,该规范于 2015 年 8 月 1 日起正式实施。

目前国内众多业主、设计院、监理单位及施工单位均已意识到建筑机电系统抗震设防的必要性及关键性,大多数项目从设计阶段就按照规范强制要求进行机电系统的抗震设计。而机电系统的专项抗震设计,目前整体都是由具备专业设计能力、现场勘查能力、现场安装指导能力、稳定供货支持能力的企业来深化完成的。

2. 设计文本要求

(1) 设计说明中主要列明以下设计依据,包括建设单位及设计院提供的设计数据、国家现行的规范及相关行业标准、图集等:

① 《建筑抗震设计标准》GB/T 50011;

② 《建筑机电工程抗震设计规范》GB 50981;

③ 《建筑机电设备抗震支吊架通用技术条件》CJ/T 476;

④ 《钢结构设计标准》GB 50017;

⑤ 《建筑电气设施抗震安装》16D707—1;

⑥ 《装配式管道支吊架(含抗震支吊架)》18R417—2。

(2) 设计说明中主要列明以下设计范围:

① 悬吊管道中重力大于 1.8 kN 的设备;

② DN 65 以上生活给水、消防管道系统;

③ 矩形截面积不小于 0.38 m^2 和圆形直径不小于 0.7 m 的风管系统;

④ 内径不小于 60 mm 的电气配管及重力不小于 150 N/m 的电缆梯架、电缆槽盒、母线槽。

3. 支吊架设计间距要点

(1) 新建工程刚性连接的给水、热水及消防管道,侧向抗震支吊架最大间距 12 m,纵向抗震支吊架最大间距 24 m。柔性连接的金属管道、非金属管道及复合管道,改建工程的最大抗震加固间距为上述参数的 1/2。

(2) 新建工程燃油、燃气、医用气体、真空管、压缩空气管、蒸气管、高温热水管及其他有害气体管道侧向抗震支吊架最大间距 6 m,纵向抗震支吊架最大间距 12 m;改建工程的最大抗震加固间距为上述参数的 1/2。

（3）新建工程普通刚性材质风管侧向抗震支吊架最大间距 9 m,纵向抗震支吊架最大间距 18 m;普通非金属材质风管、改建工程的最大抗震加固间距为上述参数的 1/2。

（4）新建工程刚性材质电线套管、电缆梯架、电缆托盘和电缆槽盒,侧向抗震支吊架最大间距 12 m,纵向抗震支吊架最大间距 24 m;新建工程非金属材质电线套管、电缆梯架、电缆托盘、电缆槽盒以及改建工程的最大抗震加固间距为上述参数的 1/2。

（5）实际布设间距由深化设计单位根据安装角度以及荷载进行调整。

抗震设防的目标为:当遭受低于本地区抗震设防烈度的多遇地震影响时,一般不受损失或者不需要修理可继续使用;当遭受相当于本地区抗震设防烈度的地震影响时,可能损坏,经一般修理或者不需要修理仍可继续使用;当遭受高于本地区抗震设防烈度预计的罕遇地震影响时,不至于倒塌或者发生危及生命的严重破坏。可总结为"小震不坏,中震可修,大震不倒"。

5.5.5　抗震支吊架 BIM 应用

通过对 BIM 的成熟化应用,在机电安装工程初期就可通过技术手段,调整各专业管线布置,优化支吊架设计方案,最大程度地减少施工中现场与图纸不符的情况。同时,在管线设备交叉、多层多跨的综合支吊架设计上,能先一步进行实景模拟,不仅能符合结构力学的相关要求,还能预先设计综合支吊架形式,以装配式工艺在工厂或现场一次性完成制作后直接就位,避免支吊架现场反复确认尺寸间距的烦琐与浪费。实际施工中,结合装配式支吊架特性,可以进行适当微调。

传统的总包 + N 分包制的施工管理模式,可以精细化分解工程项目各个专业,让专业的人做擅长的事。与此同时,带来的项目现场管理、沟通协调的问题却愈发突出,尤其体现在综合管线的设置上,主要表现为多专业协同较为困难、不同专业交错、涉及面较广、综合支吊架规范不明确等问题。通过对 BIM 的应用,在设计、施工、运维的建筑全寿命期内,支吊架的安全性、耐用性将得到科学安全的技术保障。

第6章
绿色照明设计
与控制

在建筑绿色低碳设计中,绿色照明设计与控制是一个重要的组成部分。绿色照明不仅关注照明的效率和节能,还涉及环保、安全和舒适等多个方面。绿色照明设计强调使用高效节能的电光源和电器附件,还包括对照明系统的持续优化和维护管理,确保照明控制策略的有效实施,满足最新的绿色评价标准。

绿色照明设计与控制是一个综合性的过程,通过采用高效节能的照明技术和智能化的控制系统,不仅能够显著降低能源消耗和环境影响,还能提升居住和工作环境的舒适度及安全性,是实现可持续发展目标的重要手段。

6.1 绿色建筑室内光环境

6.1.1 绿色光环境概念

光环境首先体现在由照明光源产生的光的功能作用,与光源数量多少和质量相关;其次是由色调、色饱和度、颜色分布、颜色显现等共同建立的环境。光环境也是从人们的生理和心理层面评价的视觉环境。

绿色照明理念最早由美国环保局于1991年提出,其主要宗旨是节约能源,保护环境和提高照明环境质量。我国最初对绿色照明的定义为"指通过科学的照明设计,采用效率高、寿命长、安全和性能稳定的照明电器产品(电光源、灯用电器附件、灯具、配线器材以及调光控制设备和控光器件),改善和提高人们工作、学习、生活的条件和质量,从而创造一个高效、舒适、安全、经济、有益的环境并充分体现现代文明的照明"。

绿色光环境应选择安全可靠的照明设备,符合安全耐久、健康舒适、生活便利、资源节约、环境宜居等绿色建筑性能指标理念;根据民用建筑各场所的视觉要求、作业性质和环境条件,确定最优化灯具安装位置、照射角度和遮光措施,创造舒适的视觉环境。良好舒适的光环境会对使用者的精神状态和心理感受产生积极的影响。例如:对于生产、工作和学习场所,良好的光环境能振奋精神,提高工作效率和产品质量;对于休息、娱乐的公共场所,适宜的光环境能创造舒适、优雅、活泼生动的气氛。因此,创造舒适的光环境,提高视觉功效是提高人们生活品质的绿色理念之一。建筑照明系统是建筑物各系统中的重要组成部分,科学的照明方式和照明种类,能有效利用天然光,减少光污染,平衡照明质量、安全、能耗和投资的关系,合理控制人体节律来满足舒适和健康等方面需求,有效节约能源、保护环境、提高照明质量,同时对实现我国建筑节能目标,推动绿色减排的发展作用巨大。

6.1.2　绿色照明评价

绿色照明评价应遵循因地制宜的原则,结合建筑所在地域的气候、环境、经济和文化等特点,对建筑全寿命期内的照明设施在安全运行、长寿命、控制方便、降低损耗、节约电能、改善照明环境等方面的性能进行综合评价。

在进行照明设计选择照明光源灯具时,需从全寿命期角度综合经济分析,优选效率高、使用寿命长的产品。虽然初期投入高,但通过减少使用数量,降低运行维护费用,在总体经济和技术上是合理的。例如:早期的荧光灯代替白炽灯,细管径荧光灯代替粗管径荧光灯,以及现在普遍使用的各类 LED 灯具代替传统荧光灯、节能灯等。这些替代都是通过光效、色温、寿命、节电和价格等方面作出的优选措施。普通照明用白炽灯光效为 7.3~25 lm/W,寿命为 1 000~2 000 h;三基色荧光灯光效为 93~104 lm/W,寿命为 12 000~15 000 h;LED 灯具光效为 80~140 lm/W,寿命为 35 000~50 000 h。由此可见,LED 灯具的光效和寿命均比较优秀。另外,LED 灯具在调光、变色温和控制方面也有许多优势,在控制好蓝光和性价比的情况下具有很好的应用前景。灯具由吸顶链吊式安装转变为筒灯、格栅灯等内嵌式安装,并逐渐转化成装饰性强的灯具,与装饰顶棚形成一体化,照明环境也形成由静态逐步向动态氛围发展的趋势。

照明设计中不但要考虑灯具效率和寿命,还要考虑使用者的舒适度要求、照明均匀度和眩光的控制。照度均匀度在一定程度上影响照明的灯具布置,对节能方面产生影响。在不影响视觉需求的前提下,强调工作区域和作业区域内的均匀度,而不要求整个房间的均匀度,这样更利于节能。

为得到更好的空间感或立体感,通常以人的坐姿或站姿时眼位高度的垂直照度为准,特殊场合可要求大于 25% 水平照度的空间垂直照度。近几年对空间亮度的研究越来越受到重视,空间亮度感是人们感受到空间亮暗感觉的数值化体现,已成为光环境设计和评价的新指标,该指标能弥补空间设计凭感觉和经验的问题。在光线暗淡的环境下看书、写字时,为了看清物体就会缩短眼睛与书本的距离,容易增加眼调节视觉疲劳;长时间在强光下看书,瞳孔持续缩小甚至痉挛,也容易出现视觉疲劳。视线内的平均亮度对空间的亮度感有着明显的影响,应注重人在观察空间内的视觉亮度,以保证视觉舒适度对光环境的需求,协调好照明舒适度、空间亮度感、亮度与视觉的关系。

目前,建筑内部人员长期停留的场所应采用符合《灯和灯系统的光生物安全性》GB/T 20145 规定的无危险类照明产品。选用 LED 照明产品的光输出波形的波动深度应符合《LED 室内照明应用技术要求》GB/T 31831 的规定。光生物安全应识别视野内潜在的危险,保证视觉作业的功效和平衡的光色分布,保证使用者的舒适性。同时,眩光的出现会给人所处环境带来许多不适,应尽量降低各种眩光带来的影响。例如:安装灯具时应考虑对作业面的影响,避免形成工作区内的眩光;房间表面装饰宜采用低光泽度的表面装饰材料;灯具表面亮度不宜过高;应尽量提高房间墙面和屋顶面的照度。

6.2 绿色性能与照明灯具

近年来,随着半导体照明产业的快速发展,LED 照明产品已经在照明领域中体现出巨大的节能优势,不断被推广和应用到各类绿色建筑场所的照明设计中。

白光 LED 以其效率高、功耗小、寿命长、响应快、可控性高、绿色环保等显著优点,被公认为是"绿色照明光源",已经成为继白炽灯、气体放电灯之后的第三代照明光源,具有巨大的发展潜力。目前 LED 照明技术仍处于快速发展阶段,利用芯片产生的蓝光激发荧光粉产生白光是当前白光 LED 的主要发光原理。由于其发光原理与传统光源有较大差异,从而导致其色品性能与传统光源存在较大差异,主要体现在 LED 光源色品及频闪等方面,这也成为实际工程设计使用过程中需要重点考虑的问题。

6.2.1 LED 光源

电光源是将电能转换成光学辐射能的器件。目前,绝大多数国家和组织都采用美国国家标准协会(American National Standards Institute,ANSI)定义的标准外形对 LED 光源进行分类,一般分成非定向和定向两大类。含控制装置的 LED 模块是一种组合式照明光源装置。

1. 非定向 LED 光源

非定向 LED 光源包括 A、BT、P、PS、S 及 T 类型,即市场上通常称为"球泡""奶泡"等的 LED 灯泡,采用非定向 LED 光源主要是为了替代普通白炽灯和泡状型主电压卤素灯。美国环保署(Environmental Protection Agency,EPA)和美国能源部(Department of Energy,DOE)启动的能源之星(Energy Star)认证,对非定向 LED 光源的初始光效,要求输入功率小于 10 W 的初始光效不应低于 65 lm/W,输入功率大于 10 W 的初始光效不应低于 70 lm/W,最大功率限制在 150 W 以下。《LED 室内照明应用技术要求》GB/T 31831 要求非定向 LED 光源的光效应不低于 65 lm/W。《室内照明用 LED 产品能效限定值及能效等级》GB 30255 要求能效 1 级的非定向自镇流 LED 光源光效不低于 105 lm/W。各类型非定向 LED 光源的外形如图 6-1 所示。

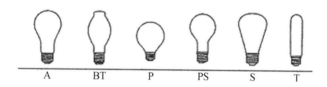

图 6-1　各类型非定向 LED 光源外形

非定向 LED 光源还涵盖装饰性 LED 光源,包括 B、C、CA、F 及 G 等类型,即市场上通常称为"蜡烛泡"和"球泡"等的 LED 灯泡,采用装饰性 LED 光源主要是为了替代普通装饰性白炽灯和主电压卤素灯。美国能源之星认证对装饰性 LED 光源的初始光效要求为:最低初始光效不应低于 40 lm/W,最大功率限制在 60 W 以下。《装饰照明用 LED 灯》GB/T 24909 没有对最低光效作相应规定。各类型装饰性 LED 光源外形如图 6-2 所示。

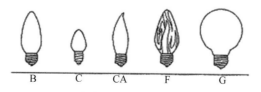

图 6-2　各类型装饰性 LED 光源外形

2. 定向 LED 光源

定向 LED 光源包括 R、BR、ER、MR 和 PAR 等类型。采用定向 LED 光源主要是为了替代传统反射型光源,特别是 PAR 灯和低压卤素灯。美国能源之星认证对光源口径小于或等于 2.5 英寸(6.35 cm)的定向 LED 光源的初始光效要求为最低初始光效不应低于 40 lm/W;对光源口径大于 2.5 英寸的定向 LED 光源的初始光效要求为最低初始光效不应低于 45 lm/W。《LED 室内照明应用技术要求》GB/T 31831 要求定向 LED 光源的光效应不低于 50 lm/W(PAR16/PAR20)和 55 lm/W(PAR30/PAR38)。《室内照明用 LED 产品能效限定值及能效等级》GB 30255 要求能效 1 级的定向集成式 LED 光源光效不低于 95 lm/W(PAR16/PAR20)和 100 lm/W(PAR30/PAR38)。各类型定向 LED 光源外形如图 6-3 所示。

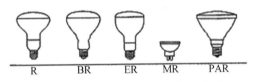

图 6-3　各类型定向 LED 光源外形

3. LED 模块

根据《普通照明用 LED 和 LED 模块术语和定义》GB/T 24826,LED 模块是一种组合式照明光源装置。除一个或多个发光二极管外,还包括其他元件,如光学、电气、机械和电子元件,通过增加灯具外壳及驱动电源就能组合成一套完整的 LED 灯具,LED 模块一般都有专门的配套驱动电源。LED 模块外形如图 6-4 所示。

图 6-4　LED 模块外形

6.2.2　LED 照明灯具绿色性能

灯具是能透光、分配和改变光源光分布的装置,包括除光源外所有用于固定和保护光源所需的全部零部件,以及与电源连接所必需的线路附件。LED 照明灯具是一个集成系统,由 LED 与底板,用于光混合、扩散和聚焦的透镜或其他光学器件、驱动器、控制和感应电路、热管理等器件组成。

灯具可按照用途、功能、光源种类、安装方式及特殊场所等方式进行分类。LED 灯具常用的分类有两种：一种是按照国际照明委员会(CIE)推荐的，以灯具光通量在上、下空间的分配比例进行分类，把灯具分为直接型、半直接型、漫射型、半间接型和间接型五大类；另一种是按照灯具的安装方式来进行分类，如筒灯、射灯、平板灯、吊杆（支架）灯、深/广照灯（高/低天棚灯）等。

民用建筑电气绿色照明设计选择光源或灯具时，应满足显色性、启动时间等要求，并应根据光源、灯具及驱动电源等的效率或效能、寿命等，进行综合技术经济分析比较后确定。选择的照明灯具、驱动电源等应通过国家强制性产品认证，在满足眩光限制和配光要求条件下，选用效率或效能高的光源或灯具。

LED 照明灯具的绿色性能可根据 LED 灯具光通量、灯具效能、相关色温(Correlated Color Temperature，CCT)、色温一致性、色温漂移、色温空间均匀度、显色指数、流明维持率、配光特性、蓝光危害以及闪烁与频闪效应限制等相关指数的计算与分析，选择合适的绿色照明灯具。

6.2.3 灯具效率与节能指标

1. 灯具效率

灯具效率是指灯具所发出光能的利用率。通常在规定使用条件下，测出的灯具光通量与灯具内所有光源在灯具外测出的总光通量之比，即灯具效率，也称灯具光输出比。灯具效率越高，说明灯具发出的光能越多。灯具效率用百分数表示，其数值总是小于100%。灯具效率的计算公式如下。

$$\eta = F/F_0 \tag{6-1}$$

式中：η——灯具效率；

F——灯具射出的总光通量(lm)；

F_0——光源所发出的总光通量(lm)。

2. 照明功率密度

照明功率密度(LPD)是评价建筑照明节能的指标,是指房间单位面积上的照明安装功率(包括光源、镇流器或变压器功率),单位为瓦特每平方米(W/m^2)。各类房间场所的总安装功率不得大于规定的 LPD 值。LPD 是目前许多国家均采用的照明节能评价指标,在绿色设计中照明节能采用 LPD 值作为评价指标,对照明灯具的选用作出了限定。

随着 LED 灯具在室内照明中的广泛应用,国内 LED 灯具能效标准体系也在不断完善。其中,室内 LED 照明灯具能效相关的标准包括《室内照明用 LED 产品能效限定值及能效等级》GB 30255、《普通照明用 LED 平板灯能效限定值及能效等级》GB 38450、《LED 室内照明应用技术要求》GB/T 31831、《LED 体育照明应用技术要求》GB/T 38539、《建筑照明设计标准》GB/T 50034。

美国能源之星、欧盟授权条例(EU)2019/2015 等国外标准,均对 LED 能效进行了规定。

3. 节能指标

LED 灯具技术的发展和成熟应用,使得更严格的节能指标限值成为可能。目前,LPD 值要求最高的规范是《民用建筑电气绿色设计与应用规范》T/SHGBC 006,不同类型建筑和场所的照明功率密度限值可参照该标准的具体规定要求。以下为四种代表性照明场所的照明功率密度限值规定要求。

1) 办公建筑和其他类型建筑中具有办公用途场所的照明功率密度限值应符合表 6-1 的规定。

表 6-1　办公建筑和其他类型建筑中具有办公用途场所照明功率密度限值

房间或场所	照明功率密度限值(W/m^2)		照度标准值(lx)
	基本值	推荐值	
普通办公室	≤6.5	≤5.5	300
高档办公室、设计室	≤9.5	≤8.0	500
会议室	≤6.5	≤5.5	300
服务大厅	≤8.0	≤7.0	300

2) 商店建筑照明功率密度限值应符合表 6-2 的规定。当一般商店营业厅、高档商店营业厅、专卖店营业厅需装设重点照明时,该营业厅的照明功率密度限值应增加 5 W/m^2。

表 6-2　商店建筑照明功率密度限值

房间或场所	照明功率密度限值（W/m²）		照度标准值（lx）
	基本值	推荐值	
一般商店营业厅	≤7.0	≤6.0	300
高档商店营业厅	≤11.0	≤9.5	500
一般超市营业厅	≤8.0	≤7.0	300
高档超市营业厅	≤12.0	≤10.5	500
仓储式超市	≤8.0	≤7.0	300
专卖店营业厅	≤8.0	≤7.0	300

3）旅馆建筑照明功率密度限值应符合表 6-3 的规定。

表 6-3　旅馆建筑照明功率密度限值

房间或场所	照明功率密度限值（W/m²）		照度标准值（lx）
	基本值	推荐值	
客房	≤4.5	≤4.0	—
中餐厅	≤6.0	≤5.5	200
西餐厅	≤4.0	≤3.5	150
多功能厅	≤9.5	≤8.5	300
客房层走廊	≤2.5	≤2.0	50
大堂	≤6.0	≤5.5	200
会议室	≤6.5	≤6.0	300

4）公共建筑通用房间或场所照明功率密度限值应符合表 6-4 的规定。

表 6-4　公共建筑通用房间或场所照明功率密度限值

房间或场所		照明功率密度限值（W/m²）		照度标准值（lx）
		基本值	推荐值	
走廊	一般	≤1.5	≤1.2	50
	高档	≤2.5	≤2.2	100
厕所	一般	≤2.0	≤1.8	75
	高档	≤3.5	≤3.0	150

（续表）

房间或场所		照明功率密度限值（W/m²）		照度标准值（lx）
		基本值	推荐值	
试验室	一般	≤6.5	≤5.5	300
	精细	≤9.5	≤8.0	500
检验室	一般	≤6.5	≤5.5	300
	精细,有颜色要求	≤16.0	≤13.5	750
计量室、测量室		≤9.5	≤8.0	500
控制室	一般控制室	≤6.5	≤5.5	300
	主控制室	≤9.5	≤8.0	500
电话站、网络中心、计算机站		≤9.5	≤8.0	500
动力站	风机房、空调机房、泵房	≤2.5	≤2.2	100
	冷冻站、锅炉房	≤3.5	≤3.0	100
仓库	一般件库	≤2.5	≤2.2	100
	精细件库	≤4.5	≤3.0	200
公共车库		≤1.4	≤1.2	50

6.2.4 建筑照明能耗指数

建筑照明能耗值（Lighting Energy Numeric Indicator，LENI），是评价建筑照明能效的参数，也是照明系统运维阶段最实用的指标，用建筑每平方米一年的照明能耗来表示，单位为 kW·h/(m²·年)。照明节能运营后，一般照明单位面积年度的建筑照明能耗值应满足公式(6-2)计算得到的最高限值。

$$LENI = \frac{\sum_{i=1}^{n} LPD_i \times A_i \times T_{\text{tot}, i}}{1\,000 \times \sum_{i=1}^{n} A_i} \tag{6-2}$$

式中：$LENI$——建筑照明能耗值 kW·h/(m²·年)；

LPD_i——第 i 个照明场所的照明功率密度限制值（W/m²）；

A_i——第 i 个照明场所的照明面积（m²）；

$T_{tot,i}$——第 i 个照明场所的年度标准照明小时数(h),可根据表6-5计算得到。

表6-5 各类建筑照明场所年度标准照明时间

建筑类型	年标准照明时间(h)		
	t_D	t_N	t_{tot}
办公建筑	2 250	250	2 500
教育建筑	1 800	200	2 000
医疗建筑	3 000	2 000	5 000
旅馆建筑	3 000	2 000	5 000
餐饮建筑	1 250	1 250	2 500
商店建筑	3 000	2 000	5 000

注:t_D—有自然光的照明时间;t_N—无自然光的照明时间;t_{tot}—年度照明总时间。

绿色建筑评价分两个阶段,第一阶段为工程施工图设计完成后进行的预评价;第二阶段为建筑工程竣工运营后进行的最终评价,也是评价重点。建筑使用时,考虑到运行能耗与照明功耗和使用时间相关,因此运营管理时采用建筑照明能耗值(LENI)限值作为运营参照,衡量建筑物照明系统是否节能,其可以作为绿色建筑运营的考核指标。

以下通过一个实际项目案例,说明 LENI 值的应用。

1. 项目概况

某项目为某商业综合体,总建筑面积 230 176.9 m²,其中裙房商业面积 63 000.0 m²、塔楼酒店面积 83 000.0 m²、办公面积 56 000.0 m²。建筑使用功能为两栋高层(裙房商业、塔楼酒店办公)及多栋多层街区商业,地下两层停车库。项目属于一般公共建筑,单体建筑面积超过 30 000 m²,建筑等级为一级,建筑耐久年限 50 年。地上多层建筑耐火等级为二级,地上高层建筑及地下室耐火等级为一级。抗震设防烈度 7 度;结构形式为框架剪力墙。

2. 办公部分计算

该项目普通办公室面积 31 000.0 m²、高档办公室面积 16 800.0 m²、会议室面积 7 000.0 m²、大厅面积 1 200.0 m²。办公部分照明功率密度值按办公建筑和其他类型建筑中具有办公用途场所照明功率密度限值的基本值考虑计算。

$$31\,000.0 \times 6.5 + 16\,800 \times 9.5 + 7\,000 \times 6.5 + 1\,200 \times 8.0 = 416\,200(\text{W})$$

办公部分的年标准照明时间按办公建筑的年标准照明时间 2 500 h 计算。

$$416\,200 \times 2\,500 \div 1\,000 = 1\,040\,500(\text{kW} \cdot \text{h}/\text{年})$$

3．酒店部分计算

该项目客房面积 65 000.0 m²、中餐厅面积 8 000.0 m²、西餐厅面积 4 000.0 m²、多功能厅面积 3 000.0 m²、会议室面积 2 000.0 m²、大堂面积 1 000.0 m²。酒店部分的照明功率密度值按旅馆建筑照明功率密度限值的照明功率密度值的基本值考虑计算。

$$65\,000 \times 4.5 + 8\,000 \times 6.0 + 4\,000 \times 4.0 + 3\,000 \times 9.5 + 2\,000 \times 6.5 + 1\,000 \times 6.0 = 404\,000(\text{W})$$

酒店部分的年标准照明时间按旅馆建筑的年标准照明时间 5 000 h 计算。

$$404\,000 \times 5\,000 \div 1\,000 = 2\,020\,000(\text{kW} \cdot \text{h}/\text{年})$$

4．商业部分计算

该项目一般商店营业厅面积 25 000.0 m²、高档商店营业厅面积 22 000.0 m²、高档超市营业厅面积 3 000.0 m²、专卖店营业厅面积 13 000.0 m²。商业部分的照明功率密度值按商店建筑照明功率密度限值照明功率密度值的基本值考虑计算。

$$25\,000 \times 7.0 + 22\,000 \times 11.0 + 3\,000 \times 12.0 + 13\,000 \times 8.0 = 557\,000(\text{W})$$

商业部分的年标准照明时间按商店建筑的年标准照明时间 5 000 h 计算。

$$557\,000 \times 5\,000 \div 1\,000 = 2\,785\,000(\text{kW} \cdot \text{h}/\text{年})$$

$$LENI = (1\,040\,500 + 2\,020\,000 + 2\,785\,000) \div 202\,000 = 28.94[\text{kW} \cdot \text{h}/(\text{m}^2 \cdot \text{年})]$$

5．分析及结论

上述计算仅为建筑使用面积部分，公共走道、机房、地下车库等空间没有包含在内（注：这些场所的计算方式一样）。据计算可以得出，该建筑日常运营时，办公、酒店和商业场所采用的值 LENI 值为 28.94 kW · h/(m² · 年)。其可作为当年照明运营的参照指标，判断建筑物照明系统合理节能情况，对绿色建筑运营的考核指标有实际意义。

6.2.5　生理等效照度

生理等效照度(Equivalent Melanopic Lux，EML)，是一种用于量化光对人体生理节律影响的指标，由 WELL 健康建筑标准根据罗伯特·J.卢卡斯(Robert J. Lucas)等人的理论提出，指通过照明的辐照度对人的非视觉系统作用而导出的光度量。

生理等效照度可按下式计算：

$$EML = L \times R \tag{6-3}$$

式中：EML——生理等效照度(lx)；

L——视觉照度(lx)；

R——比例系数。

光是影响人体生理节律的重要因素，人体生理节律是指体力节律、情绪节律和智力节律，也就是人们常说的"生物钟"。人体生理节律的紊乱，将直接影响人们的生活、工作和学习。

不同强度和光谱的光对人体生理节律产生的影响不同。对于居住建筑，为保证良好的休息环境，夜间应在满足视觉照度的同时合理降低生理等效照度；对于公共建筑，为保证舒适高效的工作环境，应适当提高主要视线方向眼位高度的生理等效照度。生理等效照度公式中当无法获取光谱功率分布时，比例系数 R 值的选取见表6-6。

表 6-6　不同光源的比例系数 R 取值

光源(K)	比例系数 R	光源(K)	比例系数 R
2 700 K LED	0.45	5 450 K CIE(Equal Energy)	1.00
3 000 K 荧光灯	0.45	6 500 K 荧光灯	1.02
2 800 K 白炽灯	0.54	6 500 K 日光	1.10
4 000 K 荧光灯	0.58	7 500 K 荧光灯	1.11
4 000 K LED	0.76		

《民用建筑电气绿色设计与应用规范》T/SHGBC 006 对生理等效照度的要求规定如下：公共建筑中人员长期工作的场所，工作面上 0.45 m 处或地面上 1.4 m 处主要视线上

的生理等效照度(EML)应不低于 150 lx。

6.3　绿色照明设计

绿色照明是节约能源、保护环境,有益于提高人们生产、工作、学习效率和生活质量,保护身心健康的照明。据美国研究资料表明,节约电能,可减少大量大气污染物,每节约 1 kW·h 电能可减少的空气污染物传播量见表 6-7。

表 6-7　每节约 1 kW·h 电能可减少的空气污染物传播量

空气污染物燃料种类	SO_2(g)	NO_x(g)	CO_2(g)
燃煤	9.0	4.4	1 100
燃油	3.7	1.5	860
燃气	—	2.4	640

提高照明品质应以人为本,同时兼顾节约能源和保护环境。具体体现为:照度应符合该场所视觉工作的需要,且有良好的照明质量,如照度均匀度佳、眩光限制好、显色性高等。节约能源和保护环境必须以保证数量与质量为前提,真正体现绿色照明的核心理念。

6.3.1　照明节能

照明节能是一项系统工程,要从提高整个照明系统的效率来考虑。照明光源的光线进入人的眼睛,最后引起光的感觉,这是复杂的物理、生理和心理过程,该照明过程与效率如图 6-5 所示。因此,欲达到节能目的,必须从组成节能系统的各个因素加以分析考虑,以提出节能的技术措施。

国际照明委员会(CIE)提出了以下 9 条节能原则:

(1) 根据视觉工作需要,决定照明水平。

(2) 得到所需照度的节能照明设计。

(3) 在考虑显色性的基础上采用高光效光源。

(4) 采用不产生眩光的高效率灯具。

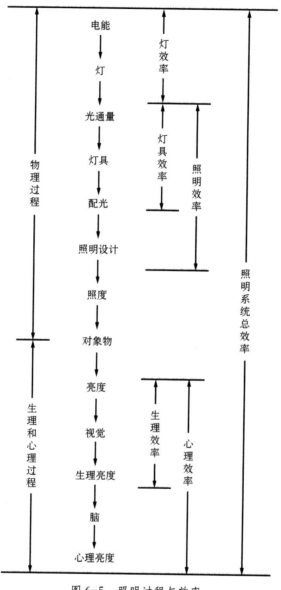

图 6-5　照明过程与效率

（5）室内表面采用高反射比的材料。

（6）照明和空调系统的热结合。

（7）设置不需要时能关灯或调灯的可控装置。

（8）不产生眩光和差异的人工照明同天然采光的综合利用。

（9）定期清洁照明器具和室内表面，建立换灯和维修制度。

6.3.2 照明控制

1. 智能照明控制系统特点

智能照明控制系统之所以能广泛应用于绿色和智能建筑中,主要因为以下特点:

1)人性化照明控制

由于不同区域对照明质量的要求不同,需调整控制照度来实现场景控制、定时控制、多点控制等。采用智能照明控制系统,可以使照明系统处于全自动状态,系统将按预先设定的若干基本状态进行工作,并按预先设定的时间自动切换状态。例如:当天工作日结束后,系统会自动进入晚间工作模式,自动并缓慢地调暗各区域灯光;系统的探测功能将自动生效,智能关闭无人区域灯光,并将有人员活动区域的灯光调至合适亮度;通过编辑器及时改变各区域照度,以适应各种不同场景的需求。

2)延长灯具使用寿命

传统照明系统中,配有传统镇流器的日光灯常以较低频率闪动,这种频闪容易使工作人员头脑昏沉、视觉疲劳、工作效率降低。智能照明系统中的可调光电子镇流器可在较高频率下工作,不仅能克服频闪,还可消除启辉时的亮度不稳定,为人们提供健康、舒适的环境,提高工作效率,同时延长灯具使用寿命。此外,LED 光源因其固体冷光源、环氧树脂封装等构造特点,以及采用直流驱动的方式,使用寿命为一般传统灯具的 5~10 倍。

3)节约能源

智能照明控制系统使用先进的电力电子技术,能对大多数灯具(包括荧光灯、节能灯、LED 灯等)进行智能调光。当室外光较强时,室内灯光自动调暗;室外光较弱时,室内灯光则自动调亮,使室内照度始终保持在恒定值附近,从而能够充分利用自然光实现节能目的。此外,系统采用设置照明工作状态的方式按时进行自动开、关照明,通过智能化管理,使系统能最大限度地节约能源。

4)提高管理水平

智能照明控制系统将普通照明的人为开/关转变为智能化管理,不仅使建筑管理者能将其高素质的管理意识运用于控制系统中,还将大大减少建筑的运行维护费用,带来较大的投资回报。

2．智能照明控制系统性能

智能照明控制系统的性能主要体现在以下几个方面：

（1）回路控制：系统可控制任意回路连续调光或开关。

（2）场景控制：可预先设置多个不同场景，在场景切换时缓入、缓出。

（3）传感器控制：可接入各种传感器对灯光进行自动控制。例如：接入移动传感器，由声、光、热、人及动物的移动检测达到对灯光的控制；可通过对人体红外线检测达到对灯光的控制，实现人来灯亮（或调亮）、人走灯关（调暗）。

（4）光亮照度传感器：某些场合可根据室外光线的强弱调整室内光线，如学校教室的恒照度控制。

（5）时间控制：某些场合可以随上、下班时间调整亮度。

（6）红外遥控：可用手持红外遥控器对灯光进行控制。

（7）系统联网：利用上述控制手段进行综合控制或与楼宇智能控制系统联网。

3．照明控制调光方式

通常，LED 照明设备控制方式有：0/1～10 V 调光；前沿切相（Forward Phase Cut，FPC）可控硅调光；后沿切相（Reverse Phase Cut，RPC）MOS 管调光；数字调光；DALI（数字可寻址照明接口）及 DALI-2；DMX512（或 DMX）。

1) 0/1～10 V 调光

0～10 V 调光也称为 0～10 V 信号调光，是一种模拟调光方式。它区别于可控硅调光电源的是在 0～10 V 电源上增设两个 0～10 V 的接口（＋10 V 和－10 V），通过改变电压来控制电源输出电流从而达到调光目的。10 V 的时候达到最亮，0 V 的时候关闭。当电阻调光器调到最小 1 V 时，输出电流是 10%，如果 10 V 时输出电流是 100%，亮度也将是100%。值得注意且较好区分的是，1～10 V 调光不具备开关功能，不能将灯具调到最低起关闭作用，而 0～10 V 调光具备开关功能。

2) 前沿切相（FPC）可控硅调光

可控硅调光较早就已应用于白炽灯和节能灯调光，也是目前广泛应用于 LED 调光的一种调光方式。可控硅调光是一种物理性质的调光，从交流相位 0 开始，输入电压斩波，直到可控硅导通时，才有电压输入。它的工作原理是将输入电压的波形通过导通角切波之后,产生一个切向的输出电压波形。应用切向原理,可减少输出电压有效值,以此降低普通负载(电阻负载)的功率。可控硅调光器具有调节精度高、效率高、体积小、重量轻、容易远距离操纵等优点,在市场上占主导地位。可控硅调光的优点在于工作效率较高,性能稳定,调光成本低;缺点是 FPC 调光性能较差,通常导致调光范围缩小,并会导致最低要求负荷都超过单个或少量 LED 照明灯具额定功率。因为可控硅调光的半控开关属性,只有开启电流的功能,而不能完全关断电流,即使调至最低依然有弱电流通过,而 LED 微电流发光的特性,使得用可控硅调光大量关断后 LED 仍然有微弱发光的现象存在。

3)后沿切相(RPC)MOS 管调光

后沿切相控制调光器采用场效应晶体管(Field Effect Transistor,FET)或绝缘栅双极型晶体管(IGBT)设备制成。其使用 MOSFET 作为开关器件,所以也称为 MOSFET 调光器,俗称"MOS 管"。MOSFET 是全控开关,既可以控制开也可以控制关,因此不存在可控硅调光器不能完全关断的现象。此外,MOSFET 调光电路比可控硅更适合容性负载调光,但由于成本偏高和调光电路相对复杂、不容易稳定等特点,使得 MOS 管调光方式没有发展起来,可控硅调光器仍然占据了绝大部分的调光系统市场。

与前沿切相调光器相比,后沿切相调光器主要应用于 LED 照明设备,由于没有最低负荷要求,从而可以在单个照明设备或非常小的负荷上实现更好性能。但由于 MOS 管极少应用于调光系统,一般只做成旋钮式的单灯调光开关,这种小功率的后切相调光器不适用于工程领域。诸多照明厂家应用这种调光器对自己的调光驱动和灯具做调光测试,最后将自己的调光产品推向工程市场,导致工程中经常出现用可控硅调光系统调制后沿切相调光驱动的情况。这种调光方式的不匹配极易导致调光闪烁,严重的会迅速损坏电源或调光设备。

4)PWM 调光

数字调光又称 PWM(Pulse Width Modulation,脉冲宽度调制)调光。该方式通过 PWM 波开启和关闭 LED 来改变正向电流的导通时间,以达到亮度调节的效果。脉宽调制是利用微处理器的数字输出对模拟电路进行控制的一种非常有效的技术,广泛应用于从测量、通信到功率控制与变换及 LED 照明等众多领域中。通过以数字方式控制模拟电路,可以大幅度降低系统的成本和功耗。此外,许多微控制器和 DSP 已在芯片上包含

PWM 控制器,使得数字控制的实现变得更加简便。该方法基于人眼对亮度闪烁不够敏感的特性,使 LED 负载时亮时暗。如果闪烁频率超过 100 Hz,人眼看到的就是平均亮度,不是 LED 在闪烁。PWM 通过调节亮和暗的时间比例实现亮度调节,在一个 PWM 周期内,因为人眼对大于 100 Hz 的光闪烁感知的亮度是一个累积过程,即亮的时间在整个周期中所占的比例越大,人眼感觉越亮。

5) DALI(数字可寻址照明接口)及 DALI-2

(1) DALI

DALI 是数字可寻址照明接口(Digital Addressable Lighting Interface)的英文首字母缩写,是一个数据传输协议,也是一种典型的数字控制调光方式。世界 DALI 协会成立于 2001 年,DALI 技术的推出及应用,已成为欧洲数字调光的主流标准。DALI 作为专用的照明控制协议,适用于场景控制及光源故障状态反馈。DALI 系统赋予灯具新内涵,每个灯具都有独立地址,对光源和灯具没有要求,只要求镇流器、驱动器和其他元件符合 DALI 标准,灯具地址由其体现。

DALI 标准定义了一个包括最大 64 个单元(可独立地址),16 个组及 16 个场景的网络协议。DALI 总线上的不同照明单元可以灵活分组,实现不同场景控制和管理。在实际应用中,一个典型的 DALI 控制器控制多达 40~50 盏灯,可分成 16 个组,同时可并行处理一些动作指令。在一个 DALI 网络中,每秒可以处理 30~40 个控制指令。这意味着控制器对于每个照明组,每秒需要管理 2 个调光指令。DALI 并不是真正的点对点网络,它替代 1~10 V 电压接口达到控制镇流器的目的。相对于传统的 1~10 V 调光模式,DALI 调光的优点在于每个节点都具备唯一地址码并带有反馈,较远距离调光不会像 1~10 V 调光模式那样出现信号衰减,但在工程实践中,这个距离不宜超过 200 m。

DALI 可对每个配有 DALI 驱动模块的灯具进行调光,其总线上的不同照明单元可以灵活分组,实现不同场景控制和管理。相较于其他调光方式,DALI 调光方式有以下优缺点。

优点:①数字调光,调光精确、稳定平滑;②可双向通信,向系统反馈灯具情况;③单灯控制,更灵活方便;④抗干扰能力强。

缺点:①模块电源价格高;②模块电源调试较复杂;③需要增加信号线,布线烦琐。

(2) DALI-2

DALI-2 是基于 IEC 62386 开放标准制定的最新版本 DALI 协议。与原版相比，DALI-2 涵盖了更广泛功能和更多的产品类别，并且新版协议非常注重各产品间互操作性的实现。

DALI-2 提供额外的色温控制支持，包括 RGB 颜色调光和色彩温度。增加的色彩控制也为建筑师提供更多选择，如建筑内使用 DALI 灯具如何控制单间的光照温度。新版协议也能较好地传递重要信息，比如能源使用和 LED 温度，是影响 LED 使用寿命的重要因素。

DALI-2 还能支持额外一套 64 个地址，尤其是控制界面，如键盘和感应器。用户在单个 DALI 网络中可有多达 128 个地址，这意味着只用更少的设备和产品就可创立一个更大的 DALI 照明设备网络。在安装后的使用期内，设计师不必将布线绑定至基础设施，这不仅降低了系统整体的复杂性，也提供了编程的灵活性。

DALI-2 为照明系统的设计和控制提供更高的自由度。新版标准激活了照明组群的配置和预设功能，既可使用空间配套照明，又能提供集成能源管理功能。此外，作为开放系统，DALI-2 让不同厂家产品和标准化的性能可以交互式操作。通过 DALI-2 的控制色彩功能，建筑师的设计可以更精致、更节能、更有效。

6) DMX 512(或 DMX)

DMX 512 协议最先是由美国剧院技术协会(United States Institute for Theatre Technology，USITT)提出的。DMX 512 超越了模拟系统，但不能完全代替模拟系统。其简单性、可靠性以及灵活性特点使其成为资金允许情况下选择的一种协议。实际应用中，DMX 512 控制方式一般是将电源和控制器设计在一起，由 DMX 512 控制器控制 8~24 线，直接驱动 LED 灯具的 RGB 线。但在建筑亮化工程中，由于直流线路的衰弱大，要求在 12 m 左右就要安装一个控制器，控制总线为并行方式，因此，控制器的布线非常多，很多场合甚至无法施工。DMX 512 的接收器需设置地址，让其能明确接收调光指令，这在实际应用中也十分不便。多个控制器互联来控制复杂的照明方案，操作软件设计也会比较复杂。因此，DMX 512 系统比较适合灯具集中的场合，如舞台灯光、演播灯光等。

6.3.3　各类场所绿色照明设计要点

1. 绿色照明基本设计要点

1）绿色照明基本设计原则

（1）民用建筑的绿色照明设计，除了关注传统的照明能效和节约能源外，还应充分考虑照明对环境的影响和保护，同时应重视照明的非视觉效应以及对人体昼夜节律的影响。在合适时间、合适场景，给予合适的照明，以满足人体生理节律需求，有利于人的生理和心理健康。

（2）进行多种不同视觉作业时，应根据不同的视觉特点和要求，确定合适的照明标准，提供满足不同视觉要求的照明场景，同时还可以节约能源。

（3）多种照明方式的结合可以有效降低能耗，提高照明质量，同时应有效结合天然采光，更好地节约照明用能，并通过非视觉效应提高人们工作效率。

（4）照明设备是绿色照明的基础，通过合理的照明设备和位置选择，以及科学的照明设计，有效控制投射角度、眩光等，满足绿色照明要求。

（5）为进一步节约照明能耗并满足不同照明场景需求，同时考虑人体昼夜节律的影响，结合 LED 照明技术特点，绿色照明设计中应大力推广照明控制系统，满足节能和健康的双重需求。

（6）绿色照明设计宜采用 LED 光源。光源选择时，应满足光源的相关色温、显色性、启动时间等要求，并应根据光源及对应灯具、驱动电源等的效率或效能、寿命，进行综合技术经济分析比较后确定。

（7）选用的照明灯具应符合国家相关能效标准的节能评价值能效 2 级以上的要求。

（8）应急照明应选用能快速点亮的光源。

室内照明用 LED 产品能效等级分为 3 级，其中，1 级能效最高。《普通照明用 LED 平板灯能效限定值及能效等级》GB 38450 将能效分为 3 个等级：1 级（目标值）、2 级（节能评价值）、3 级（能效限定值，必须达到）。

各等级 LED 筒灯光效不应低于表 6-8 的规定。

表 6-8　各等级 LED 筒灯最低光效值

额定功率（W）	额定相关色温（K）	光效（lm/W）		
		1 级	2 级	3 级
＜5	＜3 500	95	80	60
	＞3 500	100	85	65
＞5	＜3 500	105	90	70
	＞3 500	110	95	75

各等级定向集成式 LED 灯光效不应低于表 6-9 的规定。

表 6-9　各等级定向集成式 LED 灯最低光效值

灯具类型	额定相关色温（K）	光效（lm/W）		
		1 级	2 级	3 级
PAR16/PAR20	＜3 500	95	80	65
	＞3 500	100	85	70
PAR30/PAR38	＜3 500	100	85	70
	＞3 500	105	90	75

各等级非定向自镇流 LED 灯光效不应低于表 6-10 的规定。

表 6-10　各等级非定向自镇流 LED 灯最低光效值

配光类型	额定相关色温（K）	光效（lm/W）		
		1 级	2 级	3 级
全配光	＜3 500	105	85	60
	＞3 500	115	95	65
半配光/准全配光	＜3 500	110	90	70
	＞3 500	120	100	75

2）各场所照明系统控制要求

（1）大空间办公场所的灯具控制，按工作使用范围或工位设置分组进行。如存在未来可能分隔的空间，应按每个有可能分隔的空间分组，分组可后期进行调整和重新设置。有人员长期活动且照明要求较高的场所，采用感应调光控制或时间控制。有条件时，可采用可调节色温控制方式。

（2）营业大厅、仓储、展厅、超市等大面积室内空间等，按经营使用情况采用分区或群组控制。仓储空间应结合智能控制和传感控制，实现节能效果。

（3）建筑内入口门厅及大厅、大中型会议室、餐厅、报告厅、体育场馆等多功能用途空间应采用智能场景控制。

（4）定时控制的场所，当需要时间设置表之外的照明场景时，系统应具有优先控制功能。

（5）系统宜具备信息采集功能和多种控制方式，可设置不同照明场景的控制模式，并实时显示和记录各种相关信息，自动生成分析和统计报表。当系统断电重启时，应恢复为断电前的场景或默认场景。

（6）对健康要求较高的工作场所，应采用可调节色温控制方式，例如医院的手术室、特殊功能病房等场所。

（7）除设置单个灯具的房间外，每个房间照明控制开关不宜少于两个控制模式。

（8）地下车库宜按使用需求采用红外、声波与超声波、微波等感应控制或自动（智能控制）模式调节照度。非机动车库宜按使用需求采用人工或自动（定时）模式调节照度。

2. 公共建筑绿色照明设计

1）办公照明

办公照明是日常最普遍的工作活动空间的环境场所照明，办公照明的用电量通常可达整幢大楼能耗的 30% 左右。随着社会进程的高速发展、数字技术的广泛应用、智慧化办公的大力推进，绿色节能、舒适健康和创新力是办公照明发展的核心动力，特别是 LED 照明以及智能照明控制技术的发展，已成为办公照明技术推动的主力。

办公绿色照明主要包含以下设计要点：

（1）办公场所按功能可分为办公空间和公共空间两部分。办公空间照明方式主要采用一般照明，配以局部照明和重点照明，主要保证办公桌区域的水平面照度均匀且足够，应合理利用自然光。主灯具宜采用平行于外窗的方向，并按顺序分组；靠窗侧灯具宜单独分组。

（2）绿色照明设计要满足《建筑照明设计标准》GB/T 50034 中对办公建筑照明一般

照明标准值的要求,其中包括照度、照度均匀度、统一眩光值、显色指数等参数指标,照明功率密度值宜达到目标值标准。

(3)现代办公中,计算机、电脑终端显示器(屏)是基本的配置设备。其工作环境也需要相对舒适的照明,应尽量减少周围环境或物品的亮度产生对屏幕的影响,在保证水平面工作照度(500 lx)基础上,对亮度的要求如下:顶棚表面亮度不高于 $1\,370\,\mathrm{cd/m^2}$,顶棚表面亮度比不超过 20:1,纸面与视频显示终端之间的亮度比不超过 1:1/3;周围的视觉环境要求如下:窗户应加窗帘,以克服室外过高的亮度,灯具布置应合理,使屏幕上的反射眩光达到最小。

(4)办公场所的照明灯具选型应合理,且宜满足一定的装饰性要求。随着人们对办公环境的卫生安全要求逐渐提高,加之紫外应用技术的进步,一些具有紫外保护、以空气消杀为主的灯具也在一些高级办公场所中使用,较为新兴的是以 222 nm 为主的紫外传统灯和紫外 LED,并配合合适的照明控制系统,可以延长系统的有效使用寿命,进一步保障安全性和有效性。

(5)办公空间的智能照明应充分考虑办公人员的照明需求,并提供最适宜的照明环境。要充分利用自然光,采用恒照度感应控制、无接触式自动感应控制(红外或微波感应)、时间控制、场景控制、人因照明、互联(物联)控制等综合照明控制策略,打造出更加节能、绿色、健康、舒适和高效的智能办公环境。

2)学校照明

学校照明主要指教学楼和图书馆照明,教学楼照明最主要的是教室照明。教学形式一般分为正式教学和交互式教学,正式教学主要是教师与学生之间的交流,教师在黑板上书写或利用视频多媒体设备进行演示,学生进行观看、书写等活动行为;交互式教学增加了学生之间的交流,学生之间应能相互清晰观察各自表情和行为。学校以白天教学为主,应有效利用自然采光以实现节能。

教室绿色照明主要包含以下设计要点:

(1)满足学生看书、写字、绘画等要求,保证视觉目标水平和垂直照度要求,水平照度的 LPD 值控制要求详见相关规范要求。

(2)引导学生将注意力集中到教学或演示区域。

（3）满足显色性，控制眩光，保护视力。

（4）照明控制应适应不同的演示和教学场景，并考虑自然光的影响。教室的照明控制宜平行于外窗方向，顺序设置开关或控制（黑板照明应单独控制）。有投影或多媒体设备使用时，在接近投影幕、多媒体屏幕设备处的照明应能独立控制开闭。

（5）灯具安全可靠，方便维护和检修，并与环境协调。

（6）采用高效率光源，推荐使用成熟的 LED 光源灯具产品，灯具的光生物危害风险应为 RG0。采用优质的 LED 灯具，光效高，照度均匀度好，教室更明亮；采用驱动无波纹设计、无频闪危害；采用专业光学防眩设计，减少视觉疲劳；实时显色指数高于 90，接近自然光，色彩逼真，视觉更清晰；色温适中，光线柔和；无蓝光危害；采用环保材料，无汞和铅等污染。

3）图书馆照明

图书馆主要的视觉作业是阅读（包括纸质版书籍报刊和电子设备）、查找藏书等。照明设计除满足照度标准外，还应努力提高照明质量。

图书馆绿色照明主要包含以下设计要点：

（1）灯具安装注意降低眩光和光幕反射。

（2）重要图书馆应设置应急照明、值班照明或警卫照明；以上照明可为一般照明的一部分，并应单独控制。

（3）图书馆内的公用部位照明与工作（办公）区照明宜分开配电和控制。

（4）阅览区域采用一般照明或混合照明方式，非阅览区域照度一般为阅览区域桌面平均照度的 1/3～1/2（WELL 标准中，混合照明方式是绿色加分项之一）。

（5）书库照明中书架之间的行道照明应采用专用灯具，并应单独控制（可采用移动感应式开关控制方式）。

4）医院照明

医院照明设计不仅要满足医疗技术要求，充分发挥医疗设备功能，有效地为医疗工作服务，而且要考虑平衡患者在视觉、心理和生理的不同需求，为病患创造一个健康、舒适的照明环境，有益于病患的治疗和康复。因此，医院照明灯具要求具有极高的功能性、清洁性和精准性。

统计显示,医院照明约占整体电力消耗的 20% 以上,是医院运营成本的重要构成部分,因此也是医院节能管理的重点。

医院绿色照明主要包含以下设计要点:

(1)采用高光效、显色性能好的照明光源,可以大幅降低照明能耗;手术和无菌洁净室等区域的照明光源要选择满足光生物安全、电气安全与电磁兼容要求的灯具。照明光源不含紫外线和红外线辐射,不含可能影响医疗仪器精准度的电磁干扰。洁净区域建议采用低压直流供电的 LED 光源。

(2)采用配光合理的灯具。要充分考虑各类不同医疗场所的使用功能,结合具体房间形状、墙面色彩及采光等因素,采用配光合理灯具及布灯方式来满足使用要求。

(3)采用智能照明控制,作为节能的有力措施。公共通道和楼梯、停车场和卫生间等辅助设施、护士站等公共空间宜采用感应控制等无接触控制方式,这是对病毒精准防控的新需求;重要功能区域可设置场景控制,节能的同时还可改善照明效果;病房生活区可采用多色变光的健康光源灯具(如 LED 光源),在为医护人员提供充分照明的同时,也为患者提供柔和的照明环境。

(4)采用昼夜节律控制。昼夜节律是生命体 24 小时的内循环,受我们人体内置生物钟的管理。在一些高等级的病房和康养护理区域,可设置昼夜节律灯,提高患者睡眠质量,进而促进其早日恢复身心健康,也使医务人员保持充沛的精力,从而提高工作效率。

5)商场照明

商业建筑中的照明设计对不同商业空间功能和氛围的打造具有十分重要的意义。特别是在大中型百货商店、大型超市、各种品牌专卖店等典型的商业场所,对照明的需求和表现方式,呈现出多样化的技术特征。因此,照明不单是一种功能性照亮的需求,更多地是通过特有的光环境塑造,直接影响消费者心理来激发其购物欲望,进而实现商业的经济效益。

现代商业照明设计一般采用区域多点光源与光色空间进行组合的表现方式,主要包括一般照明、分区照明、局部照明(橱窗)、混合照明、重点照明、动态照明(场景照明)、应急照明等。此外,随着光源技术的不断发展,商照灯具在向小型化、实用化和多功能化发展,由单一的照明功能,向照明与装饰并重方向转化。

商业绿色照明主要包含以下设计要点：

（1）使用高效率光源产品，并且其显色性要求高，显色指数一般不应小于 80；对于某些需要高还原度展示的商品，其照明的显色指数不应小于 90。

（2）选择合适的灯具产品。应采用效率高、易于清洁和方便更换光源的灯具，并控制好眩光；由于商场一般营业时间较长，因此在灯具及光源的选择上还需要考虑使用寿命、环境耐候性等方面的要求。

（3）要充分考虑环境照明，有条件的商业场所要合理利用天然光。

（4）照明设计要灵活配置和控制，使之满足不同时间段的光照要求。例如：中庭和公共空间可采用定时方式，可根据不同时间自动调节亮度，或者根据季节自动调节色温；店铺和橱窗等位置可采用场景控制面板，实现一键控制、无级智能调光等功能需求；在需要强调商品色彩的照明，可通过控制面板采用与物品同颜色的光来照射，以加深物体的颜色，或采用相应的颜色照明背景来衬托商品的特点。

（5）需要表现动态效果的照明，要充分利用智能照明控制系统，并配合天然光的变化，在创造不同场景控制的同时，达到节约能源的目的。

6）酒店照明

良好的酒店照明设计对于体现酒店内不同空间的整体效果，营造舒适、和谐的空间环境，塑造酒店的品牌形象起着至关重要的作用。在绿色环保、"双碳"理念的倡导和深入背景下，酒店照明设计越来越强调节能、环保、智能控制的原则。

酒店绿色照明主要包含以下设计要点：

（1）酒店的大堂空间是酒店照明设计的重点，不仅要体现酒店的鲜明特点，更需要提供给客人舒适、愉悦的室内光环境，因此设计的表现手法很多。宽敞高大的大堂空间可采用大型装饰吊灯提供整体空间光环境；局部环境照明由装饰吊灯、落地灯、台灯提供；背景墙面可采用背透光、洗墙背景光等方式修饰；大堂吧以重点照明桌面为主、空间以间接照明为主；休息等候区以台灯、落地灯为主，采用局部照明、重点照明方式表现。

（2）酒店宴会及餐饮区，不同的餐饮口味及装饰风格决定了不同的照明表现方式。整体空间特别需要注重光环境氛围的塑造，有的简洁明快，有的复古含蓄，有的优雅恬静，有的热烈奔放。除了在餐桌区域以直接照明方式为主外，多以间接照明为主。此外，鉴于

LED照明技术的日渐成熟,对于色彩光环境的塑造有着得天独厚的优势,因而应用得越来越多。根据不同场景和功能的需求采用智能照明控制是必不可少的手段。

(3)酒店的客房区域是酒店的核心内容。照明设计重点在于配合营造一个舒适、安逸的休息环境,因此在客房的不同区域除了满足一些基本照明外,还要以一些重点照明和局部照明为主为各功能区域提供必要的照明需求,也可以与客控系统结合,采用智能照明控制方式提供不同的场景模式以满足住客的不同需求。此外,客房中除场景按键外,建议保留一些对具体设备的开关或者调节按键,便于客人根据自身的喜好进行微调。客房内入口处和起夜用的灯具,宜采用带传感器的设备,通过探测装置感应人员的移动或出入,自动开闭灯光,达到节能要求。

(4)酒店的照明控制宜采用集中分布式。在多功能区、大型宴会厅、餐饮休闲区可采用集中控制和局部区域独立房间控制方式;公共和后勤管理区域可采用时控管理模式。

7)体育场馆照明

体育场馆照明包括比赛场地照明、观众席照明和应急照明,此外也涵盖演出照明、外立面照明、训练场地照明、广告照明、道路照明以及配套功能区域照明等。按空间布局可分为室内场地照明和室外场地照明。体育场馆照明的核心是场地功能照明,需要专业的照明设计,并应通过专业机构进行照明效果的检测。

体育场馆绿色照明主要包含以下设计要点:

(1)现代体育照明的设计原则主要体现在专业化、绿色化、智能化和体验化。专业化要求照明技术满足运动员训练、大众健身活动和电视转播照明需求;绿色化倡导体育照明设计践行"双碳"政策、普及LED照明产品和节能环保理念;智能化体现在智能照明控制和无线技术的应用,以及与舞台灯光的协同控制;体验化要求体育场馆照明在各种大型活动中提供最佳观赏性、趣味性和互动性。

(2)由于一些体育场馆兼有其他不同功能,因此专业照明设计应能满足多种功能场地的照明标准以及电视转播的需求,包括照明的水平照度、垂直照度以及水平和垂直照明的均匀度、显色指数、眩光值等各项指标,并力求将照明设备的需求最优化。

(3)按照相关标准规定,照明等级Ⅳ级及以上比赛场地照明应设置集中照明控制系统,Ⅲ级比赛场地的照明宜设置集中照明控制系统。体育场馆照明的等级划分详见

表 6-11。

表 6-11　体育场馆照明的等级划分

无电视转播		有电视转播	
等级	使用功能	等级	使用功能
Ⅰ	健身、业余训练	Ⅳ	TV 转播国家比赛、国际比赛
Ⅱ	业余比赛、专业训练	Ⅴ	TV 转播重大国家比赛、重大国际比赛
Ⅲ	专业比赛	Ⅵ	HDTV 转播重大国家比赛、重大国际比赛

　　体育场馆的照明控制系统应根据比赛场地规模和需求,确定控制系统的网络结构并采用开放的通信协议,可通过比赛设备集成管理系统采集并控制其运行状态,且应具备切除越级控制功能。常用的照明场景控制方案包括定时控制、场景控制、照度自动调节控制、移动探测控制和应急照明控制等。

第7章
建筑电气与信息化
BIM 设计

随着 BIM 技术的不断发展和应用工具软件的成熟完善,BIM 技术在建筑电气设计中的应用已经成为建筑项目的关键。BIM 技术在整个建筑项目的规划、设计、施工、竣工验收和后期运维全过程中发挥着重要作用。特别是在建筑电气绿色低碳设计中,BIM 技术加速了设计施工进程,提高了建设质量,降低了成本,解决了建设过程中的难题。同时,绿色建筑评价对电气设计提出了高要求,涉及室外电气、变配电、供电干线、电气照明、备用电源等工程内容,需要全面考虑安全性、升级扩展性、可靠性、低碳环保等。因此,科学地应用 BIM 技术将建筑工程与电气、控制及综合布线等技术统一起来,有助于及时发现问题、解决问题,减少施工过程中的误差、疏漏与碰撞等。

7.1　BIM 设计概况

7.1.1　BIM 发展背景

1. 建筑业发展客观需求

伴随经济全球化及城镇化进程的加快推进,建筑行业在社会经济发展中所起的推动作用得以凸显。民用建筑领域的工程规模越来越大,建筑工程及形态愈来愈多样化,从而使工程项目的各参与方日益增多,各方在建设工程中的专业化、精细化程度越来越高且越来越复杂。跨领域、跨专业各参与方之间的信息交流、传递成为工程建设中至关重要的基本特征,客观上产生了基于 BIM 指导应用的需求。

2. 建筑业生产模式问题

建筑业生产模式陈旧、效率低下是各国普遍存在的问题。美国斯坦福大学一项有关全美建筑业生产率的研究报告显示:1964—2003 年近 40 年间,将建筑业和非农行业的生产效率进行对比,后者效率几乎提高了 100%,而前者效率不升反降,下降程度接近 20%。目前,相对于欧美发达国家建筑领域机械化程度较高的现状,我国由于建筑业在国民经济发展中的重要地位,传统的人工生产模式还在大量应用,提升至发达国家水准仍需较长一段时期。

以设计为例,整个设计周期的各阶段流程中,建筑设计各专业之间信息相对独立,各专业设计师在工程设计中对建设项目需求的理解及表达方式各有差异,且相互间的配合缺少有效的统一平台,造成土建和机电各专业在层高、梁净高、管线之间的碰撞冲突问题时有发生;此外,二维 CAD 图纸的局限性及设计进度压缩等不合理现象的存在,导致图纸中错误问题查找困难,专业间信息资料的互提和拍图较为滞后,且沟通协调效率低下,难以保证设计问题的高效解决。反映到施工环节,这样的生产方式极有可能导致后期施工的"错上加错",即使施工方能发现一些问题并及时反馈,但由此引发多次返工的设计修改,依然无法保证整个工程的高质量实施。

综上所述,建筑业生产效率低下的原因,主要包含以下两方面:

(1)建筑全寿命期各阶段中,包括策划、设计、施工及运营,各参与方之间缺少信息传递的有效平台,各环节中缺少工作协同的有效机制,造成资源浪费严重。

(2)各专业设计之间的反复修改工作量较大,特别是项目初期,建筑、结构、机电针对方案的修改,以及工程建设中各种原因导致的调整修改,造成生产成本的不断升高。

以上也是目前全球土木建筑业存在的两个亟待解决的问题。

3. 计算机、信息化技术发展

计算机设备的普及及其技术的发展,使得各行各业对于信息的依赖程度逐年提高。信息的传递数量、传播处理速度及应用程度,都伴随着信息技术的飞速发展而呈爆发式的增长。信息时代已经来临,信息化、自动化与互联网技术的相互渗透,使得创新技术很快应用于很多行业的生产过程中。然而,在建筑行业中,其应用却远远落后于时代步伐。

7.1.2 BIM 技术起源

建筑设计施工过程中,各专业经常发生诸如管道桥架碰撞冲突、施工缺乏协调造成返工、工程进度质量不合格等问题,带来了意想不到的人、财、物多方面损失,影响了建筑业生产效率的提升。因此,亟须找到解决上述问题的有效办法。

建筑信息载体经历了跨越式的发展历程:20 世纪 90 年代初,设计师从手工绘图中解放出来,绘图工具摆脱了绘图板方式,转换为以个人电脑 CAD 为主的绘图方式。如今,建筑设计正从二维 CAD 绘图设计逐步升级为三维可视化 BIM。CAD 技术的出现是建筑业的第一次革命,而 BIM 模型作为一种包含建筑全寿命期中各阶段信息的载体,实现了建筑从二维到三维的跨越,因此被称为建筑业的第二次革命。三维可视化BIM先进工具的优越条件必然推动着三维全寿命期设计取代传统二维设计,促使建筑业信息化发展达到新的高度(图7-1)。

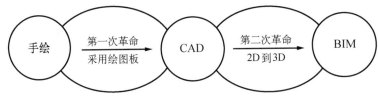

图7-1 建筑业信息革命过程

不断发展的BIM技术,参与建筑工程的项目设计、施工建造、运营维护等全寿命期的每个阶段,是一种逐步提高的智能化设计过程。同时,BIM技术所需要的各类软件,可为建筑各阶段不同专业搭建三维协同可视化平台,为工程全过程解决提供新的技术手段。BIM信息模型中除了包括建筑、结构、水暖电等专业的所有信息外,还包含了施工材料、现场、工程机械等诸多信息,具有可视化、可出图、协调性、模拟性、优化方便等特点。设计师可以对设计的项目作参数化建模,在未施工时通过三维图纸交流,用三维设计模型代替二维CAD图纸,按工地情况进行施工预演,早期即可发现各类管线碰撞冲突以及不合理的施工先后安排问题,这样对施工计划的合理经济和进度都大有好处。

目前,建筑设计由二维CAD图纸逐步升级为三维BIM信息模型,工程中各阶段、各专业资料,从原来独立的、非结构化的零散数据转换为可以重复利用、在各参与方中传递的结构化信息。2010年,英国标准协会(British Standards Institution,BSI)的一篇报告中指出了二维CAD图纸与BIM模型传递信息的差异,其中便提到了二维CAD图纸是由几何图块作为图形构成的基础骨架,而这些几何数据并不能被设计流程的上、下游重复利用。三维BIM信息模型,将各专业间的独立信息整合归一,使之结构化,在可视化的协同设计平台上,参与者在项目各阶段能重复利用各类信息,能够明显提高工作效率。

7.1.3 BIM设计国内发展状况

BIM技术于2002年引入我国,经二十多年的实际推广应用,已为越来越多的人所了解并熟悉,更是给建筑行业带来了一场新技术应用的洗礼。国家"十二五"规划把 BIM 建筑信息模型列为信息化的重点研究课题。

为提升对 BIM 技术的应用及研究,各相关部门如设计单位、工程公司、地产开发商、软件公司、高校科研机构等,纷纷成立 BIM 研究应用机构。国内很多工程项目已经把 BIM 技术不同程度地应用于工程建设阶段,并应用于建筑全寿命期管理,取得了良好成果,上海中心大厦项目就是全寿命期应用 BIM 技术的典型案例。

上海中心大厦位于上海陆家嘴金融中心区,建筑总高度 632 m,是目前世界第三、国内第一的超高层建筑。项目实施阶段由业主主导,将 BIM 技术应用于工程设计、施工、运营的全过程。该项目 BIM 技术的成功应用,在上海同类项目中尚属首次,其成果为 BIM 技术的广泛应用奠定了基础,进一步推动其发展势头。图 7-2 所示为 BIM 技术应用价值分布情况。

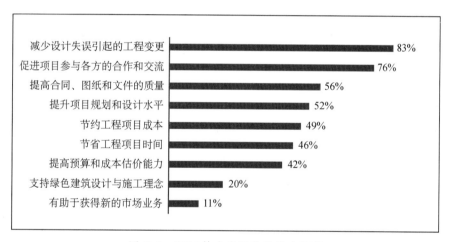

图 7-2　BIM 技术应用价值分布情况

综合市场情况,目前国内 BIM 技术主要应用于设计和施工阶段,主要模式有设计方主导模式、施工方主导模式和业主方主导模式。

1. 设计方主导模式

设计方主导模式在工程项目建设中应用较早,也是应用最多的一种模式。

在项目方案投标阶段,特别是大型建筑项目,设计单位为了更好地表达自己的设计意图,都会采用 BIM 技术进行三维设计,用于向业主展示设计理念及设计成型后的效果。

后期工程设计中如业主不作更多技术要求,设计单位一般不再继续采用 BIM 模型。这种模式属于项目设计阶段初期应用。

2. 施工方主导模式

施工方主导模式,是负责施工的总包单位出于提升项目施工管理水平和节约建设成本考虑,运用 BIM 技术作施工过程和材料安装过程模拟。BIM 数字化模拟可以发现施工安装中的冲突,优化施工方案。在投标阶段运用 BIM 作施工模拟,可更直观地展现施工的流程、手段和细节;在施工阶段运用 BIM 数字化模拟可有序地安排施工进度、调配材料资源、解决施工碰撞、安排各方解决问题的协调会;BIM 数字化模拟的竣工阶段,成果可交付业主成为工程运维管理的依据。由此可见,施工方主导模式更接近实际安装的真实情况,不仅为施工单位带来了施工高效和资源节约,也为竣工后业主的运维带来便利。

3. 业主方主导模式

业主方是工程主导方,在工程立项、设计、施工和运维各个阶段,业主方根据自身的需求、法律法规和市场情况协同参与工程建设的各单位共同完成项目。业主方主导运用 BIM 数字化模拟,在工程全寿命期内的各阶段能有序地做好工程管理,控制工程建设质量,同时及时完成多专业的协调工作。

业主在方案阶段运用 BIM 技术,可了解工程的建设成本和成果展示,并可对方案作优化调整;在设计阶段业主运用 BIM 技术,可及时控制设计进度和建筑各系统的构成、清楚了解建筑材料和设备安装维护及运维的情况,及时发现问题、解决方案;业主在施工阶段运用 BIM 技术,可有效对工程施工安装进行管理,解决实际碰撞问题,控制施工进度和施工质量;业主在竣工后运用 BIM 技术,可对工程设施的运行维护、升级换代、功能迭代提供数字化的信息资源,为数字化运维管理提供最基本的设施信息,以实现工程全寿命期的绿色管理。

7.2 建筑电气 BIM 设计方式

7.2.1 方案阶段

建筑项目在方案阶段需规划电气系统功能、确定电气设计各项指标,如机房位置、管线走向等。作为向业主表达设计意图的重要阶段,传统做法多为业主脑中想象方案设计成果。引入 BIM 技术后,设计师可利用 BIM 模型进行参数模拟,形成三维可视化模型或是动画,以反映建筑物内部微观信息,直观地将诸如电气系统、机房位置和主要管线走向等展现在业主面前,如自动读取房间面积,对房间分色块显示等,将业主脑海中看不见的、依靠业主自主想象的画面直接转变为"所见即所得"的感受,同时将 BIM 和地理信息 GIS 相结合,还能直观地认识到项目在整个宏观环境下与环境发生的相互关系。综上,利用 BIM 和 GIS 技术,不仅能从建筑内部清晰地规划项目的功能布局,还能理顺项目对外部环境的有利和不利影响。

7.2.2　设计阶段

传统电气制图在设计阶段通常采用 CAD 进行二维设计,常面临以下问题:

(1) 设计理念反映到图纸上存在较多表达不一致的现象。

(2) 过多简单重复的工作量,导致工作效率低下。

(3) 二维图纸没有空间高度信息,表达的信息量有限,导致空间关系的失误不容易被发现。

大型工程项目因其自身的复杂性和工期紧张等原因,尤其是基于电气专业对其他专业配合度较高、对接工作量较大的特点,一旦提资专业有调整,非常容易出现专业间配合不到位,导致后期需要返工调整的情况。此外,规模大的工程项目由于图纸数量众多,容易出现与外部专业或同一专业的其他图纸表达不一致的情况,如平面、立面、剖面不一致,机电设备信息在不同专业图纸上不一致,强电、弱电平面不一致等。

通过使用 BIM 技术进行设计,可以极大改善传统电气设计过程中遇到的问题,主要体现在以下几个方面:

(1) 由建筑专业对原有方案阶段 BIM 模型进行深化设计,协同共享给其他各专业,各专业实时上传协同设计调整,则各专业都可以收到有关调整部位的监视信息,以提醒相关专业进行相应的修改。例如:暖通图纸上对某设备的电气参数进行调整后,电气图纸上的对应设备也会有相应修改;同理,电气平面图上对某个配电箱进行位置调整后,弱电平面图上也会自动更新,从而避免不同专业之间出现图纸矛盾的情况。

(2)利用 BIM 技术进行设计,在完成平面设计后可以实现自动化生成平面、剖面和大样图,大大减少了简单重复的工作量,高度的"智能化"简化了设计过程。基于 REVIT 软件,在 BIM 平台上建筑物的每个"零件"都被定义为族,并包含大量参数信息,如电缆桥架的安装高度、桥架规格、敷设电缆的类别等。根据设计意图,设计人员将族设置在相应位置后,它们之间就形成了关联性。例如:对于电缆桥架,设置相关参数并布置好电缆桥架后,如果修改其中任意一段电缆桥架的位置,与之相连的弯通及其他相邻段的电缆桥架就会自动调整,并且仅需一个命令即可实现对电缆桥架规格、安装高度、类型等参数的自动注释。

(3)BIM 的三维建模设计具有高度的可视性,能够准确表达设计师的意图,从而降低工程设计中的失误率。其中,BIM 的三维碰撞检测是目前应用最广泛的技术,它在减少工程返工和节省成本方面发挥着重要的作用。

基于 REVIT 的三维设计已经广泛应用于电气专业的变电所专项设计的施工图阶段。由于变电所多为建筑内附建,空间受建筑本体功能影响限制,电气设备尺寸较大(如变压器柜、高低压柜等),存在安全操作距离的规定,同时还有大量的电气配套设备和层叠的电缆桥架需敷设。在传统的二维设计中,需要绘制多张图纸,如照明平面图、接地平面图、设备布置平面图、剖面图、大样图等,容易出现不同图纸表达不一致等设计失误。采用 BIM 技术可使不够直观的变电所设计变得更加清晰简单,同时提高图纸的准确性。

装配式建筑设计中,如何精准定位,避免碰撞至关重要,因为失误返工会严重影响工程造价。传统的二维设计往往不易达到设计要求,而采用 BIM 技术可以全方位考虑,实现精准设计、降本增效,同时工厂化提前加工也能达到环保等效果。

7.2.3 造价控制

以往统计工程量清单,采用人工测量,工作人员重复劳动多,容易出错。BIM 三维设计引入族参数化概念,使电脑自动统计成为可能。建筑物的每个物料、设备都可以描述出各自的信息。在材料表清单统计中，可以非常容易地把建筑 BIM 模型内的所有材料统计出来，包含面积、体积、长度等各种参数。比如暖通专业的风管、电气专业的桥架、电缆管线等复杂工程量的统计都变得异常简单。但现在的工程造价软件、财务软件大多采用数据库调用形式，出现缺乏更新能力、无法跟上 CAD 和 BIM 等各类开发软件步伐的情况。但瑕不掩瑜，相信技术发展的方向一定会坚定地走向 BIM 辅助统计的方式。

7.2.4　BIM 施工模拟阶段

设计完成的施工图，由于设备未确定，施工工艺未细化，因此基于实施的可能性，还需要进一步深化设计。而施工实施阶段，施工技术人员需要根据自身的"经验"才能准确理解设计师的意图。利用 BIM 设计模型，建筑物的每个细节得以准确表达。施工人员可以根据设计方提供的 BIM 模型，结合施工工艺和具体的设备、材料选型，进行 BIM 深化，现场根据 BIM 模型准确施工。利用施工模拟软件导入二次深化后的 BIM 模型，对建筑物的模拟场景进行施工前检查，对有问题的部位提前与设计方进行交底。建立 5D 模型（即 3D 模型 + 1D 时间 + 1D 成本，构成 5D 概念），增加时间和施工进度的控制，可以完善施工管理，节省材料和工期。

7.2.5　三维运营管理模式

在项目交付使用后，运营维护是物业单位关心的重点。传统的施工竣工图是经施工按照现场状况落实修改后的二维施工图图纸。现场的管道再现不直观，也不反映管道交叠状况。有维修状况发生时，需要拿着图纸到现场核实，并且可能需要拆掉一部分管道后才能看清现场状况。采用 BIM 设计模型的项目交付使用后，物业单位收到的是经过施工修正过的准确的 BIM 三维文件。打开此三维文件，利用导航地图，管理人员可到达物业相关维护的部位，对建筑物任一构件建设时的参数进行查看。比如，点开头顶的灯具，即可查阅该灯具的瓦数、光通量、回路编号等各种相关参数。同时，经过一定后期管理软件的界面处理，可以反映建筑物内发生的故障位置点，在模型中对其标示具体故障，故障构件会自动显示红色警告,待故障排查后,删除故障,则红色警告解除。通过三维运营的精细化管理,可以实现更高层次的智慧建筑管理。

7.3 管线的碰撞校核

随着 BIM 技术的普及,其在机电管线综合应用方面的优势较为突出。按照设计方提供的较粗颗粒度的 BIM 模型,施工方结合现场施工工艺,选择支架系统,落实抗震支架,落实各类门过梁。防火卷帘安装高度后,重新对管道布局进行更细颗粒度的深化,以使墙面及梁上的留洞更为准确,管线布置更为合理。对不符合净高的节点与设计方开展进一步的拍图协调交流,解决之后可以极大地减少施工现场的拆改。

7.3.1 BIM 综合管线应符合的技术标准

BIM 综合管线需参照以下主要相关标准(以下标准均以最新版本为准):

① 《建筑给水排水设计规范》GB 50015

② 《采暖通风与空气调节设计规范》GB 50019

③ 《民用建筑电气设计标准》GB 51348

④ 《建筑通风和排烟系统用防火阀门》GB 15930

⑤ 《自动喷水灭火系统设计规范》GB 50084

⑥ 《建筑给水及采暖工程施工质量验收规范》GB 50242

⑦ 《通风与空调工程施工质量验收规范》GB 50243

⑧ 《电气装置安装工程低压电器施工及验收规范》GB 50254

⑨ 《给水排水管道工程施工及验收规范》GB 50268

⑩ 《智能建筑工程施工规范》GB 50606

⑪ 《消防给水及消火栓系统技术规范》GB 50974

⑫ 《综合布线工程设计规范》GB 50311

7.3.2　管综优化详解

1. 管综优化工作流程

管线综合(简称"管综")优化是机电安装工程 BIM 应用的核心环节,为保证 BIM 的管综应用能够在项目中更好地实施,需要制定科学合理的管综优化流程,帮助我们快速准确地将应用点落地实施。管综优化工作的具体流程如图 7-3 所示。

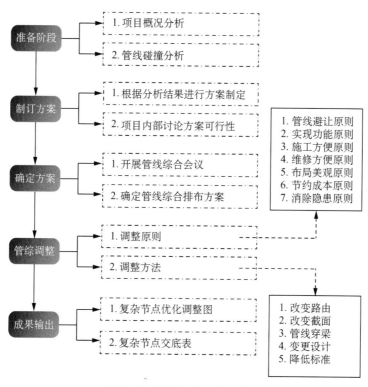

图 7-3　管综优化工作流程图

2. 准备阶段相关工作

管综优化准备阶段主要是对项目概况、各专业碰撞情况进行分析,帮助我们迅速了解项目的基本情况。只有做到分析充分,与项目各方面因素融会贯通,才能让后续工作顺利推进。

二维图纸中,很难发现不同专业间较为隐蔽的冲突隐患。利用三维碰撞,可检查各专业管线间的碰撞情况,并导出详细碰撞检测报告。根据碰撞检测报告进行项目各专业碰撞分析,并提出合理排布建议,为管综方案的制订提供数据支撑。

3. 管综方案制订

1）制订方案

根据准备阶段的分析结果,综合考虑相关设计规范要求、管线排布原则、施工难度、整体美观度和施工成本等各种因素,对各专业的管线进行分层敷设尝试,并出具多套初步管综方案和示意图(图7-4、图7-5)。

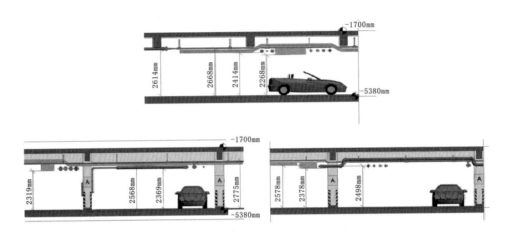

图7-4 管综方案二维示意

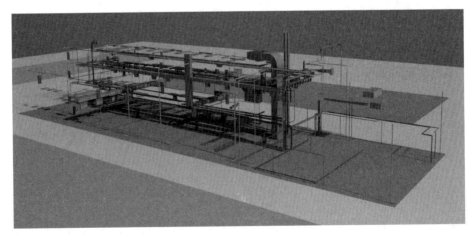

图7-5 管综方案三维示意

2）方案可行性讨论

方案制订完成后,与项目相关人员针对各方案的净高、优缺点等对比分析,进行方案可行性的讨论,通过不同方案的同条件对比、分析(表7-1),可以更加直观地了解各种方案的情况。

表 7-1　方案对比分析示意

对比条件	净高对比	优点对比	缺点对比
方案一	最不利点也可满足规范 2.2 m, 其余位置可达到 2.3 m 或以上	1. 两层敷设,喷淋管道直接贴梁底,安装方便; 2. 同类型车库采取此方案施工较多,较为熟悉	管道翻弯点较多,管线密集区域观感差
方案二	最不利点也可满足规范 2.2 m, 其余位置可达到 2.3 m 或以上	1. 电缆桥架除遇风管与自身外,基本无翻弯; 2. 整体净高在观感上较好	管线密集区域,可能会造成喷淋支管翻弯点较多
方案三	最不利点也可满足规范 2.2 m, 其余位置可达到 2.3 m 或以上	净高相对较高	管线密集区域翻弯点多

4. 管综方案确定

方案制订完成后,通过召开管综会议对各方案进行分析讲解,并进行相关问题答疑,最终确定最优排布方案。方案否决时,需要针对会上提出的注意事项及排布建议进行记录,重新进行方案的制订。

5. 管综调整

1) 调整原则

管综调整需要遵循七大原则:满足规范、实现功能、施工方便、维修方便、节约成本、布局美观和消除隐患,以此确保管线调整的准确性。

2) 调整方法

调整过程中可以运用管综调整五步法,即改变路由、改变截面、管线穿梁、变更设计、降低标准来进行重点部位管线综合深化(图 7-6)。需要特别注意地下车库、设备机房进出口、管道井、公共走道及电梯厅等重点部位。

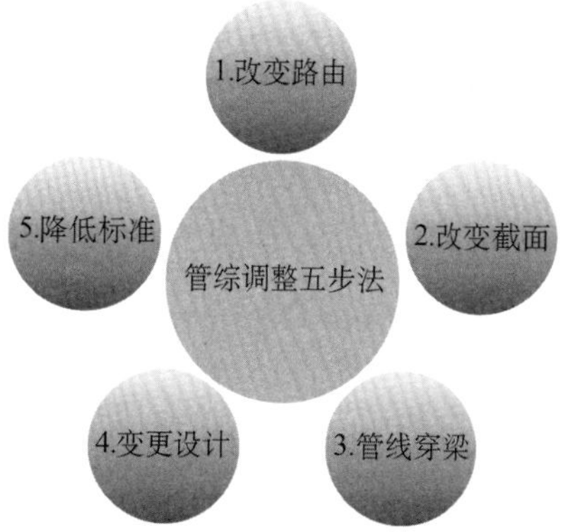

图 7-6　管综调整五步法

3) 注意事项

除了上述七大调整原则外,还需考虑减少管道碰撞翻弯、各防火分区卷帘门上方是否预留管线通过空间、方便设备安装及后期维护等容易忽略的问题(图 7-7),以保证管综优化调整的准确性和可靠性。

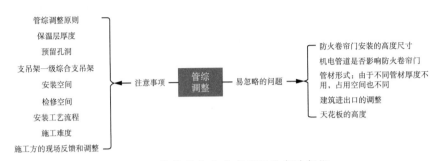

图 7-7　管综调整注意事项及易忽略问题

BIM 管综优化已经形成科学合理的应用流程,在很多项目中得到了较为广泛的成熟应用。通过管综优化,不仅可以对设计阶段存在的错漏碰缺加以纠正,避免后期返工造成的损失,还可以提升建筑内部的净空高度,避免机电管线与建筑、结构及装饰装修构件间的冲突,使管线排布更加整齐美观。

7.3.3　BIM 技术的机电管综三大应用

1. 优化施工设计方案

在工程的施工过程及图纸交底中,由于现场实际状况的变化调整,会发生许多设计图纸的设计深度无法满足现场施工需求的情况,因此往往需要进行机电专业深化(优化)设计。大型工程的机电系统一般各种管线错综复杂,管路走向密集交错,若不及时发现,在施工中极易造成管线碰撞,造成拆除返工现象,严重的则会导致设计方案的重大调改,既浪费材料、延误工期,又迫使成本提高。BIM 模型中管综技术的应用就能充分体现出其设计优化的优势。该技术将建筑、结构、机电等各专业的数学(物理)模型整合,依据建筑装饰专业规定的楼层空间净高要求,将合成后的综合模型导入相关计算软件,进行机电各专业之间的交叉碰撞检查,在"机电管线排布方案"建模的基础上,依据碰撞报告结果对机电各种管线进行相应的优化调整、合理避让建筑结构。这样就可以在施工交底时及时发现问题,并通过合理的深化及优化设计,解决管线碰撞问题。

2．协调各专业施工工序

施工过程中，特别是机电管线安装阶段，由于机电各专业（包括暖通、动力、给排水、强弱电、消防等）受场地条件限制、专业协调能力、安装水平差异等因素影响，经常存在很多局部的、隐性的专业交叉现象。在建筑的某些平面、立面位置上都会产生一定的交叉、重叠，由于施工工序组织前期无法准确估测安装现场的偏差和安装水平，或因施工顺序倒置，极易造成安装现场相关管线的前后碰撞或无法按实际标高施工的情况。因此，通过 BIM 技术的可视化、参数化、智能化特性，可预先进行多专业的设备管线碰撞检查、设计吊顶标高控制检查和精确的预留预埋。此外，还可利用基于 BIM 技术的 5D 施工管理，事先对整个施工的工序过程进行可视化模拟，及时发现可能产生的现场施工问题，对各专业的安装工序进行合理协调，减少返工，节约施工成本。

3．施工全过程模拟

BIM 施工模拟技术，即采用施工现场虚拟 5D 全真模型，可以直观、便利地协助管理者分析现场限制条件，找出潜在问题，制订可行的施工方法。这有利于提高效率，减少传统施工现场布置方法中存在漏洞的可能，及早发现施工图设计和施工方案的问题，提高施工现场的生产率和安全性。借助 BIM 对施工组织的模拟，项目管理者能非常直观地理解间隔施工过程的时间节点和关键工序情况，并清晰地把控施工过程中的难点和要点，从而进一步对施工方案进行优化完善，以提高施工效率和施工方案的安全性。在 BIM 平台上，设计图纸的元素不再是线条，而是带有属性的构件，故也就不再需要预算人员告诉计算机所绘内容，而是通过"三维算量"实现自动化，使投资成本控制更易于落实。

7.4　BIM 设计的绿色建筑应用

得益于现代科技的快速发展，绿色建筑采用了众多先进技术。在现代建筑设计中得到广泛应用的 BIM 技术正在逐渐凸显出其重要作用，无论是直观、准确的建筑信息管理系统应用，还是以此为基础发展起来的建筑环境模拟、空间性能分析、机电设备管线综合、能耗分析、建筑及设备全寿命期分析等技术，都进一步丰富了绿色建筑应用技术体系，使其结论依据更加科学合理，也为 BIM 技术的应用发展提供了基础和方向。

1. 能源节约及利用

能源的节约和能源的高效利用,既是绿色建筑的推行目的,也是绿色建筑评价标准的重要内容之一。可利用计算机建模软件,建立一个 BIM 三维建筑模型,在此基础上,通过分析不同的建筑材料及建筑构造,模拟建筑在不同季节气候及当地室外太阳辐射分布和强度下的能耗情况,进行精确计算,并根据相关设计标准综合比选,确定建筑设计各项参数。例如选用合适的太阳能热水和光伏组件,以及可靠、高效的暖通设施。因此,绿色 BIM 模型设计建造的建筑物,从设计源头上保证了绿色建筑评价标准在能源节约和高效利用方面的准确实施。

2. 水资源节约及利用

水资源节约和综合利用,亦是绿色建筑评价标准的重要内容之一。依靠 BIM 三维建筑模型,通过分析不同的建筑材料及建筑构造,可模拟建筑在当地实际暴雨强度系数和气候降水资料下的降水情况,通过精确计算,建立一个降水数据库,并根据相关设计标准综合比选,确定相关建筑设计参数,选用合适的雨水收集及二次利用、排放等设施。另外,以此绿色 BIM 模型为基础,通过计算比较,选用节水洁具和管道,以及容量适当的水泵、水箱等给排水设施,保证水资源的节约和综合利用得到可靠实施。

3. 材料节约及利用

绿色建筑评价标准对于建筑材料和使用比例有详细要求。在保证施工环境和施工安全的前提下,须确保建材总体重量有 10% 以上的可持续利用。若使用传统技术手段,很难实现对常规项目进行此类精确、迅速的计算,在一些比较复杂的工程项目中则更为艰难。但是运用 BIM 技术,这些问题将迎刃而解。由于 BIM 技术对数据信息和资料有着非常强大的统计功能,能在极短的时间内计算出各类建材的消耗量,并提供工程建材配置指导,以符合绿色建筑评价标准的要求。同时,BIM 又结合了建筑、结构、水、暖、电等不同专业,除了提供建材配置建议外,还拥有管线碰撞检查、提供协助解决设计阶段各专业冲突等功能,从而有效地避免在施工阶段因各专业图纸冲突所带来的返工及材料损耗等问题。

在倡导绿色、"双碳"理念的今天,BIM 技术可以有效助推绿色建筑在其建造过程中使用更清洁环保、更高效低耗的新技术,为绿色建筑走可持续发展道路提供有力的技术支持与保障。

下篇　建筑电气绿色低碳运维管理与发展

　　电气绿色理念的范围不仅涉及绿色建筑中的电气设计,还应系统性地从专业本身探讨如何围绕绿色和低碳理念,更好地从建筑全寿命期角度,做好电气专业的运营、维护、管理和可持续发展。

　　建筑工程设计是为建筑功能使用服务的。绿色建筑的评价,从新版《绿色建筑评价标准》GB/T 50378 开始,已从设计评价为主,转向更具落地性绿色效果的运行评价。电气系统设计的可靠合理,需要运行时各类电气指标参数的实际效果来评判。因此,电气绿色设计时,还需多关注运维管理阶段的实施有效性,设计师不能局限于图面的设计成果,更需注重设计实效,实现设计、施工、运维一体化协调连贯。

第8章

计量与绿色监测
管理系统

　　绿色建筑运行的成败,得益于建立一套能实时监测绿色建筑性能指标的监测管理系统。绿色建筑的评价方式,随着《绿色建筑评价标准》GB/T 50378—2019 的实施,已摒弃单纯"纸上谈兵"式的设计评价,更加注重体现实际运营效果的运行评价体系,这是绿色建筑发展的一个重要阶段。特别是在当前互联网大数据日益发展的新时代背景下,实时掌控绿色建筑性能指标的绿色监测管理系统,能更好地帮助绿色建筑运营方高效管理,更高效地落实国家"双碳"目标。

8.1 绿色监测管理系统

　　建立绿色监测管理系统的目的,是对绿色建筑中各种能源供应、使用、消耗的情况等信息进行统一收集、整理和分析,以此平台为更高层次的智能应用场景提供数据支持,满足智能运维的前置条件。因此,应尽可能地采集并完善各种绿色信息数据。建筑冷热源、输配系统和照明等各部分能耗的独立分项计量,是绿色建筑资源节约性能的控制项要求,必须遵守。绿色监测管理系统的系统架构如图 8-1 所示。

　　该系统不仅应满足建筑物自身运维管理的监测要求,还应能与地方政府主导的能耗监测系统平台、分项计量监测平台等上级系统平台对接。系统应采用开放式协议与通信接口,其采集数据与各功能模组的运算结果、优化指令能通过标准的协议格式,做到与建筑楼宇智能化的各系统平台共享数据。

　　作为绿色建筑智能化系统的组成部分,该系统在方案设计、初步设计、施工图设计等各阶段应与建筑本体、电气及智能化系统等充分结合、统一规划、同步设计,从而保证系统的顺利实施;同时,应与各弱电子系统共享资源,避免重复建设或投资浪费,提高绿色建筑运营效率,更好地落实绿色建筑相关政策的执行。

　　绿色监测管理系统具有绿色性能状态实时监测、能效管理等功能。系统基于 B/S 架构,包括能耗能效对标、能耗报警、节能量核算、能耗分析等功能,主要通过对建筑用能设施设备进行能耗分项计量,包括电量、水量、气量、冷量、热量等;对空调机组、水泵、风机、照明回路等安装分类能耗计量表,实时、准确、详细地掌握每个用能终端的能源消耗数据。例如:建筑冷热源、输配系统和照明等各部分能耗的独立分项计量,是必须遵守的绿色建

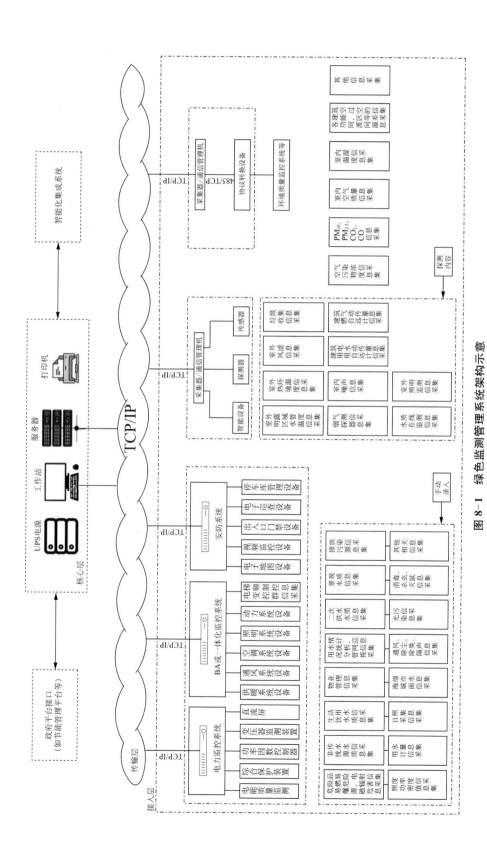

图 8-1　绿色监测管理系统架构构示意

筑资源节约性能的控制项要求。绿色监测管理系统将物联网、大数据与能源管理工作相结合,帮助物业管理团队提高能源利用率,提供安全、舒适的运维环境;对实时获取和传输的能耗数据进行存储并建立能耗数据库模型,对绿色建筑绿色性能指标等多角度进行统计、分析、评判;采用动态曲线、图表形式,向管理人员或决策层展示各类能源使用消耗情况及绿色性能指标的实时运行情况;通过精细化管理找出偏离耗能控制范围、绿色性能降低或失效的原因,减少不合理的耗能习惯,有效维持系统最佳运行状态,为用户进一步绿色节能改造或设备升级提供准确的数据支撑,并给出下一步运行管理的建议。

8.1.1 系统研发特性

绿色监测管理系统的研发需要考虑以下要求。

1. 标准性

数据采集器应完全符合《国家机关办公建筑和大型公共建筑能耗监测系统分项能耗数据传输技术导则》要求,向数据中转站和数据中心发送的数据包使用标准的 XML 数据协议格式,可以平滑接入任何省市级甚至国家级数据监测平台。

2. 准确性

采集间隔最小可达 1 min,可以准确捕捉所有能耗拐点及峰值功率的突变,消除因延时而产生的计算误差。使用专门设计的计算模拟软件,进行计量装置和互感器的选型和参数选取,准确匹配计量精度要求。

3. 稳定性

数据采集器硬件平台可选取高端网络通信设备厂商广泛采用的 ARM 架构 CPU 处理器,具有极强的稳定性和可靠性。软件使用 C++ 编写核心代码,Python 语言内建微型数据库,可实现长达 1 个月的断点续传数据保障功能,即使传输网络出现问题,也可确保数据不会丢失。

4. 开放性

采集器向下可通过扩展协议解析脚本的方式,任意接入各品牌型号具备 RS-485 通信接口的计量装置;向上使用符合国家标准的通信协议,可与符合国标的任意数据中转站实现互联互通。

5.扩展性

数据采集器未来可扩展为采集冷(热)量、燃气量等其他能耗数据信息,还可扩展为采集温湿度、CO_2 浓度等环境参数信息。

6.安全性

采集器与数据中转站或数据中心通信,采用《国家机关办公建筑和大型公共建筑能耗监测系统分项能耗数据传输技术导则》中规定的 AES 加 MD5 身份认证功能,所有数据经过 AES-128-CBC 加密。该加密算法广泛应用于金融、国防等重要领域,拥有良好的安全性。数据采集器操作系统采用裁剪优化的 Linux 操作系统,可关闭全部无用网络端口,有效避免网络攻击和病毒入侵。

8.1.2　系统基本功能

绿色监测管理系统基于“管控一体化”思想,将分散的能源控制系统、生产用能系统有机集成起来,提供分散控制、集中管理的开放式体系结构;借助 OPC(OLE for Process Control)技术实现监测数据传输与集中管理,方便连接第三方数据,有效进行实时界面操作,对历史数据的存储进行管理与统计分析。

1.概要信息显示

绿色监测管理系统首页应提供系统概要信息,管理人员可以快速掌握以下系统告警信息、污染相关数据以及包括能耗数据在内的建筑运行信息等。

(1)绿色建筑星级:实时显示绿色建筑星级状态及分值,如有降低等异常则告警。

(2)设备告警:显示当前设备安全运行在线数量、处理次数、告警次数;点击设备告警,可进入告警详细列表页面进行查看。

(3)光污染、声污染及污染源排放:显示本月、上月、上一年累计数据。

(4)用能告警:显示安全用能、处理异常次数、告警次数。

（5）预警信息：滚动显示不少于20条最新预警信息。

（6）能耗费用：显示今日用电（水、气）、今日费用、同比数据、环比数据。

（7）能耗预测：根据历史用能数据，预测明日能耗（电、水、气）、费用数据。

（8）总能耗：显示今日、昨日总能耗曲线图。

（9）环境监测：显示$PM_{2.5}$、甲醛、热湿环境、空气品质、水质、日照、声光环境数据，以进度条的形式展示，并标识出"合格""超标""良"等状态信息。

（10）总体设施：显示室内外总体树木生长状况、室外垃圾站垃圾分类情况等。

（11）周边设施：显示建筑（群）周边设施。例如：距离最近（小于500 m）的医院有多少家，距离最近（小于1 000 m）的学校有多少所等。

2. 基本信息管理

（1）以二维模式将绿色建筑展示成3D效果，鼠标移动到某栋楼上则显示该楼栋的电、水、气等各项能源数据。例如：点击某楼栋则跳转到该楼栋能源数据页面，可查看年、月、日的总能耗曲线图，用量柱状图（包括用量排名、$PM_{2.5}$、天气湿度）以及同比、环比分析等。

（2）楼栋信息：显示各建筑基础信息（包括建筑地址、数据中心、监测状态、入住总人数、建筑体形系数、建筑玻璃类型、窗框材料类型、外墙类型、建筑面积、建筑功能布局、主要功能性房间、出入口与疏散通道信息等，以上信息应以BIM建模集成于3D智能综合管理平台中），并支持楼栋的增删改查操作。

（3）设备信息：显示各设备基础信息（包括监测仪表、互感器变比、负载总功率、监测地址、分项名称、功率因数、功率因数限值、最大电流限值、最小最大电压限值、谐波率标准电流电压值、三相不平衡电流电压限值等），并支持设备的增删改查操作。

（4）用户行为信息：显示楼内公共场所的用户驻留信息，便于大数据分析用户预期行为和消费特点，及时调整商业策略，更好地为用户提供高品质服务。例如：客流车流统计，可显示建筑及建筑群在年、月、日等不同时间段内的场地客流、指定场地进出客流和场地车流、指定场地进出车流等信息，以折线图形式展示。

3. 能耗数据统计

（1）对建筑内各楼层配电、入户用电（如照明、插座、换热站用电、空调机房用电、新风机及盘管用电、室内公共照明、应急照明、室外景观照明、电梯、给排水泵、通风机、信息中心等)进行分项计量。

(2) 根据公共区域、用能区域划分,对用水能耗(生活给水总管、各楼层各区域冷热水、中水总管和各功能区域中水、商业用水收费部分等)进行计量监测。

(3) 对空调系统的供水、回水管路进行温度、压力以及流量值的监测;对空调的冷却水温度、运行设备数量、运行效率、制冷量和日耗电量、单位面积电负荷等指标进行数据分析。

(4) 以饼图显示各个分项占比,以折线图显示分项趋势,以柱状图显示同比、环比分析。

(5) 对于三星级绿色建筑,用电能耗各分项计量的用电负荷应细分为一级子项和二级子项。例如:照明插座用电的照明和插座计量分开;冷冻机内冷冻机组、冷却塔、冷(热)水循环泵等计量分开;空调末端的新风机组、风机盘管、多联机组等设备计量分开。通过计量细分,可进一步精准了解各设备用能情况,为节能降碳提供数据支撑。

4. 环境参数采集

(1) 空气品质:以建筑为单位,从自建或第三方气象站获取,或由末端硬件设备采集相关空气品质数据,显示建筑在年、月、日等不同时间段的空气品质参数。

(2) 声光环境:以建筑为单位,从自建或第三方气象站获取,或由末端硬件设备采集相关声光环境数据,显示建筑在年、月、日等不同时间段的声光环境参数。

(3) 热湿环境、水质:以建筑为单位,从自建或第三方气象站获取,或由末端硬件设备采集相关温湿环境、水质数据,显示建筑在年、月、日等不同时间段的热湿环境参数。

5. 设备运行参数采集

显示建筑物各类设备的运行数据,包括给排水设备、空调设备、送排风设备、电梯、电气设备等;显示不同设备类型信息,包括总数、在线运行数、故障数、离线数;点击不同的设备类型,可进入设备的详细信息页面,进行年、月、日筛选。

信息页面应包含以下设备信息:

(1) 高/中压配电柜:进出线的三相电压、三相电流、功率、功率因数、电度,进出线开关的分合闸状态,手车位置状态及故障状态,综合保护装置运行状态及通信状态等信息。

（2）低压配电柜及 UPS 进出线柜：各主回路电流、电压、频率、功率因数、有功功率、无功功率、有功电度、无功电度、开关状态、跳闸报警信号等；各支路电流、电压/电流百分比、电流谐波总畸变率、开关状态、有功功率、视在功率、功率因数等。

（3）UPS 不间断电源：电流、电压、频率、功率因数、负荷率、输入输出功率、电池输入电压/电流/容量、逆变器同步/不同步状态、旁路供电状态、市电故障、系统故障、报警、越限时间和越限值等。

（4）ATS/STS 双电源切换装置：每个电源供电回路的开关状态、故障报警等。

（5）变压器：变压器带电小时数、年带电小时数、年最大负载、年最大负载利用小时数、变压器绕组温升/温度、负载率、负载功率、电流/电压畸变率、电压波动、电压暂升/暂降、损耗电量评估值等。

（6）柴油发电机组：电池电压、油压、油位、油温、转速、输出线电压、输出相电流、频率、有功功率、无功功率、功率因数、有功电度数、低油压状态、油位低状态、运行状态，以及各类报警/故障信息等。

（7）空调与冷热源系统（空调设备、送排风机、生活水泵、排水泵、水箱）：设备运行状态、空调送回风温度、空调供回水温度、水箱液位监测、集水坑液位监测等。

6. 报警及安全管理

（1）系统告警：统计不同类型设备，在年、月、日等不同时间段内的告警列表。

（2）告警设置：针对不同的能耗数据、空气质量、预警等限值进行设置，一旦达到预定值就及时在系统中产生报警记录，并通知用户。

（3）安全管理：系统显示器对主设备、辅助设备的运行进行监视，并对各运行参数进行以下实时显示。

① 系统定期对模拟量进行监测，越限即报警，并可记录和查阅；

② 系统定期对开关量状态进行监测；

③ 报警信息可在显示器上以汉字显示，并在打印机上以汉字打印；

④ 事件记录（数据修改、操作设备）可存储及打印。

7. 评价标准

以建筑为单位，以年、月、日等时间段为筛选条件，根据多方数据（包括安全耐久、健康舒适、生活便利、节约资源、环境宜居等综合性能以及加分项满分值等），综合评定建筑是否符合绿建标准。

8．Web信息发布

网络版应支持基于IE8及以上、Google Chrome（35版本及以上）和Firefox（30版本及以上）的浏览系统，无需安装客户端软件；用户可通过局域网和广域网随时随地使用网页浏览器来访问系统数据；支持多应用认证授权及单点登录；支持统一身份认证、统一应用系统授权、统一管理操作审计；支持HTTP应用访问加速；支持智能网页代码重写；支持黑白名单安全访问控制。

9．智慧收费和移动应用

系统平台可实现智慧收费和移动应用。智慧收费包括能源预付费、后付费，能源费用的自动核算、扣费、催缴、账单推送等；移动应用包括移动端能源收费、能源充值及查询、设备监控、物业服务等。

8.1.3 系统设计

系统设计的好坏在根本上决定了整个管理系统的优劣，其不仅影响设计施工成本与周期，还直接影响终端用户的使用体验。系统建设不仅需考虑分项能耗信息低成本高稳定性的获取、加工、处理和分享，还需通过多个子系统提供更加丰富、翔实的数据信息，同时需具备与其他系统实现数据共享、模块接入的可扩展性。为达到这些目标，绿色监测管理系统在设计时应依据如下几项基本原则。

1．易扩展

系统的软硬件平台应该是开放的。开放性主要指软件的可扩展性，即软件扩展新功能的难易程度。可扩展性越好，表示软件适应"变化"的能力越强。

软件架构应该是开放的。即采用B/S面向服务的体系结构，采用组件方式搭建松耦合系统架构，可以灵活响应需求的变更与系统扩展，即软件可按"动态开发"模式进行，满足用户管理需求。

硬件系统的开放性主要体现在硬件集成与被集成的能力,具体体现在以下两方面。

(1)终端仪表协议的标准化:如遵循 Modbus 通信规约、电能表 2007 版通信规约、188 直读水表通信协议和通信规约等。

(2)采集网关设备的兼容性:具有优秀的协议配置功能和通信兼容性,可以快速集成第三方仪表设备并保证通信的稳定性与可靠性。例如:拥有多种类型的通信接口形式,并且内置可编程控制、通信策略等。

2. 可类比性

横向可比性是这一系统最重要的特征。例如:与绝对的能耗等数据相比,各建筑总能耗、人均面积能耗等相对指标在某种意义上更能揭示能源使用中的问题,也更能激发改善建筑物管理、降低能耗的愿望。可比性的基础是对某些约定的规范化,形成用于能耗信息交互的"协议"。

3. 安全性

安全性是衡量一个系统非常重要的设计指标,特别是针对 Web 应用平台。一方面要保证服务器等设备不被黑客、病毒破坏;另一方面还可通过高度安全性的数据存储和读取方式保证数据安全。管理平台采用 Linux 为核心的操作系统来保证系统的稳定安全,同时通过分布式存储方式保证数据的完整性和机密性。

4. 稳定性

系统的稳定性直接影响后期的管理成本和维护成本,是系统的关键之处。管理平台从系统架构入手,在软件平台、通信传输上通过分布式存储、分布式管理方式来保证系统的稳定性。例如:在系统架构上,项目要求使用有线网络时采用具有独立管理和数据存储功能的数据网关;当项目不便于采用有线网络时,多采用具有公共电信服务的电信物联网络,如基于 5G 技术的 NB-IoT 通信技术,以解决部分监控点施工难的问题。

8.2 绿色指标监测范围和要求

绿色建筑宜建立绿色监测管理系统,该系统除对水、电、燃气、燃油、集中供热/冷、可再生能源等能源类型进行采集、分类和分项计量外,还可采集建筑基本信息、建筑环境和设备信息、建筑运行信息等,并对其他绿色运行评价指标进行监测。

绿色指标的监测数据应包括以下三部分:

1．建筑基本情况和状态信息

包括建筑面积、容积率、绿化率、透水铺装面积比例、调蓄雨水功能面积占绿地面积比和场地年径流总量控制率等;居住建筑的人均用地面积和人均公共绿地面积;公共建筑的地下与地上建筑面积比、地下一层建筑面积与总用地面积比和可重复使用隔断(墙)比等。

2．建筑能耗监测数据

包括水、电、燃气、燃油、集中供热/冷、可再生能源等能耗数据。这些数据既要满足国家建立建筑物能耗数据监测网的要求,又要为建筑物在运行过程中实现行为节能和控制节能提供基础数据。

3．绿色监测平台运行数据

包括建筑机电设备的运行参数、环境参数等。绿色建筑内的能耗数据包括电能计量的一级、二级分项能耗数据,系统各指标数据应能实现实时上传;针对建筑的功能、归属等情况,对照明、电梯、空调、给排水等系统的用电能耗宜采取分区、分项计量的方式,对照明除进行分区、分项计量外,还宜进行分层、分户的计量;对锅炉房、热力站及每个独立的建筑物设置总电表,若设置总电表较困难,应按照照明、动力等设置分项总电表;当公共建筑中设有空调机组、新风机组等集中空调系统时,应设置建筑设备监控管理系统;为减少建筑给水系统超压出流造成的水量浪费,应从给水系统的设计、压力分区、减压措施等多方面设置合理的供水系统。

8.3 计量装置

民用绿色建筑中的计量装置,在节能方面,主要是指用于能耗监测的用能计量装置,亦即能耗计量装置;从公共建筑节能角度,众人熟悉的能耗监测系统主要由能耗计量装置、能耗数据传输系统和能耗数据集成平台的软硬件设备及系统组成。

8.3.1 计量装置基本功能和选型特点

计量装置主要包含各类电表、水表、冷(热)量表、气表等。符合国家法规与相关标准，是绿色建筑计量装置选型的必要条件。例如：上海对本市建筑节能工程应用的分项计量表具和能耗数据采集器实行备案管理，总体应符合《公共建筑用能监测系统工程技术标准》DG/TJ 08—2068 和《民用建筑电气绿色设计与应用规范》T/SHGBC 006 等的规定。

1. 多功能电表

多功能电表是指由测量机构、数据处理单元、通信接口及其他功能部件组成并包封在一个表壳内，具有计量及显示有功电能、无功电能、有功功率和无功功率等功能，并存储和输出数据的电能表(图 8-2)。

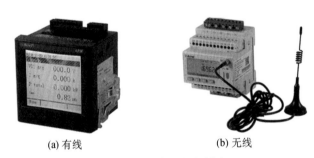

(a) 有线   (b) 无线

图 8-2 多功能电表样式

1) 多功能电表主要功能

(1) 计量功能：具有监测和计量单相有功功率和电流，或三相电流、电压、有功功率、功率因数、有功电能、最大需量、总谐波含量等功能。

(2) 通信接口：具有数据远传功能以及符合行业标准的物理接口。

(3) 通信协议：采用标准开放协议或符合《多功能电能表通信规约》DL/T 645 中的有关规定。

(4) 计量精度：有功应不低于 1.0 级，无功应不低于 2.0 级；配套互感器应不低于 0.5 级。

2）无线电表功能特点

无线电表是一种利用无线通信技术的多功能电表，可以实现远程抄表、预付费、故障报警等功能，主要有以下功能特点：

（1）无线 NB-IoT 通信，集成用电计量和用电安全功能。

（2）采用双向电能计量电路及 SMT（Surface Mount Technology，表面贴装技术）制造工艺。

（3）高度集成化，具有防静电、防雷、防瞬变等多种抗干扰能力。

（4）满足 EMC、ESD、EMI 等电磁兼容要求。

（5）在电能表断电的情况下，表内数据可保存不少于 10 年。

（6）液晶自动循环显示各种计量和监控数据。

（7）技术参数指标：包含额定电压、电压测量范围、额定电流、电流测量范围、测量精度、供电电源、功耗、显示及工作环境等。

3）参数指标特点

上述电表具有以下参数指标特点：

（1）采用 7 位 LCD 显示器，标准配置 6 + 1 位（999 999.9 kW·h）显示有功用电量。

（2）3 个 LED 分别指示电源状态（绿色）、电能脉冲信号（红色）、RS485 通信指示（黄色）。

（3）标准配置为无源电能脉冲输出，可选择无源远动电能脉冲输出。

（4）标准配置为不检测负荷电流潮流方向，可选择自动检测负荷电流潮流方向，并由一个单独的 LED 指示。

（5）具有远程通断电、停电显示电量、历史电度统计以及额定电流、复费率、最大需量可选等功能。

（6）包含电压、频率、电流规格、电压回路功耗、电流回路功耗、正常工作温度、环境湿度、通信方式及协议等技术参数指标。

2. 水计量装置

水计量装置是计量给排水系统水用量的计量器具的总称，包括数字水表、远传水表、物联网水表、流量计等。

1）数字水表基本功能特点

（1）计量功能：具有监测和计量累计流量功能。

（2）通信接口：具有数据远传功能以及符合行业标准的物理接口。

（3）通信协议：采用 M-Bus 协议或相关行业标准协议。

（4）计量精度：不低于 2.5 级。

（5）其他性能参数：符合《饮用冷水水表与热水水表》GB/T 778 的规定。

2）远传水表基本功能特点

（1）读取传输：光电隔离直读，远传输出信号。

（2）远程控制：可选远程阀控功能。

（3）外壳材质：采用优质耐腐铸铁、优质黄铜或不锈钢制造。

（4）温度等级：冷水表 T30、热水表 T90。

（5）气候和机械环境：安全等级不低于 C 类。

（6）电磁兼容性等级：不低于 E2。

（7）流面剖面敏感度等级：不低于 U10 D5。

（8）技术参数指标：包含口径范围、通信接口、通信协议、工作电源、水压等级及防护等级。

3）物联网水表基本功能特点

（1）电子模块采用 SMT 全自动化焊接，并作防水、防潮、防振处理，满足《电子远传水表》CJ/T 224 的规定。

（2）满足 EMC、ESD/EMI 等电子产品电磁兼容要求。

（3）采用速度式基表，环保材料无铅黄铜铸造钝化。

（4）内置锂离子电池，正常工况下一节锂离子电池可保证全寿命期工作需要能量。

（5）包含工作电压、平均静态电流、发送电流、最大通水压力、IP 等级、介质温度、电磁兼容性等级及工作湿度等技术参数指标。

图 8-3～图 8-5 所示为阀控水表、光电远传水表和物联网无阀水表样式。

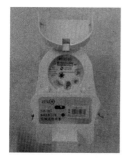

图 8-3　阀控水表样式

图 8-4　光电远传水表样式

图 8-5　物联网无阀水表样式

4）流量计基本功能特点

（1）精度：流量 ±1.0%；热量 ±2.0%。

（2）信号输出：1 路 4～20 mA 电流输出，阻抗 0～1 K，精度 0.1%；1 路 OCT 脉冲输出；1 路继电器输出。

（3）信号输入：3 路 4～20 mA 电流输入，精度 0.1%，可采集温度、压力、液位等信号；可连接三线制 PT100 铂电阻，实现热量测量。

（4）数据接口：RS485 串行接口，可通过 PC 电脑端升级，支持 MODBUS 等协议。

5）工作环境

（1）温度。主机：-20～60℃；传感器：-30～160℃。

（2）湿度。主机：85% RH；传感器：防护等级 IP 67。

6）适用测量介质

（1）种类：水、海水、工业污水、酸碱液、酒精等能传导超声波的单一均匀液体。

（2）温度：-30～160℃。

（3）浊度：≤1 000 ppm 且气泡含量少。

（4）流速：-10～10 m/s。

3. 数字冷（热）量表

数字冷（热）量表主要有电磁冷（热）量表、超声波热量表等。电磁冷（热）量表（图 8-6）主要应用于制冷、供热等能源计量系统，计量集中供冷、供热使用的冷（热）量。依据热力学原理，通过对供回水温

图 8-6　电磁冷（热）量表样式

度和流量的检测,计算出各用户使用的能量值,作为冷(热)量收费的依据。技术参数指标包括供电电源、通信方式和协议、准确度等级、最大允许工作压力、防护等级、介质温度、温差范围、温度分辨率、存储数据、输出信号、适配温度传感器及安装方式等。超声波热量表基本功能与电磁冷(热)量表相同,其他指标参数包括公称口径、最大流量、常用流量、最小流量、准确度、等级、压力损失、公称压力、温差范围、温度范围、温度、分辨率、环境类别、防护等级、电池寿命、安装方式、冷(热)量通信参数等。数字冷(热)量表主要有以下功能特点:

(1)计量功能:具有监测和计量温度、流量、冷(热)量功能。

(2)通信接口:具有数据远传功能,数据通信可选配 RS485 标准串行电气接口或 M-Bus 电气接口。RS485 接口和通信性能应分别符合《基于 Modbus 协议的工业自动化网络规范》GB/T 19582 和《低压成套开关设备和控制设备 第 8 部分:智能型成套设备通用技术要求》GB/T 7251.8 的相关要求。M-Bus 接口应符合《户用计量仪表数据传输技术条件》CJ/T 188 的相关要求。

(3)通信协议:采用 Modbus/M-Bus 协议或相关行业标准协议。

(4)精度等级:数字冷(热)量准确度等级应不低于 3 级,产品应满足《热量表》CJ 128 的要求。

(5)其他性能参数:符合《热量表》CJ 128 的规定。

图 8-7 智能网络温控器样式

4. 智能网络温控器

智能网络温控器(图 8-7)主要应用于供热、制冷等能源计量及网络温控系统,计量集中供热、供冷使用的当量时间。它通过检测空调主机的工作状态、末端设备的运行状态和热交换时间等信息,将其转换为当量时间(当量时间=档位时间×档位系数×盘管系数),作为冷(热)量收费的依据。其主要有以下基本功能特点:

(1)环境温度显示、温度校准功能。

(2)空调使用时间计量功能。

(3)按键和温度上下限锁定功能,通过软件远程锁定按键或设定温度上下限。

(4)冷/暖模式切换。

(5)手动或自动风机三速转换功能。

（6）定时开关机功能。

（7）技术参数指标功能包含工作电源、功耗、温度显示精度、按键、防护等级等。

5. 能耗数据采集器

1）性能指标

（1）具备 2 路及以上 RS485 串行接口，每个接口具备至少连接 32 块能耗计量装置的功能。接口具有完整的串口属性配置功能，支持完整的通信协议配置功能；RS485 接口符合《基于 Modbus 协议的工业自动化网络规范》GB/T 19582、《多功能电能表通信规约》DL/T 645 及《低压成套开关设备和控制设备　第 8 部分：智能型成套设备通用技术要求》GB/T 7251.8 的相关规定；M-Bus 电气接口符合《户用计量仪表数据传输技术条件》CJ/T 188 的相关规定。

（2）支持有线通信方式或无线通信方式，具有支持至少与 2 个能耗数据中心同时建立连接并进行数据传输的功能。通信方式和传输符合《公共建筑用能监测系统工程技术标准》DG/TJ 08—2068 的相关规定。

（3）存储容量不小于 256 M。

（4）具有采集频率可调节的功能。

（5）采用低功耗嵌入系统，功率小于 10 W。

（6）工作环境温度至少满足 -5～55℃。

（7）支持现场和远程配置、调试及故障诊断的功能。

2）电磁兼容性

（1）静电放电抗扰度满足《电磁兼容　试验和测量技术　静电放电抗扰度试验》GB/T 17626.2 的 3 级或以上要求。

（2）电快速瞬变脉冲群抗扰度满足《电磁兼容　试验和测量技术　电快速瞬变脉冲群抗扰度试验》GB/T 17626.4 的 3 级或以上要求。

（3）浪涌（冲击）抗扰度满足《电磁兼容　试验和测量技术　浪涌（冲击）抗扰度试验》GB/T 17626.5 的 3 级或以上要求。

3）安全性能

抗电强度满足《信息技术设备安全　第 1 部分：通用要求》GB/T 4943.1 相关技术指

標的要求。

4）资质要求

具有资质（CMA 计量认证或 CNAS 认可）的第三方检测报告，报告有效期为 2 年。

图 8-8 所示为两款能耗数据采集器的样式。

图 8-8　能耗数据采集器样式

6. 其他用能计量装置

1）蒸汽流量计

（1）计量功能：具有监测和计量累计流量的功能。

（2）通信接口：具有数据远传功能以及符合行业标准的物理接口。

（3）通信协议：采用 M-Bus 协议或相关行业标准协议。

（4）精度等级：误差应不大于 2%。

（5）其他性能参数符合《封闭管道中气体流量的测量　涡轮流量计》GB/T 18940 的规定。

2）数字燃气表

（1）计量功能：具有监测和计量累计流量功能。

（2）通信接口：具有数据远传功能以及符合行业标准的物理接口。

（3）通信协议：采用 M-Bus 协议或相关行业标准协议。

（4）精度等级：不低于 2.0 级。

8.3.2　计量装置绿色标准要求

计量装置是数据监测的核心设备，在绿色监测系统中发挥着重要的作用。计量装置的准确性是保证计量数据真实有效的前提。国家、地方及行业颁布的标准规范,为计量装置产品工程设计选型提供了有效依据,见表 8-1。

表 8-1　常用计量装置设计与选型标准规范

序号	标准编号	标准名称
1	GB/T 50314—2022	《智能建筑设计标准》
2	JGJ/T 229—2010	《民用建筑绿色设计规范》
3	T/SHGBC 006—2022	《民用建筑电气绿色设计与应用规范》
4	GB/T 15316—2009	《节能监测技术通则》
5	—	《国家机关办公建筑和大型公共建筑能耗监测系统分项能耗数据传输技术导则》
6	—	《国家机关办公建筑和大型公共建筑能耗监测系统分项能耗数据采集技术导则》
7	DL/T 448—2000	《电能计量装置技术管理规程》
8	CJ/T 224—2012	《电子远传水表》
9	CJ 128—2007	《热量表》
10	DL/T 614—2007	《多功能电能表》
11	DL/T 645—1997	《多功能电能表通信规约》
12	CJ/T 188—2018	《户用计量仪表数据传输技术条件》
13	DL/T 5137—2001	《电测量及电能计量装置设计技术规程》
14	DL/T 825—2002	《电能计量装置安装接线规则》
15	DG/TJ 08—2068—2024	《公共建筑用能监测系统工程技术标准》

8.4　示范性项目

1. 项目介绍

项目地点:上海市静安区某街道 077-10 地块内。

项目类型:办公建筑。

项目概况:总建筑面积 7 220 m²,其中地上 4 520 m²,地下 2 700 m²。项目包括 1 幢单体建筑,地下 2 层、地上 5 层。其中,地下室主要功能为机械车库、餐厅和配套设备用房,地上主要功能为社区商业和办公。抗震设防强度 7 度,设计使用年限 50 年。

2．系统架构

绿色监测管理系统共分为三层网络架构：接入层、传输层和核心层。接入层以采集器直采、第三方系统数据接口资源共享的方式，负责绿色建筑内水、电、气、热（冷）、可再生能源、建筑物基本信息、空气质量、视频等原始数据的实时采集；传输层以网络交换机、光纤收发器的方式，负责采集层的原始数据上传和核心层数据指令的下发；核心层以数据服务器、工作站的方式，负责数据的实时监测、处理、存储、统计、分析、展示与评价等功能，并通过数据接口形式将系统数据上传至上级能耗平台。

3．系统功能

绿色监测管理系统是一套应用在绿色建筑全寿命期内，对建筑物安全耐久、健康舒适、生活便利、资源节约、环境宜居等方面进行全面监测管理的系统。其不仅对水、电、气、热（冷）和可再生能源等进行采集、分类分项计量，还对绿色建筑的基本信息、建筑环境信息、设备及建筑的运行信息进行采集；并对建筑物的绿色运行评价指标进行监测，同时还将建筑物的能耗数据上传到国家与地方政府能耗监测平台。绿色监测管理系统主要有以下系统功能：

① 能耗在线监测；

② 能耗数据分析；

③ 能耗数据上传；

④ 配电运行监控；

⑤ 空气质量环境监测；

⑥ 绿色建筑评价指标监测；

⑦ 数据查询；

⑧ 报表报告；

⑨ 报警管理。

4．运行效果

1）全面掌握绿色建筑的基本情况和状态信息

系统界面可展示建筑面积、容积率、绿化率、透水铺装面积比例、调蓄雨水功能面积占绿地面积比、场地年径流总量控制率、居住建筑的人均用地面积和人均公共绿地面积、公共建筑的地下与地上建筑面积比、地下一层建筑面积与总用地面积比和可重复使用隔断（墙）比等信息。

2）集中监管绿色建筑的能耗数据和运行数据

系统界面展示水、电、燃气、燃油、集中供热（冷）、可再生能源等能耗数据，以及建筑机电设备的运行参数、气象环境参数等。

3）实时展现绿色建筑的评价指标和分析结果

系统界面展示安全耐久、健康舒适、生活便利、资源节约、环境宜居 5 类指标控制项和评分项评价指标与分析结果。图 8-9 所示为该项目绿色监测管理系统平台的控制页面截图。

（a）

（b）

(c)

图 8-9　绿色监测管理系统平台页面截图

第9章
机电控制与互联通信

现代社会，人们越来越注重生活和工作的环境品质。电气绿色设计也更加侧重于安全、舒适、高效和便利。因此，需要将系统和末端设备的运行情况及基本参数实时上传至管理平台，以便分析设备故障信息和用能效率并进行有效的设备管理。实现这些目标需要在建筑内建立起机电系统和设备的数字化监控互联体系。

机电设备的自动化管理是绿色建筑的基本要求，依托于此，物业管理得以高效地了解机电设备的运行、维护情况。以往，智能建筑通过 BA 系统（Building Automation System，楼宇设备自控系统）构建对机电设备的自动化管理，再采用 BMS 系统将建筑内各自独立的智能化子系统进行集成，以达到建筑智能化运维管理的要求。但通常建设方为了节约投资，会减少各系统的自动化控制功能，反而增加了后期运维管理的难度。大规模的 BA 系统也因系统和通信协议的兼容性，导致扩展和升级受阻。

近年来，机电设备控制一体化技术蓬勃发展，被广泛应用于既有工程的节能改造和智能化升级中。由于其技术应用的灵活性，也开始在新建建筑内采用。不可否认的是，BA 系统在中国近四十年的建筑发展过程中，发挥了一定的作用，但由于各方原因，该系统在投资建成后的实际运维阶段并未真正发挥控制和管理的作用，造成一定程度的浪费和闲置。目前，机电设备控制一体化技术可以作为 BA 系统的有效补充，在计算机、互联网等技术发展背景下，其发展的适用性有待项目运维阶段的进一步验证。

9.1 电气控制

9.1.1 绿色建筑控制内容

关于环境、能源和可持续发展，我国在 2019 年推出的新版《绿色建筑评价标准》GB/T 50378 更符合中国的国情，已在建筑项目中得到广泛应用。同时，国际上通用的认证标准还有 LEED 认证、WELL 认证、BREEAM 评价体系等。

新版《绿色建筑评价标准》是从安全耐久、健康舒适、生活便利、资源节约和环境宜居等方面出发，综合评定建筑的设计、建造和运维。LEED 认证的精髓是降低能耗、节约用水、改善室内空气质量。WELL 认证是基于人类健康问题与建筑环境之间的关系，注重建筑环境中人的健康；通过监测和控制调节空气、水、营养、光照等指标来创造健康舒适的建筑环境。BREEAM 评价体系是在人居环境方面倡导健康与舒适标准,并从能耗、管理、健康宜居、水、建筑材料、垃圾、污染、土地使用与生态环境、交通等方面进行严格评估。上述标准的要求让我们对绿色电气设计的监控内容更加熟悉。

9.1.2　机电控制一体化

根据绿色建筑评价标准的原则,电气控制包括系统构成的各方面。出发点应该从安全耐久、健康舒适、生活便利、资源节约和环境宜居 5 个性能指标考虑,力求机电设备运维管理平台有全面的提升,实现机电设备运行参数、控制和维护的全数字化管理。

机电控制的智能化需要采用智能互联和网络技术,实时采集机电设备运维数据,根据采集的数据进行智能分析,发出符合设备最佳工作模式的指令,实现对设备智能化管理和控制。

建筑设备一体化智能监控系统,对建筑机电设备进行智能控制,使其高效节能运行。系统包含配电、保护、计量功能及设备安全运行状态,具有可调节及通信功能、配电及控制一体化功能。一体化控制箱(柜)是指建筑设备一体化智能监控系统中,位于末端用电侧实现工艺设备运行及监控、具有通信功能的控制箱(柜)。

在绿色建筑中,应从以下角度考虑一体化控制箱(柜):从安全耐久角度考虑,一体化控制涉及用电生命安全的剩余电流、短路、弧光、雷电和接地的监测控制,用水的水质、液位监测与控制,空气的一氧化碳、二氧化碳监测与控制;从健康舒适角度考虑,一体化控制的内容有温湿度监测、空气质量监测($PM_{2.5}$、PM_{10} 等)、水质监测等;从生活便利角度考虑,一体化控制应考虑操作的便捷、直观,通信的安全、高效,易于升级和人性的交互式功能;从资源节约角度考虑,电气系统方案应经济简洁、合理使用电气元件、注重电气材料消耗和再利用、建筑设备运维的智能高效等;从环境宜居角度考虑,机电一体化系统应注意生活和工作环境的电磁兼容、生态环境参数的监测和控制等。上述各方面的实现,无一不体现出一体化控制的作用和影响。

9.1.3　一体化控制内容与原理

1．控制内容

建筑机电控制包含了各机电系统,如供配电(高低压、变压器、发电、蓄电储能)、照明(工作照明、事故照明、景观照明、应急照明)、环境控制与管理(空调系统、给排水系统、环境监测)、消防(火灾自动报警系统、灭火系统、防排烟系统、消防广播)、安保(出入口门禁系统、CCTV、防盗报警)、交通运输(电梯系统、停车场系统)等。

监视和控制的参数包含电流、电压、频率、功率因数、流量、液位、压力、温度、湿度、浓度等。现场一体化控制器的调节,可使机电设备的运行处于最佳工作状态,使用最少的材料及能源消耗,获得最好的经济效益。

2．主要设备基本原理

1)冷水机组系统

主要采集机组冷冻(却)水供水、回水的温度、压力、流量以及环境温湿度等;控制机组、冷冻(却)水循环水泵、冷却塔及相关阀门等设备开启及关闭顺序;采用智能控制器计算空调实际负荷,根据负荷确定机组、冷冻(却)水循环水泵、冷却塔等设备的启停台数。

控制冷机最小流量水流速不低于 $0.9\ \mathrm{m/s}$。当冷冻(却)水泵流量计测量的冷机侧实际流量同时达到下限时,根据冷冻水供回水压差信号调节冷冻水旁通阀开度,根据冷却水供回水温度信号调节冷却水旁通阀开度。

满足负荷端流量需求,同时保证冷机侧最小流量恒定。冷水机组电动关断阀采用等比例控制阀等,实现缓慢开启,保证机组水流量不增加太快。

2)冰蓄冷系统

主要采集主机的运行数据,结合环境温湿度及供冷负荷的变化,自动调节主机运行工况,根据负荷正常使用和系统蓄冷的不同运行工况,自动开关相应的管道阀门。采集乙二醇系统乙二醇液体的供液、回液温度,根据负荷泵的运行状态、温差及主机的运行负荷进行节能控制。

3) 溴化锂机组系统

根据机组冷冻(却)水出水温度、高发浓溶液温度、限位限速控制及设定值采用 PID 算法自动控制机组容量阀门开度,调节热源输入量。根据机组低压发生器冷凝温度及出吸收器稀溶液温度,结合负荷情况,采用 PID 算法自动控制机组溶液泵变频调速。当机组冷冻(却)水出水温度低于设定值时,机组进行稀释循环,此时关闭溶液泵、冷剂泵,打开冷水循环泵,直至冷冻(却)水温度高于设定值,延时再次开机。

4) 地源热泵系统

热泵主机部分负责采集室外环境温湿度和机组运行工况,自动调整主机启停台数及供水温度设定值。空调侧及地源侧循环泵,采集供回水温差、压差、流量,计算负荷所需冷(热)量,自动控制循环泵启停。冬夏季系统自动切换相关电动蝶阀。当冷冻(却)水水泵转速和流量计测量的冷机侧实际流量同时达到下限时,根据冷冻(却)水供回水压差信号调节旁通阀开度,满足负荷端流量需求,保证冷机侧最小流量恒定。

5) 空调新风与空气处理系统

空调新风与空气处理系统一般分为两管制及四管制。系统应根据暖通专业的具体要求分别设置温度、湿度、过滤网压差、加湿器、进风回风压差、二氧化碳和冷热水阀门的控制,统计具体的 AI、AO、DI、DO 点数。根据具体功能选定控制通信手段,具体的控制调节方式可通过一体化控制器来实现。

6) 热交换系统

空调系统热源的提供一般是通过热交换系统完成的。采用市政蒸汽热源时,经热交换站内板式换热器换热为 60℃ 热水,供空调系统热源;采用锅炉房提供热源时,经换热器交换后获得 60℃ 热水,供空调系统热源。

热交换控制系统应实时监视换热系统温度、压力、耗电量等工作状态。二次水循环泵采用变频控制,根据换热器二次水供/回水温差、压差、室外温度信号,自动调节一次侧供水温度/流量。

7) 给排水系统

针对给排水系统的实际情况设计的自动控制系统,可实现对水泵的启停、流量、水管压力、水池水位等实时监测,并实现水泵启停的自动/手动控制及监测,监控系统实现联网运行,实现给排水系统运维全面的监测和控制。

8)电梯监测群控系统

群控电梯即多台电梯集中排列,共用厅外召唤按钮,按规定程序集中调度和控制的一组电梯。电梯群控的节能控制措施,是绿色建筑评价中必须达到的资源节约性能控制项要求。其主要包含以下运行模式:

(1)低峰模式:交通流量稀疏时进入低峰模式。

(2)常规模式:电梯按"心理性等候时间"或"最大最小"原则运行。

(3)上行高峰:早高峰时段,所有电梯均驶向主层,避免拥挤。

(4)午间服务:加强餐厅层服务。

(5)下行高峰:晚高峰时段,加强拥挤层服务。

(6)节能运行:当交通需求量不大,系统又查出候梯时间低于预定值时,即表明服务已超过需求。此时停运闲置电梯,关闭相关照明和风扇;或实行限速运行,进入节能运行状态。如果需求量增大,则陆续启动各电梯。

9)照明智能控制系统

可设定时间控制表,监测室内照度、人员移动情况,控制区域内照明回路开启数量。现场可设置智能照明场景控制面板,控制现场灯光在角度、明暗、颜色等方面的多种立体组合,满足不同时段及场合下对灯光场景的需要。

9.1.4 机电一体化设备管理

机电控制一体化系统,适用于建筑内各类机电设备的控制和管理。在机电设备终端箱内采用专用控制器,针对不同机电设备要求而设置的监控功能数字化控制,通过有线和无线通信方式,与控制中心上级平台相连,实现能效跟踪、二次电路、电动机保护、运行状态管控及 BA 系统控制综合参量的整合,形成建筑设备节能管控、运维管理和绿色监控的整体解决方案。运维管理系统具有 TCP/IP、Modbus 及 RTDS(Real Time Digital Simulation,实时数字仿真)实时数据库等多种标准接口。随着接入机电设备的增多,大量基础数据传入管控平台,将影响系统的运行速度,促使专用管理互联网引入边缘计算技术。亦即在系统中平稳且不发生变化的数据处于保持状态,不重复占用数据通道,故障信号和实时控制信号则优先上传。

机电控制一体化系统采用集配电、控制、节能、能耗计量及分析、安全报警、现场总线通信为一体的智能化设备,对建筑的冷(热)源系统、新风机组、空调机组、公共照明、送排风、给排水等机电设备进行高效的监控和管理。系统采用分项能耗计量、分析、节能控制策略及现场总线技术,使建筑机电设备运行能耗进一步降低。

机电控制一体化系统软件对建筑机电设备的运行工况、能耗状态、运行效率等进行实时监测和控制。相关设备的运行、故障信息、能耗等数据汇总后,存储在系统数据库中,由系统内置各功能模块对建筑设备的能耗状态进行统计分析及能效评估,给出结论,生成统计分析图表。具有不同级别密码的数据安全保护,以图形化界面集中对机电设备和环境参数进行有效监控。根据建筑运行的历史记录,管理、分析当前和过去的运行情况,作出趋势报告。机电系统一体化控制如图 9-1 所示。

9.2 互联通信

建筑设备一体化智能监控系统,是通过机电设备的现场一体化控制箱(柜)实现现场控制调节,同时通过信息化互联手段与控制平台相连,这需要设计师运用通信手段连接各个系统。通信的内容包括语音、数据、文本、图像等,因此需设置数据采集器、交换机和网络控制器等。这样,监控信号可以高效地通过网络实现信息互通、资料查询和资源共享。

建筑设备一体化智能监控系统的组成通常可分为以下 4 级:

(1) 1 级(现场控制级):由现场设备相连的一体化控制箱(柜)组成,实现现场对机电设备的数据采集、状态检测、开环和闭环控制并通过通信接口上传数据等。

(2) 2 级(通信级):通过各种通信手段和协议,实现一体化控制箱(柜)信息的高效交互。本级包括通信手段、通信协议和通信器件。

(3) 3 级(监控级):由工业控制的中央监控计算机(工作站)及监控软件组成,可以监控一体化控制箱(柜)上传的数据、优化过程控制、协调控制策略和记录存档打印等。

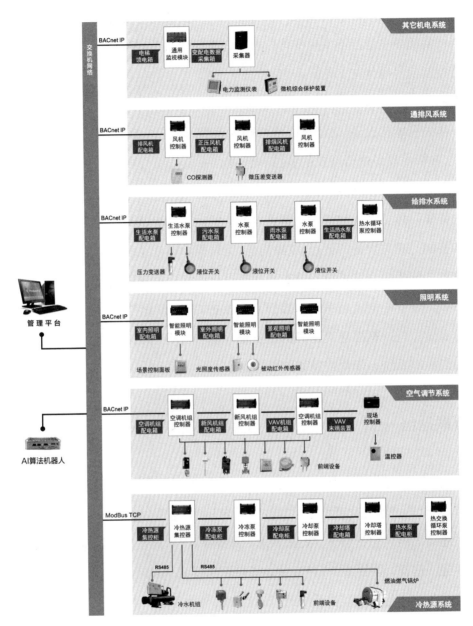

图 9-1　机电系统一体化控制

（4）4级（管理级）：根据运维管理的库存、能源和管理结构总体协调、控制与优化运维流程。

建筑设备一体化智能监控系统主要是基于以太网、物联网的控制系统平台，系统采用两层网络结构，即由管理和现场两个网络层构成（图9-2）。

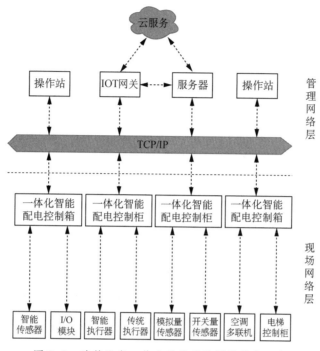

图 9-2 建筑设备一体化监控系统网络结构示意

9.2.1 数据采集与输出

机电控制一体化箱(柜)通过输入模块进行数据采集,在采集时为保证数据的准确、完整,采用滤波、非线性校正等技术,并进行补偿运算。中央主机发出的管理控制指令也可以输入一体化控制箱(柜)的控制模块,实现系统的直接调控。

机电控制一体化模块包含高性能的 CPU 和浮点运算协处理器,除了能实现 PID 算法功能外,还可执行整定、预测控制和模糊控制等现场控制功能。

为保证现场监控的安全可靠,一体化控制器可将现场控制程序固化在 ROM(Read-Only Memory,只读存储器)中,其中包括自启动、自检、输入输出驱动、检测、计算、通信和控制管理等程序。RAM(Random Access Memory,随机存取存储器)为程序运行提供了存储空间,可修改的参数(设定值、手动操作值、PID 参数、报警界限等)也须存入RAM 中。

9.2.2 网络通信

机电控制一体化在末端实现了就地智能监控功能后,可以将机电设备的运行基本参数实时数字化上传至上级管理平台。通信技术分为有线通信技术和无线通信技术。有线通信技术包括中长距离的广域网络和短距离的现场总线;无线通信技术包括长距离的无线局域网、中短距离的无线局域网和超短距离的无线局域网。

目前无线传输技术主要包括 Wi-Fi、Zigbe、蓝牙(Bluetooth)技术、超宽带(Ultra Wide Band,UWB)技术、机器类型通信(Machine-Type Communication,MTC)、射频识别技术(Radio Frequency Identification,RFID)及近场通信(Near Field Communication,NFC)等。作为无线通信技术重要分支的短距离无线通信技术,正逐步引起日趋广泛的关注。远距离的无线传输技术包括 GPRS(General Packet Radio Service,移动数据业务)、NB-IOT(Narrow Band Internet of Things,窄带物联网)、Sigfox、LoRa 等,其传输距离可以覆盖几十公里。

9.3 家居智能化

9.3.1 智能家居发展状况

智能家居(Smart Home),又称智能住宅,是以住宅为平台,兼顾建筑、网络通信、信息家电和设备自动化,集系统、结构、服务、管理于一体的高效、舒适、安全、便利、环保的家居环境(图 9-3)。它利用先进的中央集成控制,并配合计算机技术、网络通信技术、综合布线技术,将家居生活中各相关子系统有机地结合在一起,通过统筹的智能化管理,实现智能化家居生活。智能家居生活是新时代高品质的新方向,有了智能家居系统环境,家庭生活将更为舒适、安全、高效和节能。

图 9-3 智能家居室内场景

与普通家居相比,智能家居不仅具有传统的居住功能,提供舒适安全、高品位且宜人的家庭生活空间,还由原来的被动静止结构转变为具有能动智慧的工具。它可以为用户提供全方位的信息交互功能,帮助家庭与外部保持信息交流畅通,优化人们的生活方式,帮助人们有效安排时间,增强家居生活的安全性,有效节约各种能源费用。

9.3.2　智能家居组网技术

根据智能家居设备之间的连接方式,智能家居组网方式分为集中布线方式和无线连接方式。

1. 集中布线方式

需要布设弱电控制线来发送控制信号及接收受控设备的反馈信号,以达到对各子系统进行控制的目的,主要用于楼宇智能化控制。因为是以独立、有线的方式进行信号的收发,所以连接稳定,适用于新建楼宇、小区和别墅的大范围控制,但一般布线较复杂、造价较高、工期较长,适用于新装修用户。

2. 无线连接方式

无线连接方式则根据使用无线技术的不同分为无线 WLAN 技术、无线射频技术、蓝牙无线技术等。无线射频技术由于其低复杂度、低功耗、低数据速率,是一项较受欢迎的低成本、近距离的无线通信技术,但同时也存在传输稳定性较差、抗干扰能力不强的问题。

9.3.3　智能家居作用

智能家居控制系统能为使用者带来真正全新的、高品质的生活方式。

1. 高度智能化

主要指一键式操作,通过编程使多设备控制变得简单方便,以点击一下触摸屏替代多项烦琐的手动操作。以下为应用场景举例说明。

1) 场景一

观看家庭影院时,常需来回走动并手动调节各种设备。例如:开关和调节多个方位的灯光、调节房间温度、关闭多处窗帘、打开电源插线板、打开显示器/等离子/功放等设备电源、用等离子遥控板调到 AV 频道、用 DVD 遥控板进行播放和调节、用功放遥控板调节音量到适当位置;若采用投影还需拉下投影幕再降下投影机吊架,打开投影机预热后还需选择视频源等。

采用智能家居控制系统,则只需点击一下触摸屏上的"家庭影院模式",一切都将按设定程序一步运行到位。例如:灯光自动调节、温度自动调节、窗帘自动关闭、设备自动上电、功放等设备自动开启、音量自动调节、影片自动开始播放;若采用投影机,投影幕自动降下、投影机吊架自动降下、投影机自动开机、自动选择视频源等。

观看完毕,原本需要对各种设备进行烦琐的手动复位操作,而采用智能家居控制系统将会由程序实现自动设备复位,或只需点击一下触摸屏上的"放映结束",所有设备都将一键复位。

2) 场景二

回家时,通常需要手动调节各种设备和电气设施。例如:依次打开走廊、大厅及房间灯光,再返回关闭走廊灯光;打开空调并调节温度;打开或关闭窗帘;手动选择曲目、选择播放设备、调节音量等。

而采用智能家居控制系统,只需点击一下触摸屏上的"回家模式",一切都将按设定程序一步运行到位。例如:走廊灯光感应人的活动轨迹自动亮起或熄灭,大厅及房间灯光自动亮起并自动调节到一定亮度;室内空调自动打开并自动调节到相应温度,空调也可以在到家前通过手机或网络提前打开(其他设备亦可如此);观景、采光等窗帘自动打开等。

出门时,将会由智能家居控制系统程序实现设备自动复位,或只需轻点一下触摸屏上的"离开模式",所有的一切再次一步复位。

2. 操作简捷

现代家居中的各种家电和设备设施在操作及控制方面都是相对独立的,这使得每种家电和设备设施都有各自的遥控器、控制面板、调节器等,使用起来极不方便,找到对应设备的遥控器往往费时颇久;每个厂家的按键设置习惯大相径庭,这使得生活因为一堆控制器的操作而平添烦恼。

采用智能家居控制系统,只需通过触摸屏或者直接通过语音,就可完成对所有设备的集中控制,使操作更简单、更集约,从而摆脱烦琐的家电和设备设施控制,享受生活的轻松与乐趣。

3. 使用方便

在居家生活场景中,常会遇到以下问题:①晚间时段,已经上床休息,想起厨房没有关灯;②身处客厅,发现卧室的背景音乐还没关。

类似的情况在生活中时有发生,因为众多的灯具、电子设备、窗帘等都分布在不同房间,如空调分多个区域进行控制,影音、摄像等装置也按区域安装。每种情形都需要使用者来到对应设备和设施前才能对其进行操作。而采用智能家居控制系统,手持无线触摸屏,无论在家中的任何地方都可以控制家里的任何设备和设施,不用往返走动、频繁操作,实现了居家生活的方便与快捷。

4. 墙面整洁

目前,家居中涉及各种系统,如灯光系统、中央空调系统、家庭影院系统、网络及计算机布线系统、背景音乐系统等。因此,随之而来的是每个系统在墙面上都会安装大量的开关面板、调节面板,甚至挂墙设备。

例如:从楼道到房间和上下楼的倒角处,直径约 1 m 范围内的墙面,往往设有楼道灯光开关、门禁电话或可视对讲挂墙设备、两侧房间的灯光开关、空调旋钮、音乐调节旋钮,以及网络端口、电话端口、有线电视端口等,聚集了不同颜色、类型、尺寸和形状的开关,使墙面显得杂乱无序。

采用智能家居控制系统,只需一个外形简约、高彩色分辨率、匹配家装色彩风格的嵌墙触摸屏,就能取代所有的传统墙面开关面板、调节面板和挂墙设备,使墙面变得更加整洁,营造更优质的生活空间。图 9-4 所示为不同使用方式的智能家居面板室内场景。

(a)　　　(b)

图 9-4　不同使用方式的智能家居面板室内场景

9.3.4 智能家居技术架构

智能家居控制系统由多个不同功能架构的子系统组成,包括智能灯光系统、电动遮阳系统、暖通空调系统、背景音乐系统、音视频系统等。

1. 智能灯光系统

智能灯光系统顺应家居设备安装的总体需求,采用模块化结构设计,并通过自动控制系统进行控制。该系统实现了智能灯光系统的整体中央控制,是目前居家生活中较为完整和全面的控制系统。通过简单明了的触摸屏界面,省去了墙面安装的各式控制面板,使家居墙面简单整洁,避免了往返奔走调节的烦琐操作。

每种安装方案都可完全定制,能够实现复杂系统功能的自动化和流水作业式控制。只需点击按钮就可改变整个房间的光环境,室内灯光可定时自动启动或关闭,还可通过手机或掌上电脑遥控室内光环境,实现灯光调控、窗帘开关与其他系统的无缝集成。

1) 方案功能特点

(1) 可按房间、走廊和客厅等区域进行划分,通过设在房间内的触摸屏或按键面板(嵌墙/无线)进行本地控制或同安防监控、消防系统配合,实现灯控与安防、消防的联动。

(2) 使用触摸屏、掌上电脑、手机等各种手段管理灯光控制系统,让用户以最简便的方法在任意时间、地点都可以控制房间内的设备。

(3) 通过网络与其他控制系统相连,可协调每个子控制系统的运作,使每个房间既可独立运作也可协同管理,搭建一个最稳定的网络。

(4) 通过连接配套的动作传感器,实现人到灯开、人走延迟 5 s 后灯光渐暗等功能,并使用光感传感器监测房间照度,自动调节照明亮度,以达到节能效果。

(5) 用户还可根据个人使用偏好定制自用模式。

2) 微观控制特点

为提供全天候的服务,主机为纯硬件产品,可以 365 天 24 小时开机。系统在保留普通开关功能和特点的同时,可响应手机远程控制、集中控制、无线遥控、电脑控制、定时控制和网络控制等各种方式,同时在对各种灯具的微观控制上具有以下特点。

（1）一键场景控制功能：只需一次点触操作即可实现多路灯光场景的转换，灯光场景可为后期编程模式。

（2）灯光软启动：开灯时灯光缓缓亮起；关灯时灯光缓缓熄灭。消除了光线骤变对眼睛的刺激，可保护眼睛，也能减小电流对灯丝温度的冲击，延长了灯具使用寿命。采用软启动模式，灯光的照度可以产生一个渐变的过程，营造一种温馨、浪漫、幽雅的灯光环境（图9-5）。

图9-5 灯光控制模式下的室内场景

（3）亮度调节：可以任意调节灯光亮度，从而配合各种家庭场景设置，为家人营造出更多温馨、浪漫的场景氛围。

（4）记忆功能：电脑可自动记忆前一次开灯时设置的灯光效果，让智能照明系统的操作更人性化。

（5）场景功能：可设置模式化的灯光和电器组合场景，如回家模式、离家模式、会客模式、就餐模式、影院模式、起夜模式等。

（6）色彩与调光控制：不同的色彩对人产生的心理影响是不同的，不同的人对色彩的偏好也是不同的。因此，色彩与调光控制功能，可使室内色彩在不同照度下产生不同的氛围，以适应不同人对环境及色彩的要求和喜好。

（7）客厅部分场景控制：客厅作为家庭集中活动的场所，一般配有吊灯、射灯、壁灯、筒灯等，可以用不同灯光间的搭配产生不同的照明效果。用户可以设定不同的场景模式供选用。各场景的灯具亮度分配可按使用者的喜好调整如下：会客场景模式，吊灯亮度80%、壁灯亮度60%、筒灯亮度80%；电视场景模式，吊灯亮度20%、壁灯亮度40%、筒灯亮度10%；聚会场景模式，吊灯亮度100%、壁灯亮度100%、筒灯亮度40%。

智能灯光系统通过简单地点击灯光整体控制界面，对各房间、各区域灯光进行开关和明暗调节。除了对灯光的整体控制，也可以单独对每个房间或每个区域进行选择性控制。

图 9-6　电动遮阳系统室内场景

2. 电动遮阳系统

家居控制系统还可提供电动遮阳工具(门帘、窗帘及遮阳篷)的控制接口,实现对不同区域和房间电动遮阳工具的控制;家居控制系统根据不同的场景、不同环境进行模式设定,通过简单操作就可实现整体模式的控制(图 9-6)。

该控制系统不但可随时控制窗帘的状态,还可与灯光、感应器等相连接,达成联动控制要求。例如:在不同照度情况下,将窗帘调节为不同的开启幅度,以保证室内的光亮度。

3. HVAC 系统

智能家居的供热通风与空气调节(Heating,Ventilation and Air Conditioning,HVAC)系统提供了室内环境温度的调节功能,实现对居家环境中的温度进行智能控制,为居家生活营造宜人的温度环境。例如:用户下班回家前 10 min,调节好室内温度进行迎接;入睡后 1 h,按模式设置自动关闭空调或进行适当调节等。

HVAC 系统利用全系列智能自动调温器和感应器,使室内温度控制同自动化家居无缝集成;通过触摸屏界面轻松控制室内温度环境,营造良好的居家氛围;通过与中央空调系统的接口获取数据,可实时探测室内温湿度,根据季节情况、温度模式或湿度模式实现对房间的自动恒温调节。

另外,HVAC 系统可配合多数空调设备厂商,运用统一的触摸屏或按键面板实现对室内温度、湿度的控制。控制系统可兼容 Lonwork、RS232C、EIB(European Installation Bus,欧洲安装总线)或通用空调总线的 HVAC,及时反馈各个房间空调系统的运行状态。

4. 背景音乐系统

背景音乐控制也可集成到家居中央控制系统中,与其他系统融为一体。例如:从厨房的经典摇滚乐到淋浴的舒缓音乐,无论身在何处,都能轻松享受喜欢的音乐旋律。

只需点击触摸屏、遥控器或键盘,即可触发操作界面,控制节目内容和声音。同时,系统可纳入中控系统,与 AV 系统、灯光系统相整合,即可通过触摸屏实现音源切换及音量调节等各种功能。

5. 音视频系统

音视频系统为家庭影院、影音室、客厅和每个室内外空间提供优质的音频和视频体验。视频矩阵平台可在家中每个屏幕上播放 4K 画质视频；多窗口处理器允许同时观看 4 个信号源（或更多）的内容。视频矩阵的设置，具有以下优势：

1）消除视觉混乱

太多的灯光开关会导致墙面杂乱、不美观，电视也存在同样问题。可通过减少安放在电视机旁的设备，如机顶盒和各种线缆等，营造更整洁、美观的家居环境。相关设备与线缆可隐藏起来，只保留电视机和遥控器；可将扬声器安装在天花板和墙面上，也可隐藏在柜子中，或在电视机下方使用造型简约的条形扬声器。通过视频分配器，可进一步消除空间视觉的混乱感。

2）方便操作

视频矩阵可使整个家居自动化系统更加完善。例如：AppleTV®、电视盒、卫星电视和游戏系统等，只需通过按键或语音命令，所有娱乐资源都可以在家中任一电视机上观看，不需要更换对应设备。值得一提的是，视频分配系统还可与照明和遮阳控制集成，一键创建预设的视听环境，如灯光变暗、窗帘关闭、开始播放。

3）减少"硬件"数量

使用视频矩阵，可实现信号源选择和分配功能。例如：通过视频矩阵系统，生活在一栋住宅里的三口之家，只要配备 3 个机顶盒就可使每个人均能在家中任意位置的电视上观看任何内容。还可隐藏相关硬件，只需通过按键或遥控器屏幕即可选择观看内容。

音视频系统将所有硬件整合到家中的一个便利位置，能简化故障排除，保证服务和空间隐私，具有以下优点：

（1）可集中管理电源和散热，无需担心家庭娱乐室和卧室等关键区域的通风问题。

（2）如某个机顶盒出现问题，可快速将另一个机顶盒重新经路由连接到正在观看的电视机。

（3）能更好地掌控整个视频分布系统。因为设备集中在一起，服务或支持团队不必走到家中的每台电视机旁进行排查，在一个位置就可查看所有问题，方便保护隐私空间。

（4）能获得更佳的视频质量。有了对 4K60 HDR（High Dynamic Range，高动态范围)视频的支持,无论是电影、演出、体育节目还是游戏,均能获得更佳的图像质量和视觉体验。

4）监视控制

由于每台电视机都可调看所有播放资源,因此可以监控儿童的观看状态。在时间上,通过设定时间表,可限定观看时间段,甚至限制其打开电视机;在内容上,可限定儿童观看的内容范围。

5）语音控制

随着人工智能产业的高速发展,语音控制已从对设备的自动化控制延展到建筑、装饰、电器、设备和信息服务获取等多个维度。如智能麦克风从提供智能人机交互界面开始,通过平台逐步连接智能硬件、电器设备、信息服务等,实现全场景的智能化,为市场和客户提供完整的解决方案。

例如:目前业界小型尺寸的智能音箱,直径仅 65 mm,同时搭载八单元麦克风的 4 + 4 双环空间结构,可以实现空间全方位拾音的功能,实现 5 m 有效拾音距离,唤醒率超过 95%。因其能在三维空间内全方向拾取声音的特征,可按需摆放,适应各种场景,甚至被贴于墙面或天花板。

第 10 章
绿色建筑的机电
运维管理

　　绿色建筑的机电运维管理是一个涉及多系统、多模式的综合性管理过程,涉及多方面的技术和策略。智慧能源管理系统在绿色建筑中的应用是关键,通过实时监测各机电子系统的运行状态,并将数据汇集到中心数据库,自动分析各设备的能耗和能效情况,从而提出合理的建议。此外,绿色建筑运维管理平台和能源管理平台的设计与运行,使得机电多系统、多模式实时管控成为可能,这些平台具备专业运维、保护、管理等多种功能。

　　在具体实施方面,绿色建筑的运维管理不仅包括日常的运行管理,还涵盖维护管理和经营管理方面。智慧运维平台的建立,智能化的报警管理、设备管理和人效提升,实现了全寿命期的智慧高效运维管理,确保绿色建筑在其整个生命周期内达到预期的节能和环保效果。

10.1　机电运维管理

　　绿色建筑的运维管理,应树立全寿命期理念,实时监测建筑能耗、安全、维修、环境、设备运行、保养、资产和人员管理等模块的各类运维指标,包括温湿度、噪声、有害气体限量、辐射、水风电能源使用和材料消耗等;同时,对降低绿色指标性能的因素及时预警反馈,采取解决措施,保证绿色建筑的有效运行,保障运营状态的可持续。目前较为成熟的运维监控系统包括能耗分项计量、楼宇自控和楼宇智能化集成管理系统。现有建筑由于系统和管理水平限制,能达到设备完全监控的只有极少数,多数为初期投入运行的自控系统,在运行2～5年后逐步变成手动控制,与建设初衷相背离。因此,绿色评价要考虑建设和运维的实际效果,使运维管理方能切实地运用智慧科技手段,提高管理效率。

　　现今社会大力推行数字孪生、大数据、物联网等新技术,绿色建筑的运营管理,应建立基于数字化技术的信息化运维管理体系,充分利用传感器技术、移动技术、互联技术等新技术,满足客户对供配电系统及机电设备系统提出的运维需求,提升系统的智能化和人员效率。构建完整的数字信息化运维管理体系,需要覆盖设施监控、日常运行、队伍建设管理和监管考核等核心业务,形成一体化运维协同。同时,建筑信息模型(BIM)在建筑规划、设计、建造以及运维各阶段的应用,实现了各种基础设施如水、电、暖通系统设备的数字化表达,为运维信息化提供了更便利的手段。

作为绿色建筑机电组成部分的电气系统,运维人员应在其管理中配合已制订的综合效能调适计划,进行综合效能调适。绿色建筑竣工后,建设与运营管理单位应做好建筑运营各电气系统的调适交接工作,并利用物联网、大数据等科技手段,逐步探索长期高效的精细运营模式。

绿色建筑启用后,运营管理单位应确立电气设备系统的运营、维护和管理制度,并形成文件,持续改善其有效性,定期对建筑电气设备运营效果进行评估,根据结果进行运行优化。

10.1.1　机电设备设施运维管理

机电设备是绿色建筑的重要组成,但多数机电设备的工作环境较为复杂。随着机电设备使用年限的不断增加,设备使用性能可能不如以往可靠与稳定,导致机电设备在实际运行中出现一系列问题与缺陷。因此,应加强对机电设备的安全管理与维护工作,及时解决机电设备存在的各类故障,确保机电设备运行的安全性,实现绿色建筑健康稳定地长期发展。机电设备出现故障是分周期的,因此,为实现机电设备维修效率的提升,要针对其问题展开有效检查优化,保证其有效维修。但在实际工作中,有些物业往往不能对这些方面充分重视,极易出现运行过程中的问题。机电设备的维修主要有事后、预防、改善这几种类型,即相关物业维修人员进行维修工作不一定是因为机电设备出现了实质性的损害,也可能是出于预防考虑。因此,机电设备的运维管理需要具有智能可视化动态显示和相关管理功能模块的系统支持。

可视化运维软件将系统核心业务和概览信息进行整合,通过精简数据分析,将复杂的机电设备运维管理简洁化。可视化运维管理能够帮助运维人员对网络管理环境一览无余,实现数据实时采集,内建展示模板智能匹配,根据不同行业满足用户业务、IT 资源、网络结构等各种场景的展示需求,支持不同分辨率及展示平台。机电设备运维可视化管理,提高了管理人员处理故障的能力,节约了故障处理时间,为管理人员做好管理提供了可靠保障。从不同关注点出发,用户既可轻松规划、展现各视角核心数据,还可通过简单的拖拽方式配置灵活易用的自定义组件,内置概览图、总览柱状图、故障分析图、数据趋势分析图、统计饼图、TOPN 排序、雷达图、设备类型图、存储管理、虚拟化监控、应用性能管理、业务管理、拓扑图、机房、核心指标等多种模板组件,从而形成统一的 IT 管理解决方案。

绿色机电运行与维护主要包含以下系统功能:

(1)台账展示:机电设备在运行调配的基础上,检测得出不足部分,形成设备采购需求。其管理包括运行、采购申请、采购设备验收、设备维修履历等信息。

(2)工作管理:主要分为采购管理、台账管理、设备库存管理、设备故障管理、设备报废管理、设备维修管理、设备资料管理、设备权限管理等功能模块。

(3)机电设备绿色运维功能模块:包括能源计量、能源管理、能效指标分析、运行计划管理等功能模块。

(4)信息化运维管理系统功能:包括故障发现与警报、日常运维日志信息记录、服务器故障统计、服务器软硬件信息统计、服务进程管理、数据信息存储及显示、权限密码管理、生成报表等。

10.1.2　基于 BIM 的机电系统运维信息化管理

随着管理水平和信息化技术的进步,建筑机电设施的运维管理逐渐演变为综合性、多功能、信息化的工作。其服务范围不仅包括建筑物理环境的管理和维护,还包括建筑物内资产的管理和监控,甚至包括建筑物使用者的管理和服务。这就需要一套基于 BIM 三维可视化模型,结合物联网和移动终端的建筑数字化系统,帮助管理平台运维管理人员在平台上获取和跟踪相关数据,结合智能化管理平台和移动端运维系统实现全过程无纸化运维,对能源、环境、设备等进行精细化管理。

1. 需求分析

结合目前工程建设过程中存在的信息传递不畅这一共性问题,应当使用现代信息技术,采取合理办法进行化解。通过构建面向对象的完善系统,实现建设项目信息的数字化管理,保证信息可以高效、实时、一致地传递。

以往的信息管理方式中,各参与方彼此传递信息时会出现诸多信息流失现象,而且传递信息的渠道不畅通,信息传递速率迟缓,缺乏完整性。对基于 BIM 技术的信息管理模式与传统信息管理模式进行分析(图 10-1),并结合 BIM 技术进行信息管理,能够把项目建设全程中各阶段出现的分散性信息整合处理,这样就可有效防止信息流失现象的出现,也使宏大的信息量得以缩减,能够极大地提高项目建设与维护的效果和效率,为项目整体优质完成提供信息管理保障。

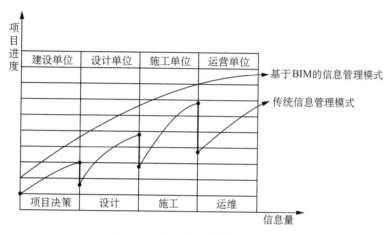

图 10-1　信息管理模式对比分析

2. 技术背景

通过以上分析,并收集考察大量运维管理数据资料,在此前提下结合 BIM 技术尝试增强信息集成化水平,以达到自动化管理。另外,还要求可动态监控运维过程,具备畅通的信息传递通道,快速、完整地传递不同专业信息。有学者在深入现场考察调研的基础上,提出以下化解运维缺陷问题的应对措施:

(1)结合工程特征,深入研究 BIM 软件技术与应用,建立应用 BIM 的控制系统机电运维框架。

(2)在自控系统平台运维框架中设置流量、压力、温度等管理子模块,不同模块分别完成模型数据和现场数据的动态收集与处理,实时监测与控制项目后期运维过程中的各项指标和能源损耗,其中可监控的画面有流量、温度、进度及人员等。

(3)设置运维主控制程序模块,通过分析运维过程,如运行节能诊断中子模块数据之间的交互与协同作用,从而提出最为有效的系统运行方案,并实时反馈至 BIM 系统可视化界面,使运行维护更为简洁高效。具体可采用可视图表形式,将管理的功能信息化、模块化,综合考虑各层数据之间的关系以及交换问题。

3. 信息分析

1) 室内环境与风、光、声分析

室内环境由风环境、光环境、声环境组成。如果要准确分析这三种环境,就需要借助精准的 BIM 三维建筑模型。通过模拟室内自然通风,分析室内污染物分布、空气年龄等情况,并根据需要调整相应的位置、数量和大小,从而改善室内空气质量水平。通过模拟照明分布,对光环境、显色指数及眩光值等进行分析,从而提高照明质量,提升照明舒适度。通过模拟室内噪声来准确预测室内噪声值,通过比对相关标准来判断噪声对环境的影响;还可以通过 BIM 技术,在室外环境模型中导入分析软件,并对室外环境进行仿真模拟,对室内噪声进行完整分析。

2) 运营与管理分析

具有参数化信息的三维可视化模型是 BIM 技术的核心所在,充分结合各专业的相关信息,把建筑物中涉及的各专业参数加以可视化,并与整个建造过程中的所有信息关联一致,实时提供各种项目资料。这些数据具有高度的完整性和可靠性,并在运营管理中持续使用,这也是绿色建筑运行评价的基本要求。比如,某个绿色建筑项目在运行一段时间后,需要对其空调通风系统进行清洗维护保养,就必须对其系统型式、管道位置、相关功能管线有较为详细的了解,对维护所需的材料和人力以及维护工具有清晰的配备,这些工作都可以通过 BIM 模型轻松、高效地完成。又如,对于室内照明灯光系统的维护保养,通过 BIM 模型,可以及时准确地找到故障灯具的安装位置、灯具功率、安装高度以及接线等信息,便于准确地更换灯具。

3) 使用阶段中的功耗与维护

绿色建筑的运行评价,使能源消耗和运营成本成为电气绿色设计的重点。BIM 作为发挥可持续关键作用的应用媒介,在运营阶段充分体现其便利性。在设计阶段或投入使用前,利用 BIM 对建筑进行初步测试和调整,把 BIM 模型连同竣工文件资料一同移交物业运营方,并基于 BIM 模型的便利应用提出一套科学的绿色建筑维修计划,从而提高建筑性能,及时降低能耗和维护成本,最终降低建筑的整体运营成本。特别是对一些重要设备实时跟踪记录,提前判断设备的使用状态,利用 BIM 模型的智慧运营维护功能快速响应紧急情况,包括预防、报警和处理,确保建筑的高效管理。

4．可行性问题分析

1) 时效性

自动化系统性能的主要参考标准是数据的实时性,要达到该功能就需要最大限度缩减信息,从现场设备收集并传递至 BIM 系统时,实时性在 BIM 分析应用的效应上也起到关键作用。很多因素会影响实时性,如 BIM 系统处理自动化系统监测数据采用的方式、网络传递的过程以及信息收集的频率等。对运维管理来说,保证数据时效性和及时处理则是一项比较具有挑战性的任务,由于缺乏这方面的经验,所以对于应用而言,仍需要一段时间去摸索和探究。

2) 多协议性

建筑自控技术目前已经相当完善,各种系统能够满足现实的不同需要。不同的自控系统需要使用不同的数据传输协议,要实现集成多种类型的运维自动化系统,必须建立可以支持不同传输协议的系统来获得数据,这对于协议的解析与研究也是一大考验。

3) 通用性

BIM 应用平台是自动化系统协同运行的前提。管理有关项目的各个数据信息均需采用单独的统一平台完成,以实现所有信息数据在使用时可以及时调取,如资料、文件及各种图纸等进度信息。但是,目前各 BIM 厂家开发出的一些项目作业应用平台虽然具备了较高的集成性与建模功能,但其中也有不尽如人意之处,如这些应用平台很难与其他建模软件、文件兼容。随着软件的不断深入开发与应用,通用功能也越来越得到商家以及项目管理人员的青睐,但是现阶段仍处于发展的初级阶段,该问题具有很大的共性。

10.1.3　运维日志及报警管理

为解决系统发生事故或故障而未能及时处理的问题,在框架模块的设计过程中,对于异常报警问题以及能源提供,可以采用框架平台来实现。报警事故的处理可以提前设定相应的处理程序,包含确认、指定、回应、解决、报警清除等。报警问题管理应用程序可以对每个步骤进行有效的记录,并进一步明确处理问题的历史记录,在这个平台框架中可以对报警类型进行分类，具体有以下几方面功能：

（1）设备出现故障和异常情况下进行报警。

（2）能源使用超过规定值之后进行报警。

（3）设备在低效率运行状态下进行报警。

（4）当室内环境品质达不到要求时进行报警。

报警管理功能模块包括系统集中展示、分析和处理报警的功能，让用户能够快速获取系统运行报警状态、故障定位信息和便捷的报警处理流程。报警状态分为实时报警和历史报警。实时报警可查看系统中当前发生的报警信息，对报警进行有效处理，并在界面中提供各条报警信息的点击功能，当出现时可以进行报警处理，也可以对报警信息进行查询，同时可以进行相应的批注管理；历史报警可根据时间段、设备等过滤查询系统中所有发生的报警信息，同时处理和复位报警信息后就可以对实施报警窗口的报警条目进行相应梳理，在其过程中可以将这些已经处理后的报警信息进行自动归档。

机电设备运维管理系统日志模块以表格的方式展示系统日志。日志的展示内容包括日期、时间、操作人和日志的详情，同时用户可根据类别、日期等方式过滤查询，并下载。

10.2 设备运维管理及认证体系

智能化系统的增多及各系统复杂度的加深对中央管理主机的计算能力提出了更高的要求。群智能技术，即利用去中心化的计算网络构建承载大规模复杂系统的运维管理平台成为新的工具，其结构为采用简单的智能个体分布式计算。该结构要求接入的智能个体协议标准化，可以自由组织、即插即用，如智能化的空调、照明、电源、门禁、消防设备等。其智能化的实现可采用机电控制一体化箱、智能照明模块、智能断路器、智能仪表和现场控制器等。这些设备分布在建筑之中，彼此按照空间位置连接，并可随时拓展，结合 BIM技术、自识别、自建模、自组织等，提升运维管理的灵活度和便捷度。这种群智能技术还可扩展到建筑群的机电设备运维管理中。

绿色建筑设备维护是保障电气设备在全寿命期内正常运行的重要措施。可用下述设备完好率公式计算：

$$设备完好率(W) = \frac{设备完好台日数}{设备制度台日数} \times 100\%$$ (10-1)

式中:设备制度台日数 = 制度运行天数(d) × 台数(T);

设备完好台日数 = 制度台日数 - 设备故障停机台日数 - 设备维护保养台日数。

绿色建筑的电气设备维护还应建立电气设备的全寿命期维保档案,同时建立绿色建筑考核责任制,落实专人负责,保证运营状态可持续化。运营管理人员及专职维护人员应具备相关电气专业知识,熟练掌握有关系统和设备的工作原理、运行策略及操作规程,熟悉绿色指标和系统,定期对建筑物绿色状态进行监测和记录,发现潜在下降指标或参数,及时加以改善解决。例如:定期监测变压器经济运行状态,均衡调整线路各相负载,监测并消除谐波,保持电力系统低压侧较高功率因数;保证制冷、供暖、通风、空调、水泵、照明和电梯等机电设备的自动监控系统正常工作,定期完整记录相关数据。同时,对机电设备能耗监测的运维管理,如空调系统、照明系统、动力系统等高耗能环节,制定全年运行模式,降低运行能耗,采取每日记录数据、每周确认绿色状态正常与否、每月形成月度运行报告的工作机制,并形成年度绿色运行报告,供主管部门进行审核。

对于不同规模、不同功能的项目是否设置或设置多少功能的含能耗监测的绿色运维管理系统,应根据实际情况合理确定。如对于 20 000 m² 及以上的大型公建项目,对冷热源(包含但不限于冷热水机组、冷热水泵、新风机组、空气处理机组、冷却塔等)和电气系统(包括照明、插座、动力等)需要独立分项计量。计量系统是运行节能、优化系统的基础条件。而对于住宅项目,只对公共区域设备的能耗进行绿色状态监测运行管理。

数字化运维管理宜委托专业管理团队,通过云平台存储数据、云端进行数据分析、手机 App 监控等手段,实现远程巡视和专家咨询等服务。通过云平台大数据共享分析,专业运营维护管理团队提出专业的数据分析报告,提高能耗管理效能,减少物业管理人员的成本,也是今后的发展趋势。采用信息化手段进行数字化运维管理,可提供完整的建筑工程、设备和零件等档案及记录,通过后台数据持续监测,不断修正和精细化调试,保障高效运行,在运维阶段逐步调适到合理高效的状态。数字化运维管理应做到以下要求:

(1) 采用蓝牙与 NFC 互联技术。可在智能手机等移动设备上实时显示电气线路及断路器的负载情况、健康状态、工作日志,显示各项电流与电压测量值,显示并修改标准保护和高级保护的整定值和触发方式。

(2) 能实现电气线路失电情况下，通过智能手机在不接触线路断路器的状态下，读取脱扣单元中的寄存器信息，包含最后一次的脱扣故障类型、保护整定值情况以及其他电气参数信息。

(3) 通过可视化、简易菜单式、动画互动等人性化手段，进行便于绿色建筑设备设施管理人员培训及考核软件的开发。

目前，民用建筑领域物业管理行业的从业人员普遍具有专业能力不强、职业稳定性不高的特点。为避免这些因素对绿色建筑运维带来不利影响，数字化运维软件应具有较好的人机互动体验，便于运维管理的考核。运维人员还可以通过移动互联技术，运行专业开发软件，通过智能手机，实现远程设备运行状态监测；通过高级别的操作权限，实现配电回路断路器的分合闸等功能，或远程诊断故障，提高运维效率和安全操作要求。

绿色建筑的物业管理相较于常规物业，需要在节能、节水、室内环境等方面具有较强的管理经验和能力。物业公司应具有 ISO 14001 环境管理体系认证、ISO 9001 质量管理体系认证、《能源管理体系要求》GB/T 23331 的认证；物业管理水平应和《绿色建筑评价标准》DG/TJ 08—2090 的要求保持一致。

应用 BIM 技术，是绿色建筑"提高与创新"的要求。鼓励 BIM 模型在建筑规划设计、施工建造和运行维护等多个阶段中加以应用，并与 IBMS（Intelligent Building Management System，智能化集成系统）和 FMS（Facility Management System，设备管理系统）等共享数据信息资源，科学高效地进行设备设施运维（包括应急处置），才能进一步提高绿色建筑精细化管理水平，为绿色运维提升赋能。

10.3　机电各专业系统管理

10.3.1　供暖系统与空气调节

暖通系统担负着建筑内空气品质、温湿度调节的重要任务，其能耗在建筑内占比较大，因此暖通系统的智能化运维管理尤为重要。

运行评价的能耗可参考《民用建筑能耗标准》GB/T 51161、《公共建筑节能设计标准》

GB 50189、《民用建筑绿色性能计算标准》JGJ/T 449 等的相关要求,根据建筑实际运行状况进行参数修正和考核记录。在运维阶段,管理方应根据建筑的功能和空间布局,合理选择降低能耗方案,优化设备管理,提升冷热源设备效率,让末端设备运行处于最佳状态。运维阶段应记录暖通设备的供暖供热量、空调供冷量的实测数据并计量能耗数据。

电冷源综合制冷性能系数(System Coefficient of refrigeration performance,SCOP)、多联空调(热泵)机组的制冷综合性能系数(Integrated Part Load Value,IPLV),可按《公共建筑节能设计标准》GB 50189 的规定考核。

运营管理过程中应降低暖通系统的能耗,合理进行分区控制与管理。在保证舒适度的前提下,合理设置少用能、不用能空间;对较少或没人停留的空间,如门厅、中庭、走廊等可适当降低温度标准。同时,降低过渡季节暖通设备的能耗,校核新风管与新风口流速,实时记录机组的运行参数。运维阶段应避免厨房、餐厅、卫生间、打印复印室、地下车库等区域的空气和污染物串通到其他空间内。这些区域是建筑室内的污染源空间,特别要注意垃圾转运点、隔油池、污水井的异味隔离措施的落实,采取合理排风,保证室内排风的梯级压差,避免污染物扩散。在布局上可以采取将厨房、卫生间等污染源房间设置在自然通风的负压侧,排烟(气)管道安装止回阀、防导管风帽等措施。当公共卫生事件发生后,集中空调系统和通风系统应能采取有效措施阻断污染物的传播途径,并增强空气过滤和消杀能力。

当室外空气比焓值低于室内空气比焓值时,应优先利用室外新风消除室内热湿负荷,以利于节能。对于全空气空调系统,除采用核心筒集中新风竖井以外的空调系统,应具有可变新风比功能,所有全空气空调系统的最大总新风比不应低于50%。服务于人员密集的大空间和全年具有供冷需求区域的全空气空调系统,应达到最大总新风比不低于70%。对于风机盘管加集中新风的空调系统,应具备可适当加大新风量的系统能力,在非空调季节采用最大风量输送新风,在空调季节采用可调节新风量输送新风。当采用全新风或可调节新风比时,空调排风系统应与新风量的变化相适应。过渡季节和冬季时具有一定供冷量需求的建筑可采用冷却塔提供空调冷水的方式,减少冷水机组的运行时间。

以可再生能源提供的生活热水比例 R_{hw}、可再生能源提供的空调用冷用热比例 R_{ch}、可再生能源提供的电量比例 R_e 来考核评价。运维阶段的碳排放计算可查阅建筑碳排放计算分析报告,并现场核实减排措施。

10.3.2　给排水系统

给排水系统关系建筑中人员生活和工作的安全、健康。合理地管理利用水资源是运维管理的重要责任。其运维管理包括设施管理、管道管理、水质管理和水资源利用。

设计阶段给排水系统参照的规范有《建筑给水排水设计标准》GB 50015、《生活饮用水卫生标准》GB 5749、《生活热水水质标准》CJ/T 521、《设备及管道绝热设计导则》GB/T 8175 等。绿色建筑考评中对于室外明露等区域和公共部位有可能冰冻的给水、消防管道应有防冻措施,储水设施应定期清洗消毒;对于非传统水管道和设备,应在显著位置设置明显、清晰、连续的永久标识。运维管理时应制定水资源利用方案,统筹利用各种水资源。

水资源利用方案应包含水量计算及水量平衡分析,给排水系统各层用水实时压力表,节水器具运行状况和非传统水实际利用。水资源应按照用途、付费或管理单元分别设置用水计量装置。水池(箱)水位监视和溢流报警装置的设置,应联动自动关闭进水阀门。有关雨水利用和海绵城市总体规划利用,应与城市绿地、城市环境和排水防涝河道水系相互协调,有效落实年径流总量控制率的指标。

运维中二次供水应具有保持水质不变的运行措施。采用消毒剂、紫外线消毒等物理消毒措施,并监控其运行状况,储水的更新时间不宜超过 48 h。对于间歇运行的建筑(会展、商场等)也要考虑用水的安全消毒。运维阶段水资源的节约可参照《民用建筑节水设计标准》GB 50555 的定额要求考核,鼓励采用水效等级为 1 级的卫生器具。对于绿化灌溉设施,可按植物性质分为永久、临时和人工灌溉的方式,设置具体浇灌管理方案。空调冷水系统采用节水设备或技术。空调循环冷却水系统可设置水处理措施、加大集水盘、设置平衡管或平衡水箱等方式,避免冷却水泵停泵时冷却水溢出。采用物理蒸发耗水量的冷却技术。合理使用非传统水源及河道水用于冷却水补水、冲厕、灌溉等功能。同时,利用场地空间控制利用雨水。

10.3.3　电气与照明

智能化运维服务中应有针对性地设置智能化服务功能,包括设备控制、照明控制、安全报警、环境监测、建筑设施管理及能耗监控管理,可形成智慧物业管理、电子商务服务、智慧家居、智慧医院、智慧园区等智慧运维服务。因此,运维阶段采用信息化管理,建立完善的建筑工程及设备、能耗监管、配件档案及维修记录,实现绿色建筑物业管理的定量化、精细化,能保障建筑安全、舒适、高效及节能环保的运行效果,提高物业管理水平和效率。

对电气设施的运维管理应合理选择变压器、水泵、风机等主要用电设备的能效,采用自动监控的手段,对设备实施监控管理。绿色建筑运维阶段,推荐采用机电设备一体化控制箱(柜),根据环境和功能就地实时控制电气设备的安全、高效运行。

人工照明随天然光强度变化自动调节,不仅可保障良好的光环境,避免室内产生过高的明暗亮度对比造成不舒适感,还可降低照明能耗。具体做法是将同一场所的天然采光充足与不足的区域分别设置开关,采光区域可参照《建筑采光设计标准》GB 50033 的规定。建筑内部公共区域的功能区域可分为走廊、楼梯间、电梯厅、门厅、大堂、功能房间、地下车库等。照明运维可采取的措施包括分区控制、定时控制、感应控制等。运维时照明节能的目标管理,可以通过减少人工照明时间、按需分配照明、降低平均照明功率密度等方式来实现。

第 *11* 章
电气技术可持续发展

资源,尤其是自然资源,是经济社会发展的物质基础,是实现可持续发展的重要保障。相对于人类不断增长的需求,资源的数量是有限的。即使是可再生资源,在一定时间和空间范围内也是有限的,更不用说不可再生资源。为了人类社会能够更好地持续发展,应合理开发并有效利用自然资源。绿色建筑是社会可持续发展的一个重要组成部分,涵盖诸多方面内容,在电气技术专业领域,包括能源节约、材料节约、合理照明、电气设备使用、能耗监测、建筑楼宇设备管理等。

正常使用、维护、保养等情况下,建筑物设计使用寿命一般为 50 年,建筑结构甚至能正常使用更长时间。但与之配套的电气系统的寿命一般达不到这么长时间,某些电子电器产品的正常使用寿命只有 3～5 年,据国家电网统计,民用建筑内变压器平均寿命为 22 年。因此,研究并推广符合绿色建筑可持续发展要求的电气技术,具有非常显著的经济效益和社会效益。

11.1　全寿命期应用

根据《绿色建筑评价标准》GB/T 50378 术语的定义,绿色建筑是指在全寿命期内均符合绿色建筑评价标准要求的高质量建筑,而不是仅在某个时间段内符合评价标准要求的建筑。与此相应,绿色建筑的全寿命期标准要求其关键组成部分的电气系统和电气技术,也必须进行全面的全寿命期评估,这意味着,其每一个环节都应遵循绿色建筑的可持续原则和评价标准。

在传统电气设计中,通常优先考虑满足基本功能需求,而对电气设备在其整个寿命期内的可持续性问题,包括设计、制造、运行、维护以及最终的回收和再利用等关注不足。相对而言,现在提倡的绿色电气设计则强调从资源的有效使用和环境保护的角度出发,力求最大化地利用自然资源并保护环境,确保为未来世代保留一个可持续的发展环境,这正是绿色设计的核心价值。

11.1.1　全寿命期电气设备经济分析法

对于全寿命期绿色建筑而言,必须重视在建筑的整个生命周期内实现资源节约和环境保护的目标。这涉及对建筑每一个阶段进行细致的管理和控制,通过改进建筑技术、制定设备和材料的选择标准,在建筑规模、技术应用和投资之间找到合适的平衡点。同时,还需依照《绿色建筑评价标准》GB/T 50378 的要求,进行全寿命期分析,确立相应的计算方法,以确保建筑在全寿命期内的绿色性能。

设备全寿命期经济分析法,以从设备采购、维修到更换过程的投资与设备运行费用之和最小为原则,通过比较电气设备的建设投资与使用寿命,以减少建筑寿命期内设备更换次数为目标,实现成本最小化;全寿命期经济成本分析法,通过优化建筑技术和电气设备选用标准,在满足建筑设备质量和用户需求的前提下,实现成本最小化。

11.1.2　全寿命期电气系统优化与管理

为确保绿色建筑技术的实施并达到绿色性能指标,必须对绿色建筑的电气系统和电气技术进行全面的全寿命期技术和经济分析。这一过程涉及选择适宜的技术、设备和材料,内容涵盖绿色建筑信息化运维管理体系、电气系统的全寿命期及其设备的可回收性。

在工程设计阶段,电气系统需融入全寿命期理念,考虑运维管理的实际需求,确保系统内各环节的协调和可用性,以支持最大程度的可持续运行。设计要求包括满足绿色建筑评价标准中的安全耐久性要求,使用低烟低毒阻燃性电线电缆、矿物绝缘类不燃性电缆、耐火电缆等,并采取防腐耐老化措施,确保所有产品符合国家现行标准。

绿色建筑的全寿命期要求还意味着必须建立一个信息化管理体系,该体系利用传感器、移动技术和互联网技术等,实时监测能耗、环境和生态指标,及时预警并反馈,采取有效措施以控制影响绿色性能的因素。

从规划阶段开始,我们需重视并逐步完善这一信息化管理体系,确立管理制度和技术方案。在设计阶段,进一步将这些方案融入整体设计中。建设阶段则需严格按照设计要求实施,确保管理系统的可靠性和高效性,并满足绿色建筑评价标准。

鉴于建筑物本体寿命通常在 50 年以上,而设备寿命在 6 至 30 年不等,运营维护阶段的重要性不言而喻。例如,办公建筑的数据显示,其寿命期内的一次性建设费用仅占 15%,而运行和维护费用高达 85%。因此,绿色建筑启用后,需持续优化信息化管理体系,定期评估运营效果,并根据评估结果进行调整。

最终,绿色建筑的全寿命期资源节约与环境保护性能要求在建筑的全寿命期内控制各阶段,优化技术、设备和材料的选用,并在提交的文件中明确计算和测试方法。这样的细致管理不仅确保了建筑的绿色运行,也保障了其长期的可持续性。

11.2 电气设备产品使用寿命

在本章中,电气设备产品的使用寿命,从绿色低碳角度来看,是指电气设备在规定的正常工作条件下,从全新状态开始使用,直到设备的技术参数性能下降至一定程度或能耗(能效)明显增加(下降)到一定值(不同的产品要求不一),在维护保养后已不具备经济性使用价值的时间。

11.2.1 电气设备产品使用寿命的影响因素

除了在运输、安装、维修等情况下发生的机械或电气性能下降或损坏会影响电气设备产品的使用寿命外,电气设备产品的使用寿命还与绝缘性能逐渐降低相关,可归纳为以下几个主要原因。

1. 非正常状态运行

电气设备及导体与实际工作负荷不相符,长期超负荷运行,实际承载电流超过电气设备及导体规定电流,造成电气设备和导体发热超标,超高热量和过高温度造成设备和导体绝缘的加速老化,从而造成绝缘损伤,引发电气事故甚至火灾。

2. 机械损伤

电气设备安装及电线电缆敷设时不按施工规范要求施工,强装、强拆或超规定力矩安装,抑或穿线套管口部及内部未进行打磨去除尖锐毛刺,造成电线电缆的保护层或绝缘层划伤,从而引起绝缘性能降低;电气设备不合理操作引起设备绝缘性能损伤;线缆及接头没有套金属管,未能做到防止鼠、虫、鸟啃咬电缆及设备绝缘护套,从而损坏线缆绝缘等。

3. 环境因素

1) 温度因素

电气设备及导体的绝缘性能,其老化失效的时间-温度曲线如图 11-1 所示。

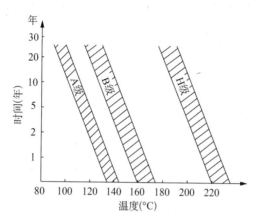

图 11-1 电气设备及导体绝缘性能老化失效曲线

从图 11-1 中可看出,A 级、B 级、H 级 3 种类型的绝缘材料随着温度升高,设备绝缘的使用寿命呈缩短趋势。研究表明,温度每升高 8~12℃,其寿命将缩短一半。

2) 湿度因素

环境湿度是影响电气设备及电线电缆绝缘性能的重要因素。当相对湿度大于 80% 时,属于高湿环境;在中国南方地区,相对湿度经常会大于 90%,一般电气设备要求环境相对湿度不能超过 90%(25℃及以下)。过高的湿度,会造成空气的绝缘性能降低,此外,空气中的水分与附着在电气设备及电线电缆表面的灰尘相结合,会造成电气设备及电线电缆的表面绝缘电阻降低,从而造成其绝缘性能的加速老化;电气设备内部的积尘,也会加剧其绝缘老化,从而缩短电气设备的使用寿命。

3) 海拔因素

高海拔地区相对于低海拔地区空气较为稀薄,会造成空气绝缘强度降低,同时使得电气设备及电线电缆的散热性能降低。因此,用于高海拔地区的电气设备及电线电缆的温升标准、绝缘间隙、电气设备的绝缘参数等,都需要有不同程度的提高。

11.2.2　电气设备产品使用寿命期分析

工业制造上,电气设备产品的全寿命期可用失效率曲线来反映,典型的失效率曲线类似浴盆形状,因此又称为浴盆曲线(图 11-2)。

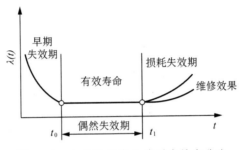

图 11-2　电气设备产品典型失效率曲线

从图 11-2 中可以看出整个产品的寿命周期分为以下三个阶段:

(1) 早期失效率较高,主要在于前期研制阶段,由于设计、制造、运输、存储以及人为因素,如调试、启动等产生的缺陷。

(2) 前期不断完善后,运转逐步趋于稳定,进入恒定期。期间由于误操作、过载、意外等偶然因素产生的失效称为偶然失效。

(3) 随着产品的老化、磨损、疲劳、腐蚀等原因使产品进入损耗失效期。当维修费用增大而寿命延长不多时,设备进入报废阶段。

因此,在制造过程中,电气设备产品的使用寿命是通过模拟寿命分布(又称失效分布)形态对电气设备产品的老化、磨损等加以分析。常用的寿命分布有韦布尔分布、指数分布、对数分布、瑞利分布、伽马分布等。对于电气设备产品特别是机电类产品,韦布尔分布由于其拟合度较高,被广泛应用于电气设备产品寿命试验的数据处理。

韦布尔分布是连续性的概率分布,其概率密度可以用公式(11-1)计算。图 11-3、图 11-4 所示为韦布尔分布曲线和概率密度曲线。

$$f(x;\lambda,k)=\begin{cases} \dfrac{k}{\lambda}\left(\dfrac{x}{\lambda}\right)^{k-1}\mathrm{e}^{-(x/\lambda)^k} & x\geqslant 0 \\ 0, & x<0 \end{cases} \tag{11-1}$$

式中：x——随机变量，代表一个系统的寿命期中发生故障随机时间的概率的累计情况。

　　　λ——缩放因子，代表平均每单位时间事件发生的次数，λ 增加发生次数变多。

　　　k——形状参数，代表寿命周期早期失效期、有效期、损耗失效期三个阶段。$k < 1$，表示故障率随时间减小；$k = 1$，表示故障率随时间恒定呈指数分布；$k > 1$，表示故障率随时间增加。

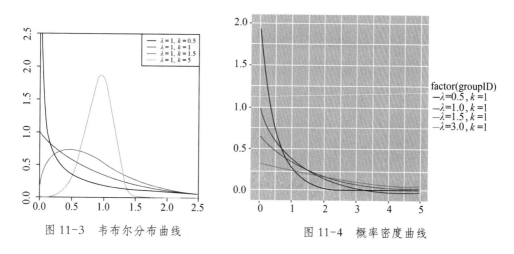

图 11-3　韦布尔分布曲线　　　　　　　图 11-4　概率密度曲线

任何产品或系统的寿命与其故障率都有内在联系。当故障率达到一定程度其寿命就终止，虽然一个故障是一个随机事件，但大量的随机事件中也包含一定的规律性和必然性。通过数学模型拟合实际使用产品故障数据来分析产品的故障率，从而提高产品的可靠性，实现延长产品的使用寿命。

11.2.3　电气设备产品使用寿命相关标准

绿色建筑的性能评价在建设工程竣工后进行，旨在规范绿色建筑技术的应用，并确保实现绿色建筑的性能要求；同时，应进行全寿命期技术和经济分析，选用适宜技术、设备和材料。

绿色建筑性能指标的第一项即安全耐久性要求。对于制造层面而言，电气设备安全耐久性即电气设备的可靠性，对电气设备使用寿命的研究即对电气设备可靠性的研究。电气设备可靠性，是电气设备或产品在规定的条件下和规定的时间内无故障完成规定功能的能力,它综合反映了一种设备的耐久性、可靠性、维修性、有效性和使用经济性。电气设备元件本身,目前多采用韦布尔分布来研究其失效率及可靠性,分析其使用寿命。电气设备的全寿命期取决于其生产过程、应用过程的以下几个阶段:

(1) 设计阶段:研究如何预测和预防各种可能发生的故障和隐患。通过设计手段,奠定电气设备寿命的基础。

(2) 试验阶段:研究在有限的样本、时间和试验费用下如何获得合理的评定结果。通过试验手段,测试验证电气设备的使用寿命。

(3) 制造阶段:研究制造偏差控制、缺陷处理和早期故障排除,保证设计目标的实现。通过工艺手段,提高电气设备的使用寿命。

(4) 使用阶段:采用监视、诊断和预测研究产品运行中的可靠性,制定维修策略防止可靠性劣化。通过专业运营和维护,延长电气设备的使用寿命。

(5) 管理阶段:组织实施以较少的费用和时间实现产品的可靠性目标,研究可靠性目标的实施计划和数据反馈系统。通过技术改进,进一步提高电气设备的使用寿命。

因此,电气设备的全寿命期是一个动态的闭环改进过程,电气设备无论材料应用、制造工艺、运行维护都要在满足安全可靠的前提下进行。只有如此,才能更符合低碳、节能、经济的理念,做到更高的耐久性和运行效率、更低的故障率和污染排放。

对于应用层面而言,设计师应结合项目的应用环境、使用场所、负载工况、运行周期等条件合理选型,为节省造价、减少资源浪费积极做出贡献。电气设备的绿色选型,应采用寿命期经济成本分析,做到整体投资费用最小。如本书前文提到的电缆截面的经济电流选择法、变压器全年运行成本费用分析等。变压器的最大正常负荷率在设计阶段应控制在85%之内,变压器的预期寿命和结构形式、绝缘耐热等级、局放水平、冷却方式及运行维护有很大关系,应确保其在规定的工作条件和负荷条件下运行。设计阶段应合理选用电力电缆,选择合适的导体材料、绝缘材料及护套,对于电缆截面的选择,需要考虑温升、经济电流、电压降、机械强度、短路热稳定、使用环境等诸多因素。在满足设计规定的工作条件和负荷条件下,电缆的预期寿命应大于30年。实际工程中,经常出现由于桥架生锈、腐蚀、易老化等问题,造成电缆完好但需要更换桥架的现象,这些与桥架的防护要求不当有关。例如:喷塑在阳光下易老化,工厂化镀锌板不耐潮湿和酸碱,热镀锌不耐湿热,彩钢涂层受损向内腐蚀等。因此,在设计阶段应根据不同场所选择合适的桥架,才能满足桥架的寿命与电缆预期寿命相符的绿色设计理念。

《民用建筑电气绿色设计与应用规范》T/SHGBC 006—2022 第 10.2 节中,对部分电气设备产品的寿命作了具体要求。在规定的工作环境和负荷条件下运行,并按使用要求进行维护,变压器、电力电缆、电缆桥架及其支架的预期使用寿命均应不小于 30 年。

11.3　电工材料可回收

电气产品全寿命期绿色化包括产品回收、处理这些环节,在对资源环境影响最小化的基础上,实现可回收性和可再生率的最大化。结合电气绿色产品理念,针对具体产品而制定的绿色产品(生态产品)评价标准,对电气产品和电工材料的再生率提出了可参照的定量指标要求。

11.3.1　电工材料特性

电工材料是电工领域应用的各类材料的统称,主要包括导电材料、绝缘材料、半导体材料、磁性材料以及储能材料等。这些材料均具有一定的电学或磁学性能。电工材料一般都具有较为稳定的物理属性和化学属性,因此具备较强的可回收性和较高的可再生率。

随着现代科学理论的不断丰富和完善,以及工业技术装备和技术水平的不断提高,电工材料获得了更多的关注和研发投入,已发展成为电气工程学科的一个新的研究重点。电气工程与材料、物理、化学、计算机等学科开展联合技术攻关,在研发出电磁特性更强、更优的电工材料同时,对其可回收性和再生率的研究也得到了进一步加强。

在导电材料、磁性材料方面,铜、铝、硅钢片、钢材等作为单一循环回收材料,回收技术虽然已经比较成熟,但还是有不少新的技术被开发。例如:某集团研发的 T2 铜熔精炼技术、破碎及全自动化分选技术以及木塑、裂解发电、污水处理等核心技术和关键工艺,可以实现废旧资源 99% 的再利用。在绝缘材料方面,高分子材料是其中较为重要的一项。欧美已经从 20 世纪 90 年代早期的机械回收发展到原料回收和焚烧能量回收一体化。我国一般采用物理法、化学法和燃烧法三种方法。业内最新的研究主要包括以下几个方面：

（1）高分子材料制备。在材料选择、合成的制备阶段，综合考虑材料的使用后回收和再利用。新的聚合方法是，在分子链中引入对热、光、氧、生物敏感的基团，为材料使用后的降解、解聚创造条件。着重研究线形热塑材料，如聚烯烃材料。采用物理交联替代化学交联，通过改善材料的热塑性、加工流变性为使用后回收加工创造条件。发展可生物降解的高分子材料，研究淀粉、纤维素、甲壳素等天然高分子材料的结构、性能和应用。研究天然高分子和合成高分子材料的共混合复合材料的结构和性能。

（2）废弃高分子材料回收利用。通过反应性加工（反应性挤出、反应性注射）、反应性增容，以及高效、无污染的物理方法如电晕、紫外线、电子束、T射线、微波辐照及力化学方法等，改善混杂废弃高分子材料的相容性和加工流变性。

（3）热固性高分子材料、后交联高分子材料、高分子发泡材料、高分子复合材料和废弃橡胶的回收利用。

（4）力化学技术应用。力化学是研究各种凝聚状态下的物质因机械力影响而发生化学或物理化学变化的一门边缘交叉学科。力化学又称机械力化学，其中机械力化学领域中的超细粉碎是为适应现代电工材料对原料的细度要求而发展起来的一项新的粉磨工艺技术。其最新应用主要包含以下几项技术：

① 固相剪切粉碎技术：S3P（Solid State Shear Pulverization）粉碎过程在废弃高分子材料循环利用中已取得进展。将未经分类的、含有各种聚烯烃的回收塑料经S3P粉碎得到的粉末注射成型，其力学性能如拉伸强度、伸长率、冲击强度和弯曲强度与回收料直接成型对比，力学性能甚至超过了用相应的新树脂原料经传统方法加工所得的材料。

② 磨盘形力化学反应器技术：主要原理是利用力化学反应器强大的粉碎、混合和力化学作用，将交联高分子材料在剪切作用下，使交联键选择性断开，把不可回收的交联废料变成可回收的材料，形成具有自主知识产权的难回收高分子材料再生利用新技术。

③ 晶硅光伏组件高压研磨拆解技术：通过对报废晶硅光伏组件的高压研磨，以获得洁净的整块玻璃、整条状的焊带、颗粒状的电池片以及片状的EVA和背板等高分子材料，可实现95%以上的材料回收率、90%以上的材料可再生利用率，并且其拆解过程中可以做到近100%的水循环利用率和废气零排放。

11.3.2 电工材料可回收评价原则

根据全寿命期思想原则、定性和定量评价相结合原则,确定实施绿色电气产品可回收评价准则。

1. 产品功能评价准则

(1)电子电气产品。在产品设计中应符合《电子电气生态设计产品评价通则》GB/T 34664 的评价指标要求,采用产品环境影响较低的生态设计方案,其中与产品可回收评价准则相关的评价指标为产品可再生材料利用率以及产品标准化、模块化、多功能化和可升级性能。

(2)变压器、密集型母线槽和电缆等设备。产品设计时应减少材料的种类、用量,宜选用生态环保可回收材料。同时考虑使用再生材料和可再生利用材料,如对铜、铝导电金属材料的再利用、绝缘材料的可再利用、变压器油的再利用等。

(3)断路器产品。其可再生利用率限值、产品循环操作次要求等,应符合《绿色设计产品评价技术规范 塑料外壳式断路器》T/CEEIA 335 和《绿色设计产品评价技术规范 家用及类似场所用过电流保护断路器》T/CEEIA 334 的规定。塑壳断路器产品的可再生利用率应不低于 70%。在需要多种保护功能时,应使用一体化设计的产品,节约使用原材料。应选用已预留可以接入智能化系统的产品,以降低未来改造费用。

2. 全寿命期评价准则

绿色设计的设备选型,除注重电气设备的功能外,还应有全寿命期概念,关注生产企业的绿色化。绿色设备选型应把符合绿色评价技术规范的绿色产品作为首选,以绿色产品的市场化促进生产企业的绿色化。

(1)绿色建筑电气系统的设计阶段,需要考虑运维管理的实际需求,遵循全寿命期理念,加强系统内每一环节的协调可用性,保证系统能最大程度地得以可持续运行。

(2)电气系统设计的全寿命期要求,应满足绿建建筑评价标准中安全耐久的控制项和评分项要求。以全寿命期理念设计选用电气产品,保证其有效寿命的正常使用。例如:电气系统应采用低烟低毒的阻燃性电线电缆、矿物绝缘类不燃性电缆、耐火电缆等,室外设备、电线管、电缆桥架等设施应采用防腐耐老化措施,所有产品应符合国家现行标准规定的参数要求。

(3) 电气设备的更换选用,应考虑合理的产品使用寿命,充分发挥设备的最大经济效能。正常运行期间,设备的改造、更换周期不应低于寿命期。应选用经过标准化、通用化、系统化、可升级等理念设计的电子电气产品。

综上所述,电气技术的可持续发展要求我们在设计、生产、建设、运营、维护和回收等每一个环节都采取综合性的措施,结合定性和定量评价原则,提高电气设备能效与寿命,减少环境影响,从而推动电气产品的绿色化发展与转型。产品设计应关注对电工材料的高效、环保、安全、节能的应用,同时考虑产品的标准化、模块化、智能化、扩展性和可升级性。在电气系统正常运行期间,设备的改造、更换周期不短于寿命期。通过全寿命期管理,优化电气系统的设计和运行,采用环保材料,建立信息化管理系统,合理选择和维护电气设备,以及提高电工材料的可回收性,确保电气系统在资源节约、环境保护和经济效益方面达到最优,实现社会和环境的可持续发展。

附录 A 电气设备装置绿色选型技术要求示例

本附录列举两个典型绿色电气设备产品的技术规格书模板,供电气设计师在设计文件中作为绿色选型的技术要点,在项目采购时可作为技术规格书中绿色技术要求内容的补充。

A.1 绿色干式变压器技术规格书

1. 总则

1)一般规定

(1)须仔细阅读包括技术规格书在内的招标文件阐述的全部条款。提供的绿色干式变压器(以下简称"绿色变压器")应符合招标文件的要求。

(2)该技术规格书对 10 kV(或 20 kV)绿色变压器的技术参数、性能、结构等方面提出技术要求。

(3)该技术规格书提出的是绿色变压器最低限度的技术要求,并未对一切技术细节作出规定,也未充分引述有关标准和规范条文,制造商应提供符合本技术规格书引用标准的最新版本标准和本文件技术规格书要求的全新产品。如果所引用的标准之间不一致或本文件技术规格书所使用的标准与投标人所执行的标准不一致,则按要求较高的标准执行。

(4)该技术规格书可作为招标及采购绿色变压器的参考文件。

(5)制造商所提供的产品须为国家发展改革委环资司发布的《绿色技术推广目录公示名单》内绿色技术产品或工信部推荐的绿色产品。

(6) 绿色变压器应体现节能、环保和循环性。节能方面，变压器应达到《电力变压器能效限定值及能效等级》GB 20052 中 1 级能效（或 2 级能效）；环保方面，变压器使用材料均为无毒无害排放材料，结构件采用不锈钢材料；循环性方面，变压器回收率应达到 95% 以上。

2）投标人应提供的资格文件

制造商应提供下述资格文件：

（1）权威机构颁发的 ISO 9000 系列的认证证书或等同的质量保证体系认证证书。

（2）履行合同所需的技术和主要设备等生产能力的文件资质。

（3）有能力履行合同设备维护保养、修理及其他服务义务的文件。

（4）有效的型式试验报告，含环境等级 E2、气候等级 C2、燃烧性能等级 F1 等。

（5）一份详细的投标产品中外购或配套部件的供应商清单及检验报告。

3）设计图纸、说明书和试验报告要求

（1）设计图纸要求

变压器采购需提供以下图纸：

① 参数性能表：变压器主要器件及配件图标见技术参数和性能要求响应表。

② 外形尺寸图：图纸应标明全部所需要的附件数量、目录号、额定值和型号等技术数据，以及运输尺寸和质量、装配总质量。图纸应标明变压器底座和基础螺栓尺寸、位置。

③ 铭牌图：应符合国家相关标准的规定。

（2）说明书要求

① 变压器结构、安装、调试、运行、维护、检修和全部附件的完整说明和技术数据。

② 简述结构、接线、铁心形式和绕组设计等。

③ 变压器和所有附件的全部部件序号的完整资料。

④ 其他说明资料。

（3）试验报告要求

制造商应提供下列试验报告：

① 变压器例行和合同规定项目的试验报告（包含且不限于例行试验、型式试验、声级测定、短路承受能力试验等）。

② 其他辅件的试验报告和变压器制造厂的验收报告。

2．招标内容

包括该项目所需绿色变压器的设计、制造、运输、安装、调试、验收及保修等所有内容，详见设计图纸。招标清单见附表 A-1。

附表 A-1　绿色变压器招标清单

序号	货物名称	规格型号(NX1/NX2)	数量
1	T1 干式变压器		
2	T2 干式变压器		
3	T3 干式变压器		
4	T4 干式变压器		

3．设备使用环境

(1) 变压器接线组别，要求 Dyn11。变压器应自带强制风冷装置。

(2) 变压器应适应当地气候条件，并适于在下列条件下连续工作。

海拔高度：1 000 m 及以下；环境温度：−25～40℃；相对湿度：不大于 93%。

(3) 电源电压波形：应近似于正弦波。

(4) 多相电源电压对称：对于三相变压器，其三相电源电压应近似对称。

4．遵循的标准和规则

1) 执行标准要求

所有设备、备品备件，包括卖方从第三方获得的所有附件和设备，除该标书提及的规格书中规定的技术参数和要求外，其余均应遵照最新版本的国标(GB)、电力行业标准(DL)和 IEC 标准及国际单位制(SI)规定，这是对设备的最低要求。投标人如果采用自己的标准或规范，必须向买方提供中文和英文(若有)复印件并经买方同意后方可采用，但不能低于国标(GB)、电力行业标准(DL)和 IEC 标准的有关规定。所有螺栓、双头螺栓、螺纹、管螺纹、螺栓夹及螺母均应遵守国际标准化组织(ISO)和国际单位制(SI)的标准规定。

2) 主要执行标准

《电力变压器　第 1 部分：总则》GB/T 1094.1

《电力变压器　第 3 部分:绝缘水平、绝缘试验和外绝缘空气间隙》GB/T 1094.3

《电力变压器　第 4 部分:电力变压器和电抗器的雷电冲击和操作冲击试验导则》GB/T 1094.4

《电力变压器　第 5 部分:承受短路的能力》GB 1094.5

《电力变压器　第 10 部分:声级测定》GB/T 1094.10

《电力变压器　第 11 部分:干式变压器》GB/T 1094.11

《电力变压器　第 12 部分:干式电力变压器负载导则》GB/T 1094.12

《电力变压器应用导则》GB/T 13499

《电力变压器选用导则》GB/T 17468

《变压器类　产品型号编制方法》JB/T 3837

《干式电力变压器技术参数和要求》GB/T 10228

《电力变压器能效限定值及能效等级》GB 20052

《外壳防护等级(IP 代码)》GB/T 4208

《6 kV 至 1 000 kV 级电力变压器声级》JB/T 10088

《干式电力变压器产品质量分等》JB/T 56009

《电气装置安装工程　电气设备交接试验标准》GB 50150

《生态设计产品评价技术规范　变压器》GB/T 40092

《环境标志产品技术要求　干式电力变压器》HJ 2543

5. 主要技术参数

1）系统参数

（1）额定电压:10 kV(或 20 kV)。

（2）最高工作电压:12 kV(或 24 kV)。

（3）额定频率:50 Hz。

（4）接地方式:由买方确定。

2）技术参数

（1）原边额定电压:10 kV(或 20 kV)。

（2）原边最高电压:12 kV(或 24 kV);次边额定电压:0.4 kV。

（3）相数：三相。

（4）高压分接：±5%（或±2×2.5%）。

（5）连接组别：Dyn11。

（6）绝缘耐热等级：H 级及以上。

（7）冷却方式：AN/AF。

（8）使用条件：室内。

（9）局部放电：不大于 5 pC。

（10）噪声水平：1 250 kVA 及以下，不大于 45 dB（声压级）；1 600 kVA 及以上，不大于 48 dB（声压级）。

（11）绕组温升：不开变压器风扇，干变自然散热，额定电流下绕组平均温升不大于 125 K。

（12）寿命：不小于 30 年。

（13）数据偏差：制造商应按《电力变压器　第 1 部分：总则》GB 1094.1 的规定保证额定数据在允许的偏差范围内。

（14）环保：符合《环境标志产品技术要求　干式电力变压器》HJ 2543 的要求。

3）基本结构

干式绝缘结构，主绝缘材料为硅橡胶（或 Nomex 纸）。

4）低压绕组

铜箔导体（200 kVA 以上）。

5）高压绕组

铜箔或铜线导体。

6）铁心

采用 0.23 mm 及负偏差规格高磁感取向硅钢或非晶合金；铁心结构可采用叠积式铁心（或立体卷铁心）。

7）线圈

线圈应能承受使用中可能出现的介电应力、电磁应力和热应力，包括由短路所产生的应力，宜优先采用圆形同心式线圈。线圈导线采用无氧铜导线，线圈应防潮和防火。

8）短路阻抗

30～630 kVA 时 4%，630～2 500 kVA 时 6%。

9）能效限定值

在规定测试条件下，变压器空载损耗和负载损耗的允许最高限值均应不高于《电力变压器能效限定值及能效等级》GB 20052 中关于 1 级能效（或 2 级能效）的规定。

供货厂家需提供依据《电力变压器能效限定值及能效等级》GB 20052 检测的变压器能效等级认证报告，其认证报告必须为 1 级能效（或 2 级能效），同时供货的变压器上必须有能效等级标识。

10）铁心和夹件

铁心螺栓和夹件等结构件应采用不锈钢材料，绝缘件应经防潮处理，铁心零件应经防锈处理。铁心需要有减振降噪措施，铁心只允许一个点接地，夹件上应装有牵引环和吊耳。

11）防护外壳

配防护外壳的变压器，投标人应标明外壳尺寸、高压和低压端接的固定高度。

变压器外壳防护等级不低于 IP20，外壳材料采用铝镁合金或不锈钢，结构应可拆卸。外壳的前后均配有带安全可靠保护的可开门或操作窗，便于高压接头与电缆连接，对变压器本体具有保护作用。地板处有开孔，便于电缆敷设，顶板或侧板开孔便于母线槽的驳接。

12）报警和跳闸接点要求

变压器应设有保护用的报警和跳闸接点。

13）变压器数字化监测

绿色变压器应配套变压器智能监测装置（附图 A-1）。变压器监测装置安装在变压器上或前柜门上（带保护外壳变压器），变压器监测装置可实现对变压器温度/温升监测、风机自动控制、运行状态监视及数据统计、供电异常信息捕捉及故障诊断、损耗电量评估等，其功能包含不限于以下几方面。

（1）监测变压器运行环境温度和湿度、变压器绕组温度、负载功率、负载率，根据变压器绕组温度控制风机自动运行，并具有传感器故障告警、高温告警和超温跳闸功能，传感器故障启动风机功能；可通过环境温度、绕组温度、负载率、绕组温升预警变压器异常运行信息。

（2）对供电异常信息进行捕捉和诊断，包括电压偏差、电压波动、电压暂降/暂升、电压/电流谐波畸变、三相不平衡等。捕捉大于 200 μS 瞬变电压，启动故障录波，并实时记录；同时诊断电压暂降扰动源是电源侧还是负载侧。

（3）统计变压器运行时间、年带电时间、负载率变化、年最大负载、年最大负载利用小时数，记录变压器负荷曲线、需量曲线等。

附图 A-1　干式变压器智能监测装置

（4）评估变压器实际运行环境下空载损耗和负载损耗可能导致的电量损失，建立变压器损耗电量评估体系。

（5）具有 2 路 RS485 通信接口和 1 路 RJ45 以太网口，提供开放的通信协议；

（6）采用金属外壳，含用于其他接点信号转接的备用端子。

6. 其他附件

1）风冷装置

配装应急风冷装置，其风扇应由智能监测装置自动控制，且选用低噪声的横流式风扇，符合《干式变压器用横流式冷却风机》JB/T 8971 的要求。其冷却方式标志代号为 AN/AF，在急风冷装置不启动的情况下，亦能满足正常通风和散热的要求。

2）电磁锁

（1）具有指示锁定、打开状态的指示装置。

（2）螺栓具有自动复位功能。

（3）具有将锁栓保持在锁定位置的功能。

（4）借助专用工具，具备手动解锁功能。

（5）在 85%～110%额定电压下应能可靠工作。

3）消声减振装置

配装的消声减振装置均经热处理及应力消除，抗疲劳性能好，能有效避免共振现象；采用抗冲击、耐腐蚀材料，烤漆处理采用不低于变压器本体的工艺，防锈、防盐雾能力满足环境防污秽等级要求。

7．试验

按有关标准要求，提供型式试验报告，产品出厂前进行出厂试验。

1）型式试验

（1）温升试验。

（2）雷电冲击试验。

2）特殊试验

（1）噪声试验。

（2）短路试验。

3）出厂试验

（1）绕组电阻测定试验。

（2）电压比测量及电压矢量关系的检定。

（3）阻抗电压、短路阻抗及负载损耗的测量。

（4）空载损耗及空载电流的测量。

（5）外施耐压试验。

（6）感应耐压试验。

（7）局部放电试验。

4）现场试验

按《电气装置安装工程　电气设备交接试验标准》GB 50150 的相关规定执行。

A.2　绿色智能断路器技术规格书

1．范围

本技术规格书适用于民用建筑绿色塑壳式智能断路器的招标采购。

2．采用标准

《生态设计产品评价通则》GB/T 32161

《电子电气产品生态设计评价通则》GB/T 34664

《绿色设计产品评价技术规范　塑料外壳式断路器》T/CEEIA 335

《低压开关设备和控制设备　第 2 部分：断路器》GB/T 14048.2

《电子电气产品　六种限用物质（铅、汞、镉、六价铬、多溴联苯和多溴二苯醚）的测定》GB/T 26125

《电子电气产品中限用物质的限量要求》GB/T 26572

《电子电气产品有害物质限制使用标识要求》SJ/T 11364

《电子电气产品中邻苯二甲酸酯的测定　气相色谱—质谱联用法》GB/T 29786

《矿物棉及其制品试验方法》GB/T 5480

《橡胶苯酚和双酚 A 的测定》GB/T 29609

《电子电气产品中短链氯化石蜡的测定　气相色谱—质谱法》GB/T 33345

《塑料制品的标志》GB/T 16288

《包装回收标志》GB/T 18455

3. 技术要求

1）基本电气指标

《低压开关设备和控制设备　第 2 部分：断路器》GB/T 14048.2、《电气附件家用及类似场所用过电流保护断路器》GB/T 10963 界定的术语和定义适用于该文件。

2）智能化指标

（1）云平台要求：平台应支持多种终端展现和管理方式；应符合通信设备安全管理要求，防范受偶然或恶意破坏、篡改或泄露信息；应具备严格的权限管理及智能节电开关设备接入鉴权机制。

（2）测量功能：具备电压、电流、功率、频率、电量等检测功能，电压电流检测精度 0.5 级，有功功率 1 级，有功电能精度 1 级；根据建筑物中电气回路的要求，宜具备温度、谐波畸变率、触头磨损等测量功能。

（3）控制要求：断路器回路应具备遥测、遥信、遥控功能，可选择遥调功能；设备远程控制，包括设备各端口实时开关控制、定时开关计划任务下发，支持对单个设备及批量设备处理。

（4）通信功能：断路器内具备互联互通能力，采用标准或者通用的协议，比如有线

Modbus RTU、Modbus TCP 等,无线 5G、Wi-Fi、NB-IoT 等。

(5) 显示功能:断路器本体带有 LED 或液晶显示屏,可在显示屏上设定相关参数,测量电气参量和故障信息等。

(6) 事件记录:可本地或远程记录电参量实时值、历史极值、保护事件、告警事件及跳闸次数等事件信息。

4．绿色指标

1) 绿色设计要求

(1) 零部件标准化:标准化零部件可以减少人员重复设计成本、减少设备磨损、降低非标件带来的能耗。

(2) 产品模块化:易于拆卸维护、方便生产和装配,节省因零部件损坏的更换成本,产品内部连接零部件应和本体寿命一致。

(3) 可回收利用率:按照《废弃电子电气产品回收利用》GB/T 29769 的要求计算产品可回收利用率(附表 A-2),并根据计算结果提高产品可回收利用率。

附表 A-2　产品可再生利用率限值

产品	可再生利用率
符合《低压开关设备和控制设备　第 2 部分:断路器》GB/T 14048.2 的塑料外壳式断路器	≥70%
带有电子组件的塑料外壳式断路器	≥70%

(4) 节能性设计:用能产品或在使用过程中对最终产品/构造的能耗有影响的产品,应满足相关标准的限定值要求(附表 A-3、附表 A-4),并努力达到更高能效等级。

附表 A-3　产品每极最大功耗

额定电流范围 I_n(A)	每极最大功耗(W)
$I_n \leqslant 100$	18
$100 < I_n \leqslant 315$	32
$315 < I_n \leqslant 630$	72
$630 < I_n \leqslant 1\,600$	98
$1\,600 < I_n \leqslant 2\,500$	130

注:仅对固定式断路器本体考核,漏电等拼装模块引起的功耗不作考核。

附表 A-4 产品操作循环次数要求

产品	操作循环次数		
额定电流 I_n(A)	不通电流	通电流	总数
$I_n \leqslant 100$	15 000	5 000	20 000
$100 < I_n \leqslant 315$	15 000	5 000	20 000
$315 < I_n \leqslant 630$	8 000	4 000	12 000
$630 < I_n \leqslant 1\ 600$	6 500	1 500	8 000
$1\ 600 < I_n \leqslant 2\ 500$	4 000	1 000	5 000

注:每小时操作循环次数参照《低压开关设备和控制设备 第 2 部分:断路器》GB/T 14048.2 中的规定。

试验在 $U_e = 400$ V 下进行,1 P 及 2 P 产品可在 $U_e = 230$ V 下进行。

2)绿色生产

(1)绿色工艺:应满足生产工艺选择合理,尽量采用物料和能源消耗少、废弃物少、环境污染小的工艺;采用过程控制,通过实时监控,动态优化工艺参数,削减污染物产生量的要求。

(2)生产设备:符合产业准入和节能环保要求,自动化程度较高,从源头降低能源与资源消耗,减少污染物排放。

(3)原材料:使用清洁原材料,尽可能使用无毒、无害或低毒、低害材料;评估有害物质及化学品减量使用或替代的可行性,依据《绿色设计产品评价技术规范 塑料外壳式断路器》T/CEEIA 335—2018 中表 1 内容,从资源属性、能源属性、环境属性、产品属性 4 个方面出发,阐述断路器绿色选材要求。

附录 B　绿色桥架技术规格要求示例

本附录以工程项目中绿色桥架技术规格书为例,提出符合绿色性能和产品特征的要求,供项目采购时参考。

1. 项目概况及范围

(1) 本项目位于_____市,总建筑面积_____m²,建筑性质_____。地上_____层,主要为_____等;地下_____层,主要使用功能为_____等。

(2) 本工程属于_____类_____建筑,建筑主体高度_____m,裙房高度_____m,结构形式为_____,基础为_____,建筑耐火等级为_____级,建筑电气防火等级为_____级,建筑抗震设防烈度为_____度。

(3) 人防工程为_____级(平战结合)。

(4) 本工程环境条件如下:海拔高度_____m 以下,空气极端最高温度+_____℃,空气极端最低温度-_____℃,均为一般正常环境。

(5) 环境特征:一层天然气表间为爆炸危险区域 2 区;柴油发电机房储油间为爆炸危险区域 2 区;其余场所为一般正常环境。

(6) 本次招投标采购范围_____。

2. 绿色桥架产品技术要求

(1) 绿色电缆桥架应考虑进行色标管理,具体颜色要求须经业主、监理及设计确认后实施。

(2) 绿色电缆桥架,厚度须满足《钢制电缆桥架工程技术规程》T/CECS 31 相关要求。

各类型电缆桥架的最小允许厚度详见附表 B-1～附表 B-4。

附表 B-1　各类桥架板材最小允许厚度(mm)

托盘宽度 B	平板型		波纹底			模压增强底	
	槽体	盖板	侧板	波纹底板	盖板	槽体	盖板
$B<300$	1.2	1.0	1.0	0.7	0.6	0.8	0.6
$300{\leqslant}B<500$	2.0	1.2	1.2	0.7	0.6	1.0	0.6
$500{\leqslant}B<800$	3.0	1.5	1.4	0.8	0.6	1.2	0.6
800、1 000	—	—	1.5	0.8	0.6	1.5	0.6

附表 B-2　模压增强型梯架板材最小允许厚度(mm)

梯架宽度 B	侧板	横档	盖板
$150<B{\leqslant}400$	1.2	1.2	0.6
$400<B{\leqslant}600$	1.4	1.5	0.6
$600<B{\leqslant}800$	1.5	1.8	0.6
1 000	1.8	2.0	0.6

附表 B-3　不锈钢波纹底桥架板材最小允许厚度(mm)

桥架宽度 B	侧板	波纹底板	盖板
$B<300$	0.8	0.4	0.4
$300{\leqslant}B<500$	0.8	0.6	0.4
$500{\leqslant}B<800$	1.1	0.6	0.6
800、1 000	1.4	0.8	0.6

附表 B-4　不锈钢模压型桥架板材最小允许厚度(mm)

桥架宽度 B	槽板	盖板
$B<300$	0.6	0.4
$300{\leqslant}B<500$	0.8	0.4
$500{\leqslant}B<700$	1.2	0.6
$700{\leqslant}B<800$	1.4	0.6

（3）标准件应符合相关标准。所有紧固件(六角螺栓、六角螺母、方颈螺栓、平垫、弹垫

等)均需采用达克罗处理。

（4）支吊架材料优先选用优质型钢，支架间距小于或等于 2 m。实际间距根据桥架规格及线缆重量计算确定，以安全第一为原则，同时兼顾经济性。

（5）桥架结构

① 电缆桥架标准长度为 2 m。

② 桥架结构如为模压增强底，则应满足以下要求：

a. 采用整体式托盘结构，制作加工时采用液压、冲压等垂直成型冷作工艺，以增加桥架的刚度及强度。有孔托盘底部设有通风孔，总冲孔面积不宜大于底部总面积的 40%，且通风孔应布置均匀，相互错开。

b. 两侧边顶部和底部应有足够强度的法兰边，横档宽度为 50 mm，中心距为 300 mm，要求螺栓或焊接、铆接形式固定。侧板顶缘须卷边以增加桥架强度。

③ 桥架结构如为波纹底，则应满足下述要求：采用分体式托盘结构，底板为直线段和半圆形或梯形凸面相间组成，每块桥架底板长度不小于 1 m（即每 2 m 桥架的底板不超过 2 块），底板凸面高度不小于 10 mm，每米桥架凸面数量不少于 10 个，保证电缆在桥架内受力均匀；侧板顶缘须卷边以增加桥架强度，侧板下部需增设内凹加强筋以保持侧板与底板的贴合度。

④ 配套使用的标准弯通、三通、伸缩节等，应为对应的节能高强结构，并保持形式一致。

⑤ 室外防雨桥架底部设有排水孔，并有配套的防雨型盖板。

⑥ 大跨距桥架应使用波纹底电缆桥架，跨距不小于 6 m 时，波纹底的每侧侧板应使用背靠背型双侧板。

⑦ 桥架跨度不小于 400 mm 时，桥架盖板应采用覆边，覆边长度不小于 5 mm；桥架跨度不小于 600 mm 时，桥架盖板的覆边长度不小于 20 mm。

（6）机械负载。电缆桥架安装后，除承担其自身重量外，尚应承担下列负载的电缆重量，并在此载荷下桥架稳定，牢固，不变形无起伏扭曲现象，横向和纵向的最大挠度小于或等于 $L/200$。托盘、梯架的荷载等级要求见附表 B-5、附表 B-6。

附表 B-5　托盘、梯架的荷载等级

荷载等级	A	B	C	D
额定均布荷载(kN/m)	0.65	1.8	2.6	3.25

附表 B-6　桥架的载荷等级与宽度

载荷等级	宽度(mm)	载荷等级	宽度(mm)
A 级	60～200	C 级	450～600
B 级	250～400	D 级	800、1 000

(7) 表面防护层(耐腐蚀能力)。节能高强度绿色电缆桥架、梯架可根据不同的使用环境选取不同的表面处理形式,包括热镀锌板、热浸镀锌、喷塑、彩钢板、彩钢板喷塑、VCI、不锈钢板等。

① 电缆桥架采用彩钢板形式,其基板为热镀锌基板(锌层厚度不小于 12.6 μm),涂层厚度不小于 20 μm。户内采用聚酯(PE)彩涂板,中性盐雾试验时间不少于 480 h。户外采用聚偏氟乙烯(PVDF)彩涂板,中性盐雾试验时间不少于 960 h。

② 电缆桥架采用热浸镀锌形式,户内及户外均采用冷轧板为基板,然后再进行热浸镀锌处理,锌层厚度单面不小于 65 μm(双面 920 g/m^2),招标用施工图有要求的除外。

③ 连接附件及支吊架表面处理均为热浸锌,锌层厚度不小于 65 μm,招标用施工图有要求的除外。紧固件采用达克罗处理。

④ 电缆桥架采用彩钢板形式时,必须特别注意,桥架在加工过程中,切口、冲孔断面易发生腐蚀,应在桥架加工成型后,再根据不同的颜色要求进行二次喷涂处理。

(8) 保护电路连续性

① 整个桥架系统应有可靠的电气连接并接地,要求有跨接点处连接电阻不大于 33 mΩ,连接板两端须设置 2 个及以上防松螺母或防松垫圈;绝缘涂层桥架须采用爪形垫片并进行接地跨接。

② 在按规范需做重复接地或补充接地处,应配装截面积不小于 4 mm^2 软铜编织线,桥架和规定支吊架处应预留接地装置,并有明显标志。

（9）电缆梯架特殊要求

① 电缆梯架须符合《钢制电缆桥架工程技术规程》T/CECS 31 的要求。电缆梯架的两条边框至少须为 50 mm 高，其顶缘须卷边以增加强度。梯级的中心间隔约为 300 mm，并具有一定的宽度便于采用不同的方法固定电缆，包括尼龙带扣、鞍型夹、冲孔带、电缆夹等固定夹。

② 在水平弯曲，垂直方向弯曲、分支和电缆梯架缩小宽度时，须使用制造厂的标准直角弯节、分支接头、偏心缩节、直线缩节。为适应电缆梯架的胀缩，必须使用制造厂的标准伸缩接合板。

3．绿色桥架设计要求

（1）电缆桥架转弯处的弯曲半径，不应小于其内各电缆最小允许弯曲半径的最大值。

（2）应选用生产工艺符合环保要求的产品。

（3）对油、腐蚀性液体、易燃粉尘等环境及户外对日照有防护要求的电缆敷设场所，应采用有盖无孔型托盘。

（4）电缆在托盘、梯架及网格式托盘内的填充率应不超过国家现行有关标准的规定值。动力电缆可取 40%～50%，通信及控制电缆可取 50%～70%，且宜预留 10%～25% 的工程发展余量。

（5）选用不锈钢梯架或托盘时，强腐蚀环境应采用 316L 牌号，其他环境可采用 06Cr19Ni10N（304）牌号或 022Cr19Ni10N（304L）牌号。

（6）对于需要桥架与电缆等长寿命的场所，宜选择聚偏氟乙烯彩钢（PVDF）或高耐腐气相缓蚀（VCI）双金属无机涂层等技术的高耐腐复合涂层桥架，并应妥善解决切口、冲孔断面的易腐蚀问题，建议进行二次喷涂处理。

（7）电缆桥架在穿越防火墙及防火楼板时，应采取防火封堵措施。

4．绿色桥架生产要求

（1）电缆桥架的生产应做到无污染、无排放，符合全程绿色、安全、环保要求。生产过程中应做到零碳排放。

（2）电缆桥架的生产应尽量使用流水线形式，最大程度节约用钢量，提高产品的标准化程度。

（3）表面处理应尽量选择生产过程无污染的方式，以工厂化预镀锌或者彩钢涂层为主；后处理可选择静电喷涂工艺。热浸镀锌的表面处理方式因镀锌工艺存在环境污染，应尽量避免使用。

参 考 文 献

［1］上海市绿色建筑协会.民用建筑电气绿色设计与应用规范 T/SHGBC 006—2022［S］.
　　北京:中国建筑工业出版社,2022.

［2］中华人民共和国住房和城乡建设部,国家市场监督管理总局.绿色建筑评价标准
　　GB/T 50378—2019［S］.北京:中国建筑工业出版社,2019.

［3］住房和城乡建设部科技与产业发展中心.中国建筑节能发展报告(2020 年)［R］.北
　　京:中国建筑工业出版社,2020.

［4］吴争.直流配电网关键技术及应用［M］.北京:中国电力出版社,2019.

［5］周金辉,葛晓慧,汪科,等.微电网储能运行控制关键技术及应用［M］.北京:中国电力
　　出版社,2019.

［6］王立华,高世皓,张恒,等.智能家居控制系统的设计与开发［M］.北京:电子工业出版
　　社.2018.

［7］国家市场监督管理总局,国家标准化管理委员会.电力变压器能效限定值及能效等级
　　GB 20052—2024［S］.北京:中国标准出版社,2024.

［8］中华人民共和国国家质量监督检验检疫总局,中国国家标准化管理委员会.电子电气
　　生态设计产品评价通则 GB/T 34664—2017［S］.北京:中国标准出版社,2017.

［9］中华人民共和国住房和城乡建设部,国家市场监督管理总局.建筑节能与可再生能源
　　利用通用规范 GB 55015—2021［S］.北京:中国建筑工业出版社,2022.

［10］中华人民共和国住房和城乡建设部.民用建筑绿色设计规范 JGJ/T 229—2010［S］.
　　北京:中国建筑工业出版社,2010.

［11］上海市住房和城乡建设管理委员会.公共建筑绿色设计标准 DG/TJ 08—2143—2021
　　［S］.上海:同济大学出版社,2021.

［12］上海市人民政府.上海市碳达峰实施方案:沪府发〔2022〕7 号［Z］.上海,2022.

［13］上海市住房和城乡建设管理委员会,上海市发展和改革委员会.上海市城乡建设领域
　　碳达峰实施方案［Z］.上海,2022.

［14］上海市住房和城乡建设管理委员会.上海绿色建筑发展报告(2020)［R］.上海,2020.

［15］上海市住房和城乡建设管理委员会.上海市绿色建筑"十四五"规划［Z］.上海,2021.

［16］中国工程建设标准化协会.公共建筑机电系统能效分级评价标准 T/CECS 643—2019［S］.北京：中国建筑工业出版社,2019.

［17］中国工程建设标准化协会.公共建筑机电系统调适技术导则 T/CECS 764—2020［S］.北京：中国建筑工业出版社,2020.

［18］中国中元国际工程有限公司,亚太建设科技信息研究院有限公司.建筑电气系统能效评价标准 T/CECS 1718—2024［S］.北京：中国计划出版社,2025.